陕西旬邑泰塔

西安大雁塔

西安万寿寺塔

西安小雁塔

窄堵千秋未寂寥

古塔建筑纠偏与加固工程案例

陈 平 陈一凡 张卫喜 编著

中国建筑工业出版社

图书在版编目（CIP）数据

窣堵千秋未寂寥：古塔建筑纠偏与加固工程案例/陈平，陈一凡，张卫喜编著．—北京：中国建筑工业出版社，2019.6
ISBN 978-7-112-23418-9

Ⅰ.①窣⋯ Ⅱ.①陈⋯ ②陈⋯ ③张⋯ Ⅲ.①古塔—修缮加固—案例—中国 Ⅳ.① TU746.3

中国版本图书馆 CIP 数据核字（2019）第 043537 号

责任编辑：戚琳琳 率 琦
责任校对：党 蕾

窣堵千秋未寂寥
古塔建筑纠偏与加固工程案例
陈 平 陈一凡 张卫喜 编著

*

中国建筑工业出版社出版、发行（北京海淀三里河路9号）
各地新华书店、建筑书店经销
北京点击世代文化传媒有限公司制版
北京建筑工业印刷厂印刷

*

开本：787×1092毫米 1/16 印张：15½ 插页：1 字数：347千字
2019年9月第一版 2019年9月第一次印刷
定价：66.00元
ISBN 978-7-112-23418-9
（33725）

序

在中国传统建筑中，砖石结构虽然并非一个大的种类，但这并不表明中国不懂得使用砖石结构。在早期汉代的陵墓中，就能够看到砖石的拱结构和叠涩出挑的券结构。由于这类结构当时的跨度有限，加之中国文化传统是以使用木结构为正宗，因此砖石拱券结构没有大规模应用于正式和大型的建筑中。特别是宫殿寺庙的主体建筑，在明代以前很少有砖石结构，大部分都是木结构的殿堂、楼阁、廊榭。明代由于经济的发展，烧制砖瓦开始普及，但砖拱的结构仍然应用得较为稀少，只是在城墙的包砌和城门的墩台上起拱形成过洞，或者在一些陵墓建筑使用无梁殿的狭窄室内空间，且都是跨度较小的单拱跨。可以非常遗憾地说，中国历史上从未真正利用拱券的结构原理建造大跨度的空间，而是将这一任务交由木结构的梁栿完成。由于木材本身的生长特性和结构特点，单跨梁栿能够达到的跨度也都十分有限。

中国的砖石类建筑在一般情况下可以分为三类：一类是城墙城台（包括长城），一类是地下砖石墓葬，一类是宗教和礼制建筑的佛塔、风水塔、文笔塔。这三种类型的砖石建筑特性明显。城墙及城台一类建筑大多为砖包土的构造，形体为横向和水平连续，砌筑体发挥遮风挡雨的维护作用，很少发挥结构挡土墙的功能，砖石结构的稳定性和强度取决于砌体的厚度和高度（也包括其收分的大小）；城台的拱券一般为半圆拱，跨度在 4 ~ 6m 仅仅是为了解决车马通行的需要；这类建构筑物由于其尺度规模、场地条件以及气候水文条件各异，大都存在一定的脆弱性和病害，如开裂、坍塌、沉降等。地下陵墓的砖石拱券一般跨度较小，高度较低，且大多埋藏在地下，结构和地基基础较稳固。加上规模较小，一般情况下不存在结构的安全问题，大多是如何整体保护的问题。砖石建造的古塔类高耸建筑物，是较为独特的一类，也是陈平教授这本书研究的主要对象。佛塔最早是从西域引进的佛教建筑，曾经有很多名字，最早翻译为窣堵坡，也称浮屠。窣堵坡在印度是一种埋葬高僧的圆顶建筑；实心，与大部分墓冢一样并无内部空间，主要供朝圣者礼拜；尺度一般较大，用石质材料砌筑而成。在佛教的故事中，描述孔雀王朝的国王阿育王为了祭奠释迦牟尼，建造了八万四千佛塔（后世称为阿育王塔），埋葬释迦牟尼的舍利子供世人膜拜，据说在中国境内就有多处。佛教随东汉与西域的交流而传入中国，最早的佛寺白马寺就建有舍利塔，但形式如何没有记载，现在的白马寺齐云塔院有金代建造的 11 级方形砖塔一座。尽管印度窣堵坡的原型是半球状的坟冢式样，但中国历史上从来没有照样建造的舍利塔，塔好像应该是较高的多层建筑物，因此，塔的概念被中国本已有之的多层楼阁所代替，可能中国人认为神仙应该居住在高高的地方。唐代以前一些有名的塔都是木结构的，如北魏洛阳的永宁寺塔、扶风县法门寺塔，都是高达几十米或上百米的木结构建筑。最典型的代表是现存建于辽清宁年间的佛宫释迦塔，高度64米。这些高大的木结构除极少数幸存，大部分都毁于一旦。这些木质结构的古塔存在致命威胁，可能主要是火灾，然而这在旧时代的中国却极容易发生。于是后世的人们接受教训，把木结构改成了砖石结构。唐代以后将木塔大规模改造为砖石塔，因此我们现在看到的古塔大部分是砖石结构，从唐代到明清都有，早于唐的塔凤毛麟角。砖石古塔是佛教乃至儒道两家也加以效仿的具有杰出历史价值、科学价值和艺术价值的古代建筑。

陈平教授的书并不过多涉及塔的历史研究，而是集中在对古塔的保护修复方面，因此这里也主要就古塔保护工程一些敏感的问题略述己见。

砖石塔除了一般的病害，像裂缝、表面风化以及塔檐塌毁外，最值得关注的还是它的倾斜与沉降。自古有十塔九斜的谚语，说明这是这种高层古建筑存在的主要问题。塔身一般的维修和加固是保证古塔真实完整的必要手段，但应对古塔的倾斜与沉陷才是保证其安全的根本所在。陈平教授十几年来以其深厚的土木结构工程功底，研究和探索古塔倾斜纠偏以及抬升等工程技术问题，解决了数个处于危险边缘的古塔的倾斜和下沉问题，现在将其所思所想和经验及教训汇集成书，供后人参考和借鉴，是十分有益的。

古塔作为中国传统建筑中一个结构比较特殊的类型，唐宋以后基本以砖石结构为主，木塔极少，而中国的砖石建筑不能说已经形成体系，从现存的砖石塔看，有两种基本结构，空心塔和实心塔。平面以四方和八方为主，偶尔有六角形或更多的边。其中唐代塔塔形直接来自木结构，将四方的楼阁式塔转化为四方的砖塔，宋代以后发现多边形的塔更加稳固，因此方形逐渐少有建造。塔的结构稳定性主要取决于其自身形体特征和所处地质环境的优劣。形体特征包括平面尺寸和高度，以及平面与高度的关系。当然平面宽阔的稳定，高大的自然有风险。地质环境也是重要一环，地基稳固则古塔稳固。如果古塔直接建造在基岩上，真可以保万世而不灭。可惜的是大部分古塔都存在一定的地基与基础问题。

由于砖塔结构相对木结构为整体刚性较好的独立砌体，在遇到外界应力变化时，会出现整体位移，包括倾斜和沉陷，如果砖石砌体存在结构的软弱节点，则会在薄弱点出现剪切或开裂。外界的风险包括承载体地基的振动（地震等）、地基变化（不均匀沉陷、滑移等），这类风险会对古塔一类的砖石结构造成倾斜和沉降现象。当砖石结构砌体由于拉压应力变化时，也会产生裂缝和崩坏。

古塔一类的砖石结构的变形和倾斜，有的是逐渐形成的，也有的是突然变化的，甚至有的是在建造之初就出现倾斜，如著名的意大利比萨斜塔，就是在建造过程中出现倾斜但仍然完成的世界工程奇迹。

相比木结构建筑，砖石结构的建筑特别是高耸的古塔比较容易出现倒塌等重大风险。近代以来，我们听说过的就有雷峰塔的倒掉，陕西也有几处古塔被破坏，如著名的陕西扶风法门寺的明代砖塔，就是先出现开裂，然后倒掉一半，后来幸存的一半也因为危险而彻底拆除。陕西省武功县的宋代古塔同样由于倾斜及破坏风险，被拆除重建。当时尚不敢采取现状加固等方法。回顾以往，这类措施都是造成文物古迹损失的巨大教训。近几年国内一些砖石塔或砖石阁楼也出现了险情，但经过评估后都进行了对应的加固抢救手段，包括对古塔进行纠偏、抬升等工程手段，取得了十分可喜的成果。陈平教授是开展这类工程的翘楚，这本书收集的案例就是证据。陈平教授勇于探索工程中的疑难问题，对很多细节都是亲赴现场探寻究竟，找到合适的解决方案。但这类工程技术问题过于复杂，并非我的所长，只能从保护观念的角度给这类工程敲个边鼓。

砖石类建筑都属于不可移动文物之列，不可移动是这类文物的特性，也是确定其保护手段的依据。所谓不可移动，就是文物本身与其既有的空间位置的关联性，位置代表了历史，代表了生长的环境，不可移动是保证这些文物古迹与其历史的不可割裂性。不可移动当然也是表示这类文物古迹在工程上不容易简单移动。其实移动与不可移动都是相对的，没有绝对的不可以动，也没有绝对的需要移动。例如可移动文物一般是指器物，但即便是这些器物，如果保留在其最具价值的位置，也应该是最佳选择，但是这些可移动文物一般还有其他价值，比如艺术价值、科学价值和见证价值。文物建筑之所以被定义为不可移动，最主要的还是因为其较大的体量，也无法移动到博物馆展览，再则建筑有着和载体难以割裂的结构体系，这些都是不可移动的含义所在。一般文物古迹在其历史的空间中是不移动的，除非有特殊的外界因素变化。砖石结构的建筑物会产生位移，一般都是由于其地基基础出现的变化，而这种变化大多伴随着风险，也就是倾斜或者沉陷。除了一些周边环境的自然条件变化造成沉陷外，现在很多情况下是人为造成的建筑物"沉陷"，周边地形抬高造成文物古迹相对沉陷。对于文物古迹的这类问题，到底如何对待，历来就有争议。

最著名的比萨斜塔就曾经有过记忆深刻的场景，有人建议将比萨斜塔扶正，反倒被公众质疑，因为斜塔之所以有名，就是因为其斜而不倒，如果扶正则只能称为比萨塔，其价值会变化。但在实际管理中，比萨斜塔还是在做纠偏的工作，只是非常的谨慎和缓慢。因为根据科学计算，如果任其保持目前的倾斜状态，倾倒只是时间问题。如果真的倒了，就什么价值都没有了。

陈教授在主持这类不可移动文物的"移动"保护措施中，也经历过同样的质疑，开封一处古代的砖石楼阁由于周边环境抬高，建筑物低于地表 2m 多，形成 2m 多深的沟槽，地下水上升和地表水汇集，都威胁到建筑物的安全，而且建筑物的观感也不完整。当时提出了抬升的方案，将建筑物抬高，与现有的地形环境相适应。项目实施中也有一些质疑的声音，认为文物不能移动，即使抬升也是对文物真实性的破坏。文物保持其历史原状的原则任何时候都是正确的，只是任何事情都有其两面性。如果在周边环境对此处不可移动文物造成威胁时提出反对，也许是非常及时的。当时没能挡住环境的变化，现在却来要求文物古迹不能动，其实是片面的。后来该建筑物顺利抬升，建筑群关系得以回归完整，最大的益处是彻底消除了建筑物破坏的隐患。不可移动文物在必要的时候还是要动一动的。近些年来，国内已有多处古代的建筑物特别是砖石结构的文物古迹得到纠偏或抬升。湖北武当山遇真宫由于水库围堰，抬高了地形，建筑群遗址整体抬升（在这个抬升过程中，只有一处山门和一个碑亭是现状抬升，其余均为拆除后重建）。还有一些建筑物由于场地关系整体水平移动的例子，因为不知究竟，在此不敢妄加评论。

文物古建筑是否应该进行适当的干预，应该谨慎评估其所处的环境和条件，由于不可逆转的原因造成的对历史环境的改变，文物古迹也许会随之重新适应，这在国际国内都有基本认同的观点，如当年阿斯旺水坝造成埃及著名古迹的搬迁、中国三峡水库建设造成大规模文物古迹的迁移等。另外一类就是非常直接的原因，文物古迹的安全问题，当现状无法保证文物古迹的长久保存时，必要的手段，包括可能导致部分文物真实性损失的手段也是无奈的选择。文物保护的真谛就是最大可能地选择最大价值。

当然对于出现急速变化的砖石结构古塔，也许历史来不及形成一个斜塔的概念，塔就毁之一旦了。因此这类古塔出现的争议一般较少，都是争取在最短的时间内制止倾斜和沉降，而且倾斜和沉降对于长久保存显然是不利的，因此大多需要采取纠偏以及抬升的抢救措施和手段，

进一步说，实施这类保护的措施也有相当多的比选，如纠偏要纠到什么程度，一座已经倾斜的古塔，是将其全面纠偏还是在稳定的基础上保留一些倾斜，纠偏后的地基基础加固应该采用传统的方法还是选用新的材料和技术，是否利用纠偏的机会进行必要的抬升，并重建古塔的景观环境。这些在陈教授的书中都有所反映，读者可以见仁见智。

陈平教授书中的主要例证多出自陕西，几座古塔的纠偏和抬升为陕西的文物保护事业做出了显著成绩。这些经验来之不易，从现场的探索，到发展成为较成熟的体系，为这类砖石结构的古塔及建筑物的纠偏和抬升提供了借鉴。

所叙述的看法是在接触这类工程中的所思所想，以此为序。

中国文化遗产研究院原副院长、总工程师、二级研究员

侯卫东

2018 年于西安

前 言

鄙人本一土木工程专业孤陋寡闻教书匠，虽与土木工程专业工程师有所联系，然也有天壤之别。自己所处的年代，特别是进入 21 世纪以后，我们的"大学"教育除了盲目追求主管机构统一制订的某些"评估指标"及适应社会环境的一些变化外，与"大学"二字的本来含义，与工程实际，实则是关系不大的，自己对于工程也实则是一知半解！

没有受过严格的工程实践训练，实不敢信口妄言。之所以贸然闯入邻居神秘幽深的"后花园"，不外坚信风云激荡的学术思想，必须落实为平淡无奇的实践，方能真正"开花"、"结果"。

本人的少年时代是在陇东称之为"西部干旱"地区的小山村度过的。小学三年级便赶上"史无前例"的年代，学校关门一年多。到了小学五六年级虽然"复课闹革命"，学校里除了背诵一些伟大领袖的语录外，老师实则是不太上课的。少年时代的记忆除了《平凡的世界》里所展示的"饿"，再就是每天回家上山为家里做饭找柴火，此外似乎别无其他特别深刻的印记。

老爸在"万恶的旧社会"读过几天书，虽然初中未毕业即辍学回家，但在家里的"夹壁墙"里偷偷藏了几本旧时代的小说与教材课本。小说记得有《三国演义》、《岳飞传》，教材印象最深刻的似乎是初中《算术》、《小学升初中辅导》、《欧几里得几何学》，还有就是老爸用漂亮的小楷毛笔书写的作文、代数、化学等作业。在那个特殊年代，这些便是本人少年时代重要的启蒙读物。本人除了如饥似渴地阅读家里有字的东西以外，再就是在小伙伴之间借阅可能借到的书籍。虽然杂七杂八接触了一些读物，但本人的少年时代实在没有机会接受比较系统扎实的文化训练，也是我们这一代人最大的憾事。

尽管如此，我的中学时代还是有几位恩师让我终生怀念，如我的中学语文老师田宜、数学老师柳葆、物理老师闫建玲、化学老师高英才等，他们在当时极端困难的环境下，尽最大努力给了我最好的培养，也正是他们适时地在我幼小的心田里播种下了好奇与探索的梦想！

1975 年我受几位恩师推荐去县一中做了一名民办教师。当时学校图书馆尚余几本参考书，这里便成了我的第二启蒙课堂。

1977 年高考恢复，回乡四年的我自然是欢喜雀跃。我最初的意愿，是想报考历史或哲学专业，后来接受恩师闫建玲先生的建议，进入西安冶金建筑学院工业与民用建筑专业学习土木工程。现在想起来也着实好笑，我刚进入大学的时候还一直在嘀咕：美国人为什么要讲英语呢？后来随着逐渐了解一些民国初年犹如踩着祥云从天而降的先贤的情况，像陈寅恪、傅斯年……，我才有点自知之明：本人实在非学历史与哲学的材料！比及先人，别说望其项背，即使望其脚后跟，也是无可想像的！也就是说，我学习土木工程绝对是一种"英明的选择"！本人充其量也只能成为一个匠人！

四年的本科学习只能用四个字来形容：如饥似渴！我不仅精细阅读了校图书馆可能借到的高等数学、力学等专业参考书，还浏览了几乎所有的中外近现代文学名著。这些对我日后的职业生涯多多少少还是有所裨益的。紧接着是三年的硕士学位学习，师从张剑霄、王崇昌、王宗哲、黄良璧几位先生。尽管当时由于身体原因，专业学习受到影响，但先生们扎实的理论功底、对专业的敬畏态度以及对工程问题敏锐的感知能力，还是对我以后的专业取向及处理工程问题的风格以极大的影响。

陕西关中地区南倚秦岭山脉，渭河从中穿过，四面都有天然地形屏障，易守难攻，是中华民族的主要发祥地。远古时代，"蓝田猿人"就在这里繁衍生息；新石器"半坡先民"在此建立部落，成为中国母系氏族公社繁荣时期的典型代表。关中物华天宝，人杰地灵，从战国郑国渠修好以后，就成为物产丰富、帝王建都的风水宝地。历史上周、秦、汉、唐等13个王朝在此建都，历时1100多年。西安的建城史达3100多年，与意大利罗马、希腊雅典、埃及开罗并称为世界四大古都。

关中地区历史悠久，文化底蕴深厚，留下了丰富的文化遗存。如珍珠般散布于关中大地的古塔建筑无疑在我国古文化传承与保护中占有非常重要的地位。作为世界闻名古都的西安周围保存有大小砖石古塔计200多处，绝大多数系唐宋间珍品，全国80%的唐塔在西安附近，为世人耳熟能详的有大雁塔、小雁塔、玄奘塔、法门寺塔、仙游寺法王塔、旬邑泰塔等诸多名塔。在悠久而艰难的岁月中，这些塔已幻化为当地老百姓的精神支柱。

古塔建筑是古代主要的高层建筑，一般高度可达50~80m以上。加之砖石的容重比较大，一座高大砖石塔对地基的作用力还是很大的。眉县净光寺塔地基压应力约350kPa，旬邑泰塔的地基压应力约560kPa！另一方面，古人建塔大多对地基不做特殊处理，一般通过延长建造周期，使天然地基得以逐渐压实，从而获得比较高的地基承载力。陕西眉县净光寺塔塔北"经幢"撰刻："眉城净光寺修造佛塔"、"元和拾壹年"、"咸通九年"等字样，专家确认塔为唐塔，并推证塔建于唐元和十一年至咸通九年，历时47年。

关中地区是我国湿陷性黄土的重要分布区域。湿陷性黄土是一种特殊性质的土，其土质较均匀、结构疏松、孔隙发育。在未受水浸湿时，一般强度较高，压缩性较小。当在一定压力下受水浸湿，土结构会迅速破坏，产生较大附加下沉，强度迅速降低。

关中地区先民们遗留给我们的古塔建筑比较多，比较高，加之又处于湿陷性黄土地区，随着环境的变迁，地下水位及土壤含水量可能发生变化，极易引起这些古塔建筑沉降不均匀或倾斜。倾斜是威胁古塔建筑长久保存的最主要因素！因保存释迦牟尼舍利而举世闻名的法门寺明塔即由于过度倾斜而于1981年倒塌，1987年重建。这使得文物界、文化界及宗教界的诸多学者无不痛心疾首！

陕西关中地区南倚的秦岭山脉是中国南北板块的拼合缝。号称"八百里秦川"的关中平原，处在渭河地堑之上，地下断裂带多，活动性大，历来是我国地震最频繁剧烈的地区之一。从公元前11世纪初周文王在位时期的岐山大地震算起，3000多年间，关中共有500多次地震记录，其中破坏性大的地震达60次。每次大地震之后，都会有一些古建筑遭受破坏或消失。体型高耸、结构材料简单、风化比较严重的古塔建筑，自然是地震攻击的首要目标。地震也是威胁古塔建筑长久保存的主要因素之一！

本人进入文物保护工程领域比较偶然。1984年硕士毕业留校任教，适值法门寺塔半壁坍塌，已在陕西省文物部门工作的硕士班同学侯卫东先生约我去现场勘查，这便是生平第一次接触文物建筑工程。针对勘查本人提出了相应的法门寺塔复建方案，记得方案之一便是内框架外包原塔砖体，基础埋深4m。也正是这4m的基坑开挖，导致了震惊世界的发现：释迦牟尼佛骨舍利再现人间！这一事件深深地刺激了深埋在本人内心深处的对中国古文化的好奇心。机缘与兴趣所致，使本人职业生涯的后期便走向主要从事中国古建筑，特别是古塔建筑的纠偏与加固的保护工作。

古塔建筑的纠偏与加固（尤其抗震加固），是古塔建筑保护领域乃至整个土木工程领域极具挑战意义的课题。国际上最具影响的倾斜古塔要数意大利的比萨斜塔。比萨斜塔的纠偏与加固工程影响最大，持续时间最久，动员的技术力量最强，技术方案研究的最深入，披露的资料也最丰富，对类似工程具有很好的参考价值！1989年，Pavia的市政塔发生坍塌，在这次坍塌事故中有4人死亡，意大利政府立即关闭了著名的比萨斜塔，并提请国际专家委员会紧急测算。经过周密策划及大量的基础性研究工作，1992年5月18日，比萨斜塔的拯救工作终于开工。首先是在第一层的塔身套上不锈钢加固圈，然后在塔身的另一面安放6000kN重的铅来矫正倾斜（1995年铅块荷载增加到9000kN）。1993年10月，长达800a的缓慢倾斜终被制止，护塔工作初见成效。据媒体报道，截至2001年年底，历时17年、耗资4000万美元的扶"正"工程，在120部精密仪器的帮助下，目前塔顶中心点偏离垂直线的距离比施工前减少450mm，回归到1838年时的倾斜角度，"可至少再维持300年不倒"！

前已述及，陕西关中地区是我国砖石古塔集中分布的地区之一。为了拯救诸多濒临倒塌的古塔，陕西省有关部门自20世纪50年代始即对大、小雁塔进行了修葺与加固。80年代以后又相继对香积寺善导塔、大秦寺塔、报本寺塔等进行了抗震加固。针对多数古塔倾斜或破坏比较严重的现象，陕西省文物局自 1996 年即立项并组织有关方面专家展开古塔纠偏与加固课题的研究工作。2001 年对眉县净光寺塔进行了试验性纠偏处理，2013 年对西安万寿寺塔进行了纠偏与高程恢复处理，2014~2017 年对旬邑泰塔进行了抢救性纠偏与地基加固处理，2016 年针对西安大雁塔在华县大地震后历次地震的累积破坏（Shakedown），对其二层塔檐进行了抗震加固，2018 年又着手对合阳大象寺塔进行纠偏与加固处理。这些古塔纠偏与加固工程均取得较好成果，经过 20 多年的实践努力，陕西成为当之无愧的古塔建筑纠偏与加固处理的先行省份。作为一个土木工程工作者，作者有幸主持实施了这些千载难逢的大部分工程案例。这些古塔纠偏与加固工程的成功经验，不仅对于陕西地区古塔保护，其而对于全国古塔建筑的保护均有极好的借鉴意义。将之汇集出版，留给后人，自是义不容辞的义务。这便是编撰本书的背景及缘起。

与目前主流的学家不同，我的职业生涯带有明显的实践特征，首先是解决工程中的疑难问题，而后才是学术价值以及某些无可奈何的考核指标的追求。不过，一旦进入具体课题的实际操作，我还是努力保持注重工程概念、多闻阙疑的学术风格，力求做到做一件事情，成一方行家的职业追求。某位学者说过，在中国，争辩教育得失，不专属于教育家和教育史家，而是每个知识分子都必须承担的权利与义务。本书实践这一诺言，即使不够专业，起码也是实践与思考的产物。

第 1 章主要作为本书的引子，对古塔建筑做了一个轮廓性的介绍。考虑到在古塔建筑的保护维修中，经常会遇到倾斜古塔稳定性的评估问题，而目前学界尚未给出比较可靠实用的评估方法，第 2 章结合合理论分析及作者自己的工程经验，就古塔建筑的稳定性问题做了比较深入的探讨。由于所述实用方法建立在工程经验的基础上，然而目前的样本空间并不是很丰富，所述评估的方法可能存在某些不足，但有一个方法总比没有好，至少该方法对于已有的工程实践拟合是良好的。评估方法的进一步完善有赖于工程实践进一步丰富。本书第 3~6 章分别对眉县净光寺塔、西安万寿寺塔、旬邑泰塔、合阳大象寺塔的工程资料进行了收集整理与分析。作为另一类塔类建筑，河南开封延庆观玉皇阁整体顶升项目的成功实施也是具有一定开拓意义的，为了保存资料，第 7 章对之做了比较详尽的收集整理与分析。2016 年在大雁塔塔檐防水养护过程中，发现其二层南侧塔檐存在严重结构隐患，鉴于大雁塔文物建筑与公共建筑的双重属性，也考虑到病害所处的敏感位置，有关方面组织包括作者在内的技术人员对之进行了加固处理，第 8 章给出作者的一些认识与体会。西安小雁塔由于"三裂三合"的神话传说在抗震工程界具有较大的影响，20 世纪 60 年代在老一辈古建保护工作者梁思成老先生的指导下对之进行了比较恰当的抗震加固，效果接受了"5·12"地震的检验，为了保存资料，将之在第 9 章整理列出。应县木塔在我国乃至世界的古塔建筑中，占有极其重要的地位，作者有幸配合中国文化遗产研究院参与了部分的研究工作，也为了保存资料，第10章给出了作者对此的一些个人理解与看法。

可以看出，本书主要内容在第2~7章，其余只能说是资料汇编。记得2015年上海建筑遗产博览会要求作者作专题演讲，题目："中国古塔的科学纠偏"，本人曾予更正："科学"二字比较神圣，不可随意妄谈，还是叫做："古塔建筑纠偏工程案例"，这也可以作为本书定名的考虑。

本书第2、3、5、9章由陈平执笔，第1、4、6、8、10章由陈一凡执笔，第7章由张卫喜执笔，全书有限元分析由张卫喜负责核对，文图部分由陈平统稿。

本书第1章部分内容取材于张宇寰老先生的《中国塔》，实无意于剽窃老先生的成果。其余各章材料主要取自本人所指导部分研究生的论文及相关工程资料。涉及研究生主要有：张卫喜、沈治国、武喜华、陈厚飞、沈远戈、张鹏丽、汪龙、王梓雯、范冠先等。凡涉及人等作者在此一并表示感谢，如有差错处，唯表歉意。陕西普宁工程结构特种技术有限公司的郝宁、陈哲、贾彪、贾小妹等参与了本书相关资料的收集与整理工作，在此也表示谢意！

本书成形，还得感谢各级行政主管部门及各部门行政首长，没有他们的支持，书中所述项目是难以取得完美效果的。感谢侯卫东先生，感谢周魁英、张进先生，感谢冯滨女士，感谢陕西文化遗产研究院总工王伟先生！

最后，限于作者的理论水平及工程实践，书中难免有不妥处，唯期读者见谅！

陈　平

2018年4月于西安建筑科技大学

目　录

第1章　绪论

人类社会进入 20 世纪 80 年代以后，中华民族的创造力又一次获得了比较大的释放！我国的经济建设有了长足的发展！我国的国民生产总值已跻身世界第二位！毫无疑问这是一项非常伟大的成就！但也应认识到，单纯的经济繁荣只会是假象，早晚有一天会幻灭；只有文化的昌盛，才能使中华民族的传承源远流长。海纳百川的文化，才是国家真正兴盛的根基！

可喜的是，随着我国经济建设与社会文明的发展，文化强国的理念已明确提出，加强文化遗产保护，继承和弘扬中华民族优秀传统文化，已经提上国家发展的重要日程，大规模古建文物保护工程也已陆续展开。

编纂本书的目的，即在于从结构学的角度对我国特有的古塔建筑进行比较系统的阐述，对作者迄今为止参与或主持完成的有一定借鉴意义的古塔建筑纠偏与加固工程案例进行总结，以为我国的文化遗产保护事业做出微薄的贡献。在本书稍后的有关章节，对可收集到资料的国内外比较有影响力的类似工程案例也作了比较简略的介绍。本书内容可供从事古塔建筑纠偏与加固工程的技术人员参考，也可供大中专院校土木工程专业的研究生作为某些研究方向的参考。

1.1　古塔的起源与发展

我国是世界四大文明古国之一。古塔作为现存不多的古建筑，不仅对于研究我国古代建筑技术的发展具有极其重要的意义，而且对于研究我国古老的历史、文化、艺术、宗教以及政治、外交及经济等均具有无法替代的价值。造型优美、各具特色的古塔，还是先辈们遗留给子孙"不可多得，失而不复"的宝贵人文资源，是发展旅游事业，进行爱国主义教育的优秀文化遗产。地处国家西部的陕西诸省，经济相对比较落后，然文化底蕴却比较深厚。开发文化资源、带动经济发展是国家开发西部战略中的一项重要内容。毫无疑问，如珍珠般散布于西部大地的古塔建筑在开发文化资源方面占有相当重要的地位。

塔原为梵文窣堵坡（stupa）❶，起源于佛教盛行的古印度，并随着佛教的传播而传遍世界。最初建造的目的是作为一种纪念性建筑物，用来保存或埋藏释迦牟尼佛舍利。古代印度多在

---

❶　张驭寰. 中国塔 [M]. 太原：山西人民出版社，2000.

佛寺中建造古塔，公元前 3 世纪中叶（公元前 268~232 年）"阿育王时期"就建造了为佛教史所盛赞的"八万四千宝塔"。❶ 从窣堵坡到塔的发展演变如图 1.1 所示。

汉语"塔"字造得很精妙，它采用了梵文佛字"布达（buddha）"的音韵，较旧译浮图、佛图更为接近。加上土作偏旁，以表示土冢之意义，也就是埋佛的土冢，十分切合实际内容。

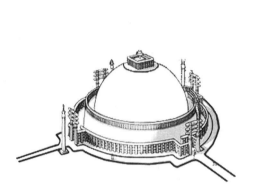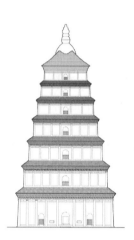

图 1.1 "窣堵坡"到"塔"演变图

随着佛教的进一步发展，古塔建筑逐渐形成了三个分支：第一是藏语系佛教寺院中的"喇嘛塔"；第二是巴利语系佛教塔庙里的"缅寺塔"；第三是汉语系佛教的高层佛塔，这种类型是在我国古代原有木结构楼阁建筑的基础上衍生出来的。

东汉时期，佛塔随着佛教文化传入中土，印度的桑奇大塔（图 1.2）为我国佛塔的最早依据。我国古塔的最初形式只是一个简单的实心构筑物，经过长期与我国古代文化的不断结合，并且融入我国的传统建筑技术，最终产生了一种具有中国独特文化风格的佛塔。古塔建筑作为我国古代文化的主要组成部分，在我国建筑史上占有极其重要的地位。据记载，我国历史上共造塔 10000 座左右，现存 3000 余座。❷ 据统计，我国是世界上现存古塔建筑保存数量最多、形式最丰富、艺术文物价值最高的国家之一。

我国高层古塔早期形式多为木塔，早在东汉末年的丹阳地区就有人建过木塔。到了南北朝时期，木塔的数量越来越多，规模也逐步扩大。山西省朔州市应县佛宫寺的释迦塔，俗称应县木塔（图 1.3），建于辽清宁二年（公元 1056 年），是我国现存不多的木塔的优秀代表。

我国现存高层古塔多为砖石结构，砖塔比木塔略晚，据史书记载，西晋太康六年（公元 255 年），太康寺已建成了 2 层砖塔。自此以后各地接连不断建造砖塔，结果木塔与砖塔并行。

---

❶ 罗哲文.中国古塔 [M].北京：中国青年出版社，1985.

❷ 徐华铛.中国古塔 [M].北京：轻工业出版社，1986.

图1.2 印度桑奇大塔

北魏皇兴元年已有建造高层砖塔的记载。河南嵩山嵩岳寺塔（图1.4）就是北魏时代所建，是一座外部密檐内部楼阁式塔，全部用砖砌筑。

最终，塔由埋藏佛舍利的建筑物逐渐演变为一种宗教性纪念建筑，成为神佛的象征流传至今。一座座古朴端庄、典雅精美的中国古塔，吸收了丰富的中华民族优秀文化传统和建筑艺术的精华，犹如一颗颗璀璨的明珠、一朵朵绚丽多姿的奇葩，点缀于蓝天白云、青山绿水之间，为祖国的锦绣江山平添了无限春色。

佛寺建筑中的佛塔，往往给人以非常深刻的印象，许多佛塔已成为我国各地风景轮廓线上最突出的标志和特征。中国汉传佛教佛塔，凝聚着人民高度的智慧、虔诚的信仰和对幸福美好生活的愿望。千百年来，吸引着无数的朝拜者和观光游客，为广结佛缘，

图1.3 山西应县木塔

实现佛教慈悲为怀、普度众生的理想，广泛地传播佛教等作出了巨大的贡献。

图1.4 最古老的砖塔（河南嵩岳塔）

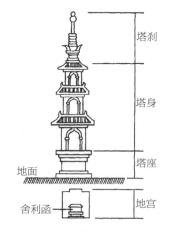

图1.5 古塔结构示意图

西安是世界闻名的历史古都，其周围保存有大小砖石古塔计200多处，绝大多数系唐宋间珍品，其中属于国家重点文物保护单位的就有大雁塔、小雁塔、玄奘塔、仙游寺法王塔、法门寺塔等诸多名塔。

本书"古塔建筑"主要指砖石古塔。

1.2 古塔建筑的结构组成

古塔建筑材料多种多样，所采用的构筑方法也因此有很大的不同，如木塔是采用传统木结构楼阁宫殿抬梁式、穿斗式建筑方法建造；砖、石塔是用垒砌、发券、叠涩等方法建造；而金属塔则是用雕模制范的方法铸造而成。❶ 虽然建塔材料及构筑方法各异，但古塔的基本结构组成却大致相同，可分为地宫、塔座、塔身、塔刹四个部分（图1.5）。

1.2.1 地宫

古印度佛塔中比较少见地宫，传入到我国之后便与我国传统的深葬制度相结合，产生了地宫这种形式，也称为"龙宫"、"龙窟"，是我国古塔构造所特有的部分，主要用于埋葬佛舍利及各种陪葬器物、经书、佛像等有价值的文物。地宫大多深埋于地下，也有的半入地下，形式大多是用砖石砌成的方形、六角形、八角形和圆形等。

我国各地清理和维修古塔时，在许多古塔下也都发现了地宫，其中有的还埋藏有佛舍利及壁画、经书等文物。如北京庆寿寺双塔、苏州虎丘塔、云南崇圣寺千寻塔、河北静志寺真身舍利塔等，其中最著名的是陕西法门寺塔地宫（图1.6），

图1.6 法门寺地宫

❶ 沈治国. 砖石古塔的力学性能及评估与加固方法的研究 [D]. 西安建筑科技大学学位论文，2005.

其埋藏的世界上唯一的佛祖释迦牟尼的真身佛指舍利及大量的铜币、丝绸、器皿等珍贵文物为我们研究古塔地宫的形制及历史提供了宝贵的资料。但也应看到，许多古塔因年久失修，地下水渗入，严重损坏地宫，引起上部塔身倾斜开裂，大大削弱了塔的整体稳定性。

1.2.2 塔座

塔座覆盖在地宫上，是整个塔的下部基础，很多塔从塔内一层即可进入地宫。早期的塔座一般比较低矮，且平素无饰，如现存的北魏嵩岳寺塔及隋代的历城四门塔（图1.7）。

图1.7 历城四门塔

唐代以后塔基座急剧发展，明显地分成基台与基座。基台是早期塔下比较低矮的塔基，一般没有装饰，在基台上增加一部分雕饰华丽的座子称作基座，专门用来承托塔身，成为全塔的重要组成部分。其中，尤以喇嘛塔和过街塔的基座发展得最为高大，体量占全塔的大部分，喇嘛塔基座高度占到全塔总高的三分之一左右。塔基部分的发展使得我国古塔以崭新的面貌出现，在结构上保证了古塔上部结构的坚固稳定，在艺术上也呈现出庄严雄伟的效果。

1.2.3 塔身

塔身是古塔结构的主体部分，从外部看，由于建筑形制的差别很大，从内部结构来看，主要有实心和空心两种（图1.8）。实心塔是佛教中的主流，大多建于我国北方。空心塔的发展则适应了人们登临眺望的要求，其内部结构复杂，建筑工艺要求也比较高。塔身结构形式将在下节讨论。

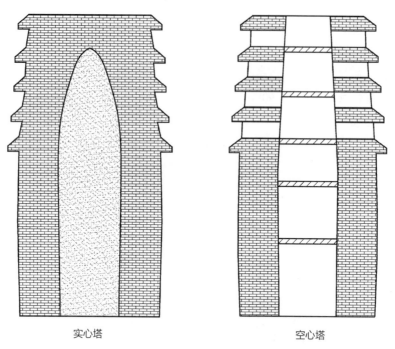

| 实心塔 | 空心塔 |

图1.8 塔身结构

1.2.4 塔刹

塔刹，作为塔的最为崇高的部分，冠表全塔，至为重要。因此用了"刹（chà）"这个字。刹，梵文名"刹多罗"、"查多罗"等，又称为"乞叉"、"乞洒"。它的意思是土田，代表国土，也称为佛国。佛寺也称作刹。

在建筑结构的作用上，塔刹也很重要，是作为收结顶盖用的。木结构塔的塔顶为四角或是六角、八角以及圆形，各个屋面的椽子、望板、瓦陇，都集中到一点来了。在这一点，从结构作用上，也需要有个压盖的构件，以固定椽子、望板、瓦陇这些部分，并防止雨水下漏。塔刹正是起这个作用。

塔刹本身也是一个小塔。它的结构也明显地分为刹座、刹身、刹顶三部分，内用刹杆直贯串联（见图1.9）。有的刹基内也有像地宫的窟穴，作为埋葬舍利和其他经书、金银玉石等器物之用。

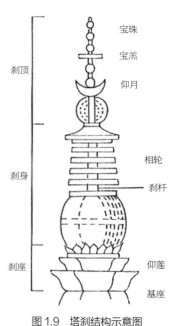

图1.9 塔刹结构示意图

刹座是刹的基础,正覆压在塔顶上,压着椽子、望板、角梁后尾和瓦陇,并包砌刹杆。刹座的形状,大多砌作须弥座或仰莲座,也有砌作素平台座的。须弥座上,再砌以仰莲或忍冬花叶形承托刹身。

刹身主要的形象特征,是套贯在刹杆上的圆环,称为相轮,也有称为金盘、承露盘的。一座塔往往以相轮的大小和数目的多少表示塔的等级和高低大小,但也并非都如此。不过大塔的相轮较多而大,小塔的相轮较少而小,确是事实。早期的塔刹相轮数目还没有定式,有的塔,相轮多至数十个,有的少至三五个。后来相轮的数目逐渐形成了一、三、五、七、九、十一和十三的规律。喇嘛塔大多采用了 13 个相轮,因此,把这一部分称为"十三天"。在相轮上,设置华盖,也称宝盖,作为相轮刹身的冠饰。

刹顶,是全塔的顶尖,在宝盖之上,一般为仰月、宝珠所组成,也有作火焰、宝珠的,有的是在火焰之上置宝珠,也有的将宝珠置于火焰之中。

刹杆,是通贯塔刹的中轴。金属塔刹的各部分构件,全部都穿套在刹杆之上,全靠刹杆来串联和支固塔刹的各个部分。就是较低矮的砖制塔刹,当中也有木制或金属刹杆。刹杆的构造,有用木杆或铁杆插入塔顶之内的,如塔刹很高,即用大木桩插入一、二层或三层塔顶。长大的刹杆称为刹柱。有的刹柱与塔心互相连贯,直达塔底地宫之上。

以上所述塔刹的结构形制,是较具代表性的。各个时代、不同类型、不同建筑材料的塔,其塔刹也有变化。有在刹杆上串联三、五、七、九个金属圆球作为塔刹,有的塔刹在刹座上贯以巨大的宝顶。宝顶的形式各有不同,有圆形、方形、八角形等。

1.3　古塔的分类

中国人历来对古塔有着独特的钟爱情结。在古代,上自公卿百官,下自贩夫走卒,都把登临宝塔作为一件赏心悦目的好事,诗曰:"欲穷千里目,更上一层楼!"在中国以建筑物的平面铺开为特征的建筑格局中,都是以平房为主体,塔作为一种高层建筑的出现,可以说是独树一帜。它的挺拔峻峭,突破了人们视觉构图中的横向平淡。同时,部分古塔具有极富审美价值的曲线外观,富有节奏美感的弧线轮廓,都可以使人产生无穷的遐思。有的高塔内部还有供人们登临的旋梯,可以外出至平坐极目远眺,饱览无限风光,感悟到蓬勃的生活节律与开阔豪放的胸襟。

要将中国古塔进行精确的分类并非易事。我国现存古塔建筑纵向跨度接近 1500 年,古建筑都有各自鲜明的时代和地域特征,很难严格划分类别;同时,还存在不少古塔造型标新立异,与之相似者寥寥无几,甚至是孤例,像这类塔也很难分类。

1.3.1 古塔的建筑分类

古塔的建筑分类也不能只从外表来看，还应该同时考虑到其内部结构和功能。比如为了观景瞭望而建塔，一般就建成可攀登的，而僧尼墓塔为了防偷盗破坏则多为实心结构；因此可攀登型的空心塔和实心塔就算外表相似也不能混为一谈。比如唐代的密檐塔和辽代的密檐塔，虽外表都符合密檐塔的特点，但内部结构完全不同：前者一般是空心的，内部设有楼梯；而后者则基本上都是实心结构。

目前使用最普遍的古塔分类是我国建筑大师梁思成先生提出的分类方法。即从建筑形态上，可将古塔分为楼阁式、密檐式、亭阁式、花式、覆钵式、金刚宝座式以及复合式等。而另外一些严格说来不属于建筑类的古塔，有人将其称为雕塑型古塔，比如五轮塔、幢式塔、无缝塔、宝箧印经塔等。具体的分类结构见图1.10和图1.11。

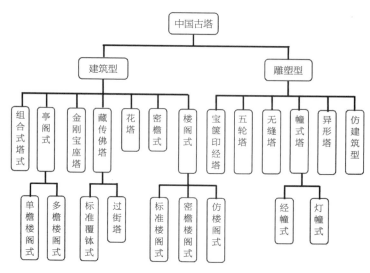

图1.10 中国古塔的建筑分类

这种归类方式较为成熟，简单明了，从古塔的外观即可判断其类型，故为大部分人所认可。其中，建筑型塔是作为一个建筑存在的，具有建筑的某种或多种功用；而雕塑型塔则是模仿了前者外形，本身是一件缩小了的"模型"。具体到实例，建筑型塔几乎包括了所有的木塔、砖塔、砖身木檐塔和用石块垒砌的大中型塔；而雕塑型塔则包括绝大多数小型石塔、全部经幢和全部金属塔等。当然这两种类型也不是绝对的，有些古塔的性质可能介于两者之间。

1.3.2 古塔的结构分类

如果从古塔的内部结构形式上划分，则可将古塔归为实心式、单筒式、双筒回廊式、核

西安大雁塔（楼阁式塔）　　　　　　　　　　西安小雁塔（密檐式塔）

云南官渡金刚宝座塔　　　　　　　　　　北京妙应寺白塔（喇嘛塔）

图 1.11　古塔建筑主要类型

心柱单筒式（也称为中间为立柱的单筒式）四大类。这四大类中又可以根据楼梯在塔内的布置方式和楼板的情况继续细分，比如单筒式结构就有壁内、壁边折上式、穿壁式、错角式、扶壁攀登式等。具体分类见图 1.12 及图 1.13。

　　研究了解古塔的内部结构形式对古塔的保护和加固具有极其重要的意义。不同结构类型的古塔的受力状态，尤其是抗震机制是不同的，对地震的响应也会有所差别。分析古塔建筑的病害时，应该先认识古塔的结构形式和受力特点，再结合已有病害情况分析其成因和发展趋势，从根本上采取针对性的措施阻止古塔病害的发展。下面对四种主要的古塔结构形式进行简单的介绍，并选取部分实例列表显示。

　　实心式古塔的结构形式简单，受力明确清晰。外部多由砖砌，内部或者仍由砖石满砌，或者夯土填满，也有入木骨等其他材料的，且一般高度较低。一般说的实心古塔是不能攀登的，是我国北方早期的古塔形式，也是佛塔中的主流。由于主要是纪念性质的，未考虑人的

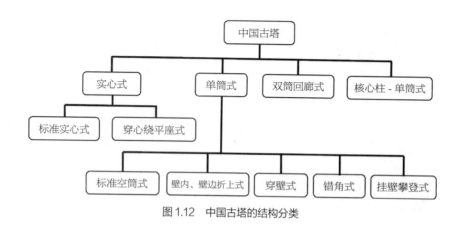

图 1.12 中国古塔的结构分类

登临远眺。还有一种古塔从结构上也类似于实心塔，即穿心绕平座式古塔，是宋代砖塔内部结构的一种，可以攀登，塔梯穿心，从下层登至上层塔外平座，可绕塔外一周，如此各层反复登至顶层。表 1.1 列出了我国部分典型的实心式古塔基本情况。

实心式古塔部分代表　　　　　　　　　　　　　　表 1.1

名称	时期	建筑形式	高度	底边尺寸
西安兴教寺玄奘塔	唐	实心式	21.76m	4m×5.6m
眉县净光寺塔	唐	实心式	22.05m	4m×4.46m
陕西大象寺塔	唐	实心式	25.88m	4m×4.8m
河北衡水宝云塔	明	穿心绕平座式	35m	8m×6.4m

单筒式结构古塔的外壁砖砌，内部中空，一般描述为"单壁中空"，其整体结构类似空筒，结构形式简单，施工容易。它的主要承重构件就是塔的外壁，所以这种形式的塔外壁一般较厚（图 1.13）。内部或者从上到下通空，如标准的空筒式古塔、错角式古塔；或者内部由木楼板相连，但是多数木楼板、木楼梯由于年代久远，遭腐朽或火烧，不复存在，如今只留下空筒砌砖塔体；也有采用砖楼梯的，如壁内折上式或壁边折上式，穿壁式结构和扶壁攀登式古塔也是这种形式的单筒结构。表 1.2 和图 1.4 列出了我国部分典型空筒式古塔的基本情况。

单筒式古塔部分代表　　　　　　　　　　　　　　表 1.2

名称	时期	建筑形式	高度	底边尺寸
西安小雁塔	唐	空筒式	43.2m	4m×11.38m
嵩山嵩岳寺塔	北魏	空筒式	37.6m	12m×10.16m
云南崇圣寺三塔	元	壁边折上式	44.32m	8m×---

续表

名称	时期	建筑形式	高度	底边尺寸
广东宝光塔	明	壁内折上式	65.8m	8m×5.72m
西安大雁塔	唐	壁内折上式	59.05m	4m×25.2m
广西东塔	宋	穿壁式	约50m	8m×12（d）m
苏州罗汉院双塔	唐	错角式	33.3m	8m×5.5（对边）m
广胜寺飞虹塔	明	扶壁攀登式	47.31m	8×---

--- 表示尚无资料可查

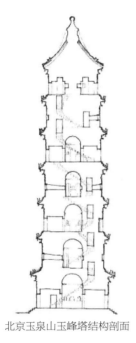

北京玉泉山玉峰塔结构剖面

图1.13 壁内折上式结构实例

　　双筒回廊式古塔类似于现代建筑中的筒中筒结构。这种形式的古塔靠内外两周塔壁承重，内外塔壁之间为回廊，内壁中间为塔心室，由2或4列过道通向回廊，梯级一般设在回廊中。虽然这种结构形式分为内外两筒，但是两个筒壁都很厚，中间还有楼板梯级相连，整体砌筑，塔体受力和抗震性能也不错。表1.3列出了我国部分典型的双筒回廊式古塔基本情况。

双筒回廊式古塔部分代表 表1.3

名称	时期	高度	底边尺寸
苏州报恩寺塔	南宋	76m	9（d）m×17（d）m
苏州虎丘塔	北宋	47.5m	8（d）m×13.66（d）m

核心柱单筒结构形式的古塔，是以厚实的外壁和中心柱共同承重的结构形式，一般将楼梯设于中心柱内，以减少对塔外壁的削弱。塔外壁多开设有向外的拱窗，便于游客出塔欣赏美景。中心柱和外筒之间的回廊一般采用拱廊兼楼板整体砌筑相连，故水平刚度和竖向刚度都较大。但这种塔的拱廊对外筒壁会产生向外的推力，从而使外筒壁产生开裂解体的趋势，故对不均匀沉降和竖向地震作用比较敏感，容易受损。"5·12"地震中泾阳崇文塔受远震影响严重破坏即为一例。表1.4列出了我国部分典型的核心柱–单筒式古塔的基本情况。

		核心柱 – 单筒式古塔部分代表	表 1.4
名称	时期	高度	底边尺寸
泾阳崇文塔	明	82.9m	8（d）m×21.6（d）m
定州开元寺塔	辽	83.7m	8（d）m×24.7（d）m
妙觉寺舍利塔	宋	38.71m	8m×3.4m
泉州镇国塔	南宋	48.24m	8m×3.67m

1.4 现存古塔建筑的结构优势与缺陷

我国古塔建筑经历了历史岁月的洗礼与甄选，保存至今者，成为世界名胜的一大奇观，在古往今来的历史文化长河中享有闻名遐迩的文化声誉，成为人类智慧的结晶。但由于各种原因，也有部分古塔建筑已经销声匿迹，有的残缺不全，失去了昔日的风韵。从结构学角度看，古塔建筑有以下特点 ❶：

1.4.1 古塔建筑的结构优势

1）形体规则有节律

古塔建筑大多数是方形、多角形或圆形，平面规则对称。从立面看，不论是楼阁式如西安大雁塔，或密檐式如大理千寻塔，一般塔身截面尺寸都采用了由下而上逐层递减的收分技术，塔身呈自然缓和的锥形体，不仅从建筑艺术上感到秀丽舒畅，从结构上更增强了稳定性。砖石古塔的这些特点是抗震的成功经验，可以减少扭转效应，而且层间抗力与地震力相协调，避免了中下部形成薄弱层的不利情况。

2）结构体系变化多样，整体性能良好

古塔建筑由于外形的复杂变化，形成结构体系也多种多样。但从结构特点来说，常见古

---

❶ 李德虎，魏琏.砖石古塔的历史震害与抗震机制 [M]. 北京：中国建筑科学研究院工程抗震研究所，1989.

塔可概括为：实心塔、空心塔、双筒式空心塔、中间为立柱的空筒塔四大类。从这四类古塔建筑的结构特点分析，它们都是整体性较好的抗震结构体系。空心砖塔多为木楼层，对塔体的约束作用比较小，但由于具有较厚的筒壁，类似于自然界的竹子，仍可以形成良好的空间抗震体系。石塔由于楼板是石板及石梁组成的，在楼层平面内有较大的刚度，对塔身筒壁能起到较强的约束，是比较典型的多层结构体系，亦具有良好的抗震能力。

3）塔址选择良好，地基坚固

古塔建筑是古代主要的高层建筑，一般高度很大，可达 50 ~ 80m。加之砖石的容重比较大，一座高大砖石塔对地基的作用力是很大的。眉县净光寺塔地基压应力约 350kPa，旬邑泰塔的地基压应力约 560kPa！因此坚固的场地与地基条件是古塔百年竖立不倒的保证。

砖石古塔未有倒塌历史的，场地或地基都经受住了时间的考验，也保证了塔体的完好或者减轻了地震的灾害。查其原因，主要是塔址选择在坚硬的岩层上。云南大理著名的崇圣寺三塔位于苍山脚下坚硬的岩层上，根据历史记载，每次地震，苍山脚一带村庄的震害比位于冲积层厚的周围村庄震害轻得多。明正德九年五月六日（公元 1541 年 5 月 21 日）大理烈度为 8 度地震，使三塔之一的千寻塔震裂，而在余震中又复合，在这次地震中大理"城廓室庐仆阙无算，庙学倾圮"。1925 年 3 月 16 日大理 7.5 级大地震时，震中烈度达 9 度，房屋遭到严重破坏和倒塌，而千寻塔只震落塔刹、佛龛内两尊铜佛、少量佛经和砖块，塔体结构保持完好。西安小雁塔，据现有勘察资料，虽未见坊间传说的半径 30m 夯土筑成的半圆锅底状地基，"三裂三合"的说法也应属"齐东野语"，但其矗立 1300 余年不歪不斜，显示了良好的场地条件。2008 年"5·12"地震，西安大雁塔破坏严重，但小雁塔未见任何裂缝！由上述实例可见，建于良好场地条件上的砖石古塔不仅由于地基耐力高而千百年矗立不倒，而且由于坚硬岩层土的卓越周期短不易与自振周期较长的高耸古塔发生共振而使震害减轻。

1.4.2 古塔建筑的结构缺陷

1）地基一般不做特殊处理

古人建塔大多对地基不做特殊处理，但要经历一个比较长的周期。陕西眉县净光寺塔，现存塔北"经幢"撰刻："眉城净光寺修造佛塔"、"元和拾壹年"、"咸通九年"等字样，专家确认塔为唐塔，并推证塔建于唐元和拾壹年至咸通九年，历时 47 年。由于建造周期比较长，故原有天然地基可以得到逐渐的压实，从而获得比较高的地基承载力。但我国北方多存在湿陷性黄土，随着环境的变迁，地下水位及土壤含水量可能发生变化，从而引起古塔建筑沉降不均匀或倾斜。

调查也说明，我国现有古塔建筑凡有倒塌历史的，其场地条件或地基处理都较差。北京北海永安寺白塔，始建于 1651 年，至今 300 多年中已有三次倒塌或严重破坏史，1976 年 7

月 28 日唐山地震,白塔基座东南角从上至下有裂缝一道,西北角砌缝开裂,十三层部分震裂,塔刹宝顶震掉,属中等较重破坏,其原因之一是此塔建于积土之上。

2)砌体强度一般较低

砖石古塔建筑所采用的砖石的优良质量是现代人难以企及的,但由于历史条件的限制,其采用的粘接材料一般强度较低,因此砌体强度偏低,对抵抗水平作用不利。据对云南大理三塔使用的砖的质量进行考证,得到的判断是"烧砖使用的土质好,黏性好,制泥均匀、制坯严格认真、烧制火候适当、砖块平直、光滑、无歪扭龟裂现象"。"砌筑砂浆为黏土石灰砂浆,标号约 10 号"。陕西扶风法门寺塔也为泥浆砌筑。

3)门窗孔洞是薄弱环节

砖石塔建筑一般设有门窗孔洞,有的每边沿中线在每层设置,如西安大雁塔(正方形)、太原永柞寺(八角形);有的甚至每边每层设三孔,如银川海宝塔,有的在两对边设孔,如西安小雁塔;也有每边错层设置或隔边每层设置的。总的来说,这些孔洞削弱了塔身的截面积,造成强度薄弱环节,在塔体倾斜较大时,会造成中轴面抗剪能力不足而可能裂为两半或半壁倒塌!

4)结构高耸,基底压力大

古塔建筑大多高耸挺拔,给人以古朴苍劲,气势恢宏的印象。但高耸的古塔基底压力大,地基稳定性较差,对地基不均匀沉降比较敏感;并且一般自振周期较长,容易受远震低周高频地震波的影响。

1.5 古塔建筑的主要病害及破坏因素

虽然现存古塔多是经过自然选择保留下来的优良"品种",但也应当看到,不时也会有一些古塔会倒塌或产生濒临倒塌的危险因素。造成古塔破坏的内因是其固有结构缺陷,而外因则大多与地震及环境的变迁有关。❶

1.5.1 十塔九歪

塔无不斜,由于古代建造技术的限制及几千年沧桑岁月的破坏,目前我国现存古塔建筑,大多存在倾斜,个别已经倒塌。倾斜是威胁古塔建筑长久保存的最主要因素!因保存释迦牟尼舍利而举世闻名的法门寺明塔即由于过度倾斜而于 1981 年倒塌(图 1.14),1987 年重建。这使得文物界、文化界及宗教界的诸多学者无不痛心疾首!

---

❶ 伍喜华. 古塔建筑稳定性分析及加固技术研究 [D]. 西安建筑科技大学学位论文,2011.

塔为古代高耸建筑，加之其地基长时间处于高压力状态工作，稳定性本身较差；黄土地区的古塔，由于黄土地基土壤中起胶结作用的盐类易溶于水，环境条件改变，引起地下水位变化或土壤含水率变化，极易引起地基软化产生不均匀沉降而导致塔体倾斜！

陕西眉县净光寺塔，唐建阁楼式7层砖塔，自现有地面塔高22.05m，1998年测得塔体向北偏东7.525°倾斜，垂直方向倾角4.3°，塔尖中心偏差1.664m，正北方向偏差1.620m。由于塔持续倾斜，每年雨季当地政府必成立专门机构观测，以防塔倒伤及周围居民，媒体亦曾多次敦促该塔纠偏事宜。

图1.14 1981年法门寺塔垮塌了西南半壁

陕西周至大秦寺，始建于公元635年，是基督教在中国的发源地，大秦寺塔传为宋人所建，7层，自现有地面塔高40.93m，1988年测得塔体向北偏西39.67°倾斜，垂直方向倾角3.3°，塔尖中心偏差2.326m，正北方向偏差1.790m。苦于无较好办法纠偏，2000年仅作加固处理。

陕西合阳大象寺塔，唐建13层砖塔，残高26m，2016年5月24日测得塔体向北偏东20°44′25″倾斜，垂直方向倾角4.6°，塔体残损严重，随时面临倒塌的危险（图1.15）。

陕西旬邑泰塔，始建于1059年，楼阁式7层砖塔，平面八边，底层直径11.930m，单壁中空，高50.162m。泰塔多年倾斜，根据2006年8月18日观测资料，塔倾斜方向北偏东27°32′，倾斜量2.268m，倾斜速率大约

图1.15 陕西合阳大象寺塔

10mm/y。观测表明2013年11月份塔倾斜开始加速，至2014年3月中旬，在4个月时间内，倾斜由2.334m猛增至2.482m。至2014年6月20日，倾斜值为2.499m。监测单位呼吁：泰塔急需纠偏加固！

1.5.2 地震灾害

我国是地震多发地区之一，从古至今，历史上有多少古塔因地震作用倒塌已无从考证，保存下来的古塔中有很多也留下了地震破坏的印记，如倾斜、劈裂、折断等结构病害，主要

表现为以下几个方面（图 1.16）：

1) 塔基震陷、塔体倾斜

砖石古塔对地基的变形较敏感，地基在地震作用下产生不均匀沉降导致塔体倾斜、塔身裂缝病害，位于山丘湖泊等不良地质条件的古塔建筑此病害现象更为严重。如建于清朝的四川神坝砖塔，该塔址紧邻水库，塔基因库区水位变化而受损，在汶川地震中塔基震陷，塔体倾斜严重。

四川神坝砖塔　　　　　运城太平兴国寺塔　　　　　四川盐亭笔塔

广元来雁塔　　　　　鞭梢效应　　　　　崇州街子古镇古塔

图 1.16　地震对砖石古塔的破坏

2) 塔体震裂、竖向劈裂

古塔结构在地震作用下塔身产生斜裂缝及沿竖向中轴线劈裂是比较普遍而重要的规律，是导致古塔结构严重破坏的主要原因之一，往往成为古塔失稳破坏的先兆。1556 年华县大地震中，西安香积寺塔及小雁塔都出现了沿竖向中轴线劈裂的现象；2008 年"5·12"地震中，陕西太平寺塔塔身最大裂缝达 40mm，并在裂缝处发生了错位现象；建于宋代的山西运城安邑太平兴国寺塔，经历屡次地震，塔顶坠落，塔身裂而复合，合而又裂，在汶川地震发生时，塔身原有竖向劈裂加剧，随时都有倒塌的危险。

3）塔体震断、局部垮塌

对于高宽比较大及整体性较差的古塔建筑，在强烈地震作用下，结构发生较大的水平位移，导致塔体局部折断或垮塌。如建于清光绪年间的四川省盐亭笔塔，地震导致塔身大部分垮塌，仅存底层约 9m 高。清代四川省广元来雁塔，在汶川地震中塔体 7 层以上震塌，余震中再次震损 2 层，现仅存 5 层，岌岌可危。

4）塔刹震落、顶部塌落

塔刹是古塔的最高部位，质量集中，在地震作用下常因"鞭梢效应"而容易被震歪或震落，这种震害现象在我国现存古塔中非常普遍。与塔刹破坏原理相似，在强烈地震作用下，塔顶部易被震散而导致局部塌落。1556 年华县大地震中，大雁塔宝顶被震落，西安小雁塔及香积寺顶部两层被震毁；2008 年汶川地震中，四川崇州街子古镇古塔塔尖被震落。

1.5.3 自然破坏

1）潮湿

我国古人建塔时一般不考虑防潮问题，如果环境潮湿或地下水位较高，受潮湿空气及地下毛细水的影响，塔体底层砌体会长期处于潮湿状态。还有些塔因塔顶塌毁，上下贯通，雨水直接浸蚀塔体内部，造成古塔内常年阴湿。潮湿会弱化砌体粘接材料，使地基中无机盐在塔体中富集、结晶而产生盐蚀，在北方寒冷地区，还会加速塔下部砌体冻融。这些都会对塔整体稳定性造成威胁。河南嵩山少林寺塔林，饱受漏水侵蚀，其中 30 多座古塔出现倾斜，其中尤以具有 1200 多年历史的法玩佛塔（图 1.17）最为严重。

2）风化

长期的风吹雨淋，冷热交替等自然作用，也是一种具有相当破坏力的因素。考察发现，长期失于维修保养的砖石古塔，多存在灰缝镂空，塔身砌体酥碱剥落、塔刹倾倒、塔檐破损、塔身上半部倒塌等风化病害现象。

3）植物侵蚀

植物对塔的危害性往往被人们所忽视，然而其对古塔的破坏有时甚至超过了风雨的侵蚀。生长在塔上的植物在我国南方主要以木本为主，在北方则以草本为主，在南方有些塔上长满杂草，甚至有的长成大树，植物的根系会胀裂砌体，甚至造成塔身整体变形、歪斜，图 1.18 为陕西隋代圣寿寺塔的情况。在对古塔进行修缮加固时，首先应根据塔上生长植物的情况及对塔的损害程度不同施以不同的方法。

图1.17　河南嵩山法玩塔

图1.18　陕西圣寿寺塔

1.5.4　火灾与人为破坏

除了上述几种主要病害外，火灾及人类的不良活动，也会对古塔建筑造成灾难性的后果。

1）火灾

我国早期盛行建造木塔，据估计，历史上的木塔应在千座以上，大多数已毁于历史战火中，有些则毁于不慎失火。现存的砖木混合结构的古塔木结构部分也大多已毁于火灾，并且在塔身上留下许多黑窟窿，不仅影响美观且易导致局部坍塌。据考证，北魏时代洛阳永宁寺塔，平面方形，共9层，是我国古代最为高大的一座木塔建筑，建成30余年后就因火灾焚毁了，如今仅留下遗迹。建于公元1056年的山西应县佛宫寺辽代的释迦塔是我国乃至世界现存的体量最宏大、现存年代最久远的木结构建筑，堪称世界建筑史上的杰作。还有些古塔因为建立在开阔场地或者孤立的山头上，易遭受雷击，著名的苏州虎丘塔塔顶就曾因为遭雷击而损毁。洛阳白马寺千年古塔齐云塔2008年遭雷击，部分砖块劈碎，岌岌可危。

2）人为破坏

历史上战争对古塔的破坏规模大、程度深，如唐"安史之乱"、佛教史上的"三武一宗"四次"毁灭佛法"等事件。现代由于地下水的过量开采也会使地下形成采空区，往往会造成古塔倾斜；如山西介休市虹霁塔，始建于唐代，因地下采空区导致已倾斜5°。同时，在古塔周围新建的大型建筑物，也会造成塔基的附加变形从而引起古塔倾斜。

古塔建筑的破坏往往是多种因素共同作用的结果，陕西长安二龙塔（图1.19），具体建筑年代无从考证，从建筑遗物和地宫形制推知其应为唐代。是迄今发现的除小雁塔之外的另一座密檐式砖塔，具有很高的历史、艺术和科学价值。该塔原9层，塔刹在早年的一次雷电中被击落，塔底部损毁最为严重，塔体在历史上曾遭两次大的人为损毁：一次是民国时期烧毁了塔内木楼梯；另一次是20世纪70年代，当地村民拆毁。由于塔无史料记载，复原依据不足，加之破坏病害严重，给古塔的维修加固工作带来了一定的困难，现今经维修加固的二

图 1.19　陕西二龙塔加固前后（2005~2008 年）

龙塔，底边长 7.6m，按文物保护专家的意见保留原残高 6 层半，塔檐全部重新加固，塔顶部有防雷和排水设施，失去了昔日的风貌。

1.6　古塔建筑的纠偏与加固

1.6.1　古塔建筑纠偏方法概述

建筑物倾斜是软弱地基上一种较为常见的工程问题，它是由地基不均匀沉降产生的基础倾斜所引起的。前已述及，古塔建筑倾斜的原因比较复杂，大多与地基压应力过大、地基处理欠妥及环境变迁引起地下水位变化有关。

倾斜是威胁古塔建筑长久保存的最主要病害因素！倾斜会增加古塔建筑中轴面的剪应力，倾斜过大时会导致塔体半壁垮塌；在地基湿软时过大的倾斜还可能导致塔体地基失稳而整体倒塌；倾斜也会降低古塔建筑的抗地震能力。

建筑物纠偏技术的思路大都从调整结构的不均匀沉降入手，可分为迫降法、顶升法和综合法三类，具体原理如图 1.20 中所示。每种纠偏方法在原理、适用条件及施工方法上存在较大的差异（表 1.5），具体实施建筑物纠偏时，往往综合几种方法进行。

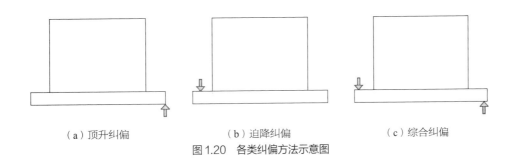

（a）顶升纠偏　　　　　　　（b）迫降纠偏　　　　　　　（c）综合纠偏

图 1.20　各类纠偏方法示意图

建筑纠偏方法 表 1.5

纠偏方法		适用范围	原理说明
迫降纠偏法	抽土纠偏法	适用于地基为匀质黏土、砂土的建筑	在沉降较小一侧的基底掏土，形成基底下土体部分临空，有效面积减小，应力增大，产生挤出变形，调整不均匀沉降，达到纠偏目的
	堆载纠偏法	适用于淤泥、淤泥质土和松散填土等软弱土地基和黄土地基上沉降量不大的结构，若上部结构偏心较大，应考虑堆载量或锚固传力系统的可行性	通过反向加压施加纠偏力矩消除上部结构的荷载偏心所产生的倾斜力矩，因此要求纠偏力矩大于倾斜力矩
	浸水纠偏法	含有一定厚度湿陷性黄土地基：含水量小于 16% 且湿陷系数大于 0.05 时，采用浸水纠偏法；含水量为 17%～23% 之间且湿陷系数为 0.03～0.05 时，需要采用浸水和加压相结合的方法	在沉降较小一侧基础边缘开槽、坑或钻孔，然后有控制地注水，使该侧地基土产生湿陷变形，必要时可辅以加压以达到纠偏目的
	降水纠偏法	适用于建在具有较好渗透性且不受降水影响，不均匀沉降量小的土体上的建筑	利用土的有效应力原理，通过降低沉降较小一侧的地下水位增加土中的有效应力，使地基土产生固结沉降，从而达到纠偏的目的
	钻孔排水法	淤泥质土或填土地基	
顶升纠偏法	顶升纠偏法	适用于整体性较好、整体沉降以及不均匀沉降较大及不适宜采用迫降纠偏的各类建筑	采用基础托换加固技术，将基础或上部结构沿某一特定的位置分离，分段托换、形成全封闭的顶升托换梁（柱）体系；通过支承点启动顶升设备，使建筑物沿某一直线（点）做平面转动，从而达到纠偏目的
	顶推纠偏法	适用于结构竖向整体性较好、纠偏量较小、高耸且体量不大的结构纠偏	
	张拉纠偏法		
	注浆抬升法	适用于体量较小的结构的纠偏	在结构沉降较大一侧的地基土中有控制地注入固化液体，使土体形成复合地基，体积膨胀，抬高基础，达到纠偏目的
综合纠偏法			结合各种方法纠偏

1.6.2 古塔建筑纠偏与加固典型工程案例

由于问题的复杂性，我国病害比较严重的古塔建筑大多已自然塌毁或人为拆除。下面是国内外见诸资料的为数不多的几例涉及纠偏与加固的典型工程案例。

砖石古塔加固典型案例 表 1.6

古塔名称	塔高	方案特点	工程时间	倾斜量	纠偏量
苏州虎丘塔❶	47.5m	压力注浆、树根桩、基础扩大加固	1986 年	2.325m	0.026m

---

❶ 陶逸钟 . 苏州虎丘塔——中国斜塔的加固修缮工程 [J]. 建筑结构学报，1987，8（6）.

续表

古塔名称	塔高	方案特点	工程时间	倾斜量	纠偏量
江苏常熟聚沙塔 ❶	20.0 m	塔周树根桩、钢缆牵引、竖井掏土纠偏	1993 年 7 月	1.325m	1.175m
甘肃兰州白塔 ❷	16.4m	钢筏托换、水平钻机抽土及加压纠偏	1998 年 9 月	0.555m	0.547m
太原双塔东塔 ❸	54.8m	竖井掏土纠偏	1995 年 8 月	2.8m	2.0m
意大利比萨斜塔 ❹	56.3m	钢缆牵引、堆载、钻机抽土迫降纠偏	2000 年 1 月	5.5°	0.5°
陕西净光寺塔 ❺	22.1m	水平成孔、注水软化纠偏	2001 年 7 月	1.62m	0.62m
南京定林寺塔 ❻	13.0m	钢缆牵引、竖井掏土纠偏、基础扩大加固	2003 年 5 月	7.59°	2.23°
昆明妙湛寺金刚塔整体顶升	17.1m	手掘式顶管基础托换、静压预制桩顶升	2002 年 7 月		升 2.6m
开封玉皇阁整体顶升	18.2m	手掘式矩形顶管基础托换、坑式静压钢管桩整体顶升与纠偏	2009 年 4 月		升 3.1m
安徽宣城龙溪塔整体平移 ❼	20.0m	基础托换、轨道制作、整体平移	2012 年 11 月		移 120m
西安万寿寺塔纠偏与加固 ❽	23.5m	钢架支撑、成孔抽土、地基加固	2013 年 9 月	**2.640m**	**2.390m**
旬邑泰塔抢险纠偏与加固	54.0m	钢架支撑、成孔抽土、地基加固	2014 年 9 月	2.954m	

以上工程案例中，南京定林寺塔倾斜最为严重，斜 7.59°，但塔体高度较小，工程难度及风险也相对较小；太原双塔东塔塔体高大、纠偏量也较大，具备较高的工程参考价值，但塔体倾斜较小（2.93°），塔体倾斜变形速率较小，工程风险也相对较小。

国际上最具影响的古塔纠偏工程要数意大利的比萨斜塔。比萨斜塔的纠偏与加固工程影响最大，持续时间最久，动员的技术力量最强，技术方案研究的最深入，披露的资料也最丰富，对类似工程具有很好的参考价值！ 1989 年，Pavia 的市政塔发生坍塌，在这次坍塌事

❶ 龚晓南. 地基处理新技术 [M]. 西安：陕西科学技术出版社，1997：1-11，148-198.

❷ 凌均安. 组合纠偏法扶正兰州白塔 [J]. 施工技术. 1999，28（2）：9-11.

❸ 陈东佐，康玉庆. 浅谈山西太原双塔的复位纠偏与保护 [J]. 山西地震，2000，3（3）：32-34.

❹ 曹宇春，陈云敏，夏建中，郑锐锋. 比萨斜塔倾斜原因及纠倾技术文献研究综述 [M]. 史佩栋主编. 建（构）筑物地基基础特殊技术，北京：人民交通出版社，2004.

❺ 眉县净光寺塔纠偏工程 [J]. 西安建筑科技大学学报：自然科学版，2003，35（1）：44247.

❻ 谈金忠，徐宁，汤国毅，倪秀平. 定林寺塔纠偏技术 [J]. 岩土工程界，2008，12（5）：81-83.

❼ 刘仁元. 水阳江龙溪古塔整体保护平移施工 [J]. 2013，5：20-22.

❽ 西安万寿寺塔纠偏保护研究 [J]. 文博，2015，4：84-87.

故中有四人死亡 ❶，意大利政府立即关闭了著名的比萨斜塔，并提请国际专家委员会紧急测算。经过周密策划及大量的基础性研究工作，1992 年 5 月 18 日，比萨斜塔的拯救工作终于开工。首先是在第一层的塔身套上不锈钢加固圈，然后在塔身的另一面安放 6000kN 重的铅矫正倾斜（1995 年铅块荷载增加到 9000kN）。1993 年 10 月，长达 800a 的缓慢倾斜终被制止，护塔工作初见成效。据媒体报道，截至 2001 年年底，历时 17 年、耗资 4000 万美元的扶"正"工程，在 120 部精密仪器的帮助下，目前塔顶中心点偏离垂直线的距离比施工前减少 450mm，回归到 1838 年时的倾斜角度。"可至少再维持 300 年不倒"！

陕西关中地区是我国砖石古塔集中分布的地区之一，陕西也是我国黄土广泛分布的主要区域。黄土是最新地质时期（距今约 200 万年左右的第四纪时期）形成的土状堆积物，其微观结构主要由石英、长石等碎屑矿物形成的骨架和其间起胶结作用的盐类构成，其性质比较疏松，多孔隙，在干燥时较坚硬，遇水则易软化甚至发生坍陷。特殊的地质环境，使得陕西地区也是斜塔存在最多的区域之一。

为了拯救诸多濒临倒塌的古塔，陕西省有关部门自 20 世纪 50 年代始即对大雁塔和小雁塔进行了修葺与加固。80 年代以后又相继对香积寺善导塔、大秦寺塔、报本寺塔等进行了抗震加固。针对多数古塔倾斜比较严重的现象，陕西省文物局自 1996 年即立项并组织有关方面专家展开古塔纠偏课题的研究工作。经过 10 多年的实践努力，先后对眉县净光寺塔、西安万寿寺塔进行了纠偏处理，2014 年，又对旬邑泰塔进行抢救性纠偏处理，这些古塔纠偏工程均取得较好成果，积累了相当丰富的经验。作者有幸主持或参与了其中的部分工程案例（表 1.6 中以粗体印刷者），其细节问题将在后面相关章节叙述。

1.6.3 古塔建筑纠偏与加固技术方案的选择

比较表 1.5 及表 1.6 可以看出，古塔建筑的纠偏多有采用"抽土"或"掏土"措施者。以作者的工程经验看，对于高度在 20m 以下的中小塔，纠偏的工程方案可以根据工程地质及塔体的结构特点灵活运用，但对于高度在 20m 以上的大型塔，在纠偏工程的前期，以采用"抽土"或"掏土"方案较为妥当。该方案的最大优势在于，当塔体倾斜较大时，纠偏过程不致引起大的附加沉降，同时塔体的纠偏速率与纠偏量在可控范围，因而安全可靠。该方法缺点主要在于，当塔下地基存在卵石或较大石块时，会给施工带来较大难度。另外该方法也难以将塔矫正到"绝对竖直"状态，欲使塔"绝对竖直"，一般在工程后期需结合地基加固适度辅以"顶升"等纠偏方法。

古塔建筑纠偏无论采用何种方案，对于从事古塔建筑纠偏与加固的设计与施工人员，其

---

❶ Burland J.B.Jamiolkowski M and ViggianiC. Stabilising the Leaning Tower of Pisa. Bull Eng Geol Env, 1998, 57（1）: 91-99.

对塔体所处的地质环境、塔体的地基特点与结构特点、塔体倾斜状态的应力分布、塔体在纠偏过程的应力变化等均需有一个深刻的了解。此外，塔体纠偏前，对其进行适当的预加固也是必要的。加固措施应考虑可逆性，以保持古塔建筑其历史信息的原真性与完整性。

表 1.6 的工程案例中所用的基础面积扩大的做法比较常见，但笔者认为在倾斜较大古塔建筑的加固中宜慎用。基础面积扩大的施工过程势必造成部分基底应力释放，而扩大部分的基础也只有当塔体倾斜继续发生一定量值后才能发挥作用，而这"继续发生"的倾斜可能给塔带来灾难性的后果！

古塔建筑的纠偏与加固是一项概念性很强的综合性的技术工作，涉及结构工程学、岩土工程学、工程地质学、土木工程检测技术、文物保护工程学等诸多学科的内容。要求工程技术人员具备良好的专业素养及比较宽广的知识结构，同时还应当具备比较明确的文物保护理念。

古塔建筑的纠偏与加固是一个世界性的难题！如何使那些保存比较完好，但倾斜比较严重，存在严重安全隐患的古塔建筑尽可能长久地保存下去，是摆在文物保护工作者与土木工程工作者面前的一个极具挑战意义的课题！

第2章　砖石古塔结构稳定性评估

2.1　概述

古塔建筑，特别是砖石古塔，从结构学的角度看，有如下特点：①结构高耸，重心较高，稳定性较差；②塔地基土压应力一般在 $300 \sim 600 \text{kN/m}^2$，地基土长期处于高压应力状态；③地基土一般不作特殊处理，地基承载力乃通过古塔建造周期长、逐渐压实形成；④塔体一般刚度较大，但砌体材料抗拉强度较低。

一旦塔体所在的环境发生变化，譬如地下水位上升等，则塔体一般会发生倾斜；严重者，还会在塔体或地基中产生较大的剪应力（拉应力），导致塔体破裂、坍塌或因地基失效而使塔体倾覆。

古塔建筑稳定性评估即是在不考虑地震等偶然荷载作用下，判断其防止坍塌或倾覆的能力，以为进一步的保护措施提供必要的依据。由于个体的差异性及理论问题的复杂性，古塔建筑稳定性评估尚无成熟的方法，多结合理论分析并依据工程经验进行评估。

与其他高耸建筑物的稳定性评估类似，古塔建筑稳定性评估的基本方法主要有经验评估法、实用评估法和可靠度评估法三种（表2.1）。❶ 目前，对于基于专家经验的评估方法，一些技术先进的国家已不采用。可靠度评估法是随着概率论和数理统计原理的发展而产生的，应用受到材料特性、计算模型的限制。而实用法是在经验评估法的基础上发展起来的，它克服了经验法的缺点，强调检测手段、检测技术的重要性，对于荷载、材料等力学参数则采用现场勘察实测值并经统计分析后才用于结构计算，从而能够较全面地分析古塔结构存在问题的原因。

传统评估方法　　　　　　　　　　　　　　　　　　　　　　　　表 2.1

评估方法	方法描述	特点
经验法	由有经验的专家或技术人员通过现场考察及必要的计算分析，依据个人所掌握的专业知识和工程经验直接判断。	评估程序简单易行、费用低、时间短；难以获得较准确完备的数据和资料，缺乏系统性，带有较大的主观性。
实用法	运用现代检测技术进行现场实地调查、勘测，通过分析计算古塔的受力性能和状态进行评估。	评估程序较为科学，评估指标较为准确，对古塔稳定性水平的评估判断较为准确。

---

❶　沈治国.砖石古塔的力学性能及评估与加固方法的研究 [D]. 西安建筑科技大学学位论文, 2005.

续表

评估方法	方法描述	特点
可靠度法	又称可靠概率评估法,是一种采用非定值统计规律进行评估的方法。	由于材料强度、计算模型与实际之间的差异,离实际应用还有一定距离。

2.2 评估前期准备工作

砖石古塔稳定性评估的具体流程可如图 2.1 所示进行。

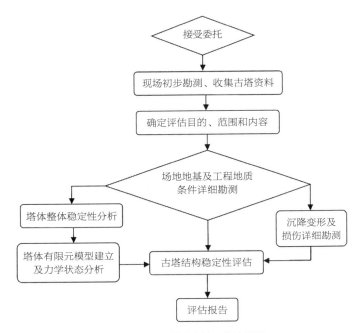

图 2.1 砖石古塔稳定性评估流程图

在对已倾斜古塔建筑进行稳定性评估之前,进行细致的勘测调查以获得研究所需的数据是必要的,具体内容包括如下几项:

1)资料整理

古塔信息资料的收集整理主要包括:建造年代、建筑型制及原始结构体系、修复情况以及历史上维修加固记录资料,应着重考察损伤严重部位及经过修复的构件。还包括古塔建筑结构图的复原、结构体系确认、保护现状调查、结构使用环境调查、材料性能检测、结构损伤检测、沉降倾斜裂缝检测等资料的收集整理。

2)现场勘测调查

砖石结构古塔稳定性进行分析评估过程中,现场实地勘测调查是重要的环节,具体调查的内容与勘测的重点可归纳为:

①建筑场地：重点勘测古塔所在地地质构造、水文地质状况；对建筑场地周围环境考察，滑坡是黄土、丘陵地区及河、湖岸边等常见的灾害，尤其是黄土地区的滑坡，历史上有多次记录，对古塔危害极大，对存在滑坡、崩塌及地陷等危险地段的古塔应进行详细勘测；对塔址周围存在河岸湖泊时，还应重点分析场地土是否存在液化土层。

②地基和基础：对因地基不均匀沉降产生倾斜、裂缝的古塔建筑，应重点考察塔基结构构造、埋深及材料性能，有条件的情况下，应进行一定时期内的定位观测，以确定塔基沉降和塔身倾斜发展的趋势。

③塔体结构：重点勘察塔体结构形式与结构体系（砖塔、石塔或土芯塔，实心、空心、单筒或双筒，筒壁厚度或砖体厚度）、建筑高宽比、门窗孔洞分布情况等参数的调查分析，确定塔体结构整体刚度及稳定性。

④变形及表面破坏情况：重点检查塔身倾斜、裂缝情况及表面是否存在局部坍塌、外鼓、变形、风化等损伤。对塔身裂缝的检测应重点包括分布位置、数量、宽度、长度及走向、形态、是否稳定等方面。

3）材料性能测试

现存古塔建筑大多属于国家或各地区文物保护对象，对其材料进行取样或原位破损性试验往往受到一定的限制，这给塔体材料性能的测定带来了一定困难。调查人员在无法进行现场实测的情况下，可参照所勘察古塔的地区位置、建造年代等条件参考相同或相似的古塔取用材性参数。❶但在古塔纠偏和加固的特殊情况下，作者建议最好通过微尺寸取芯等技术手段对所勘察古塔的构造及材料进行准确彻底的勘察。

2.3　砖石古塔整体稳定性分析

对既已倾斜砖石古塔进行稳定性分析计算，主要应关注塔体及塔下土体的力学状态，两者任何一部分的力学指标超过其材料抵抗能力，均可能导致塔体塌毁。关于塔体，主要应关注以下重点部位的相关指标：①塔体底部的拉应力及压应力；②开洞塔中轴面剪应力。此外，塔身截面尺寸骤变处及塔身倾斜度改变处的应力状况亦应有所考虑。关于地基，主要应关注塔基底压应力及分布，分析地基是否有潜在的滑动面形成。

2.3.1　数值分析方法

对于塔体比较全面的力学状态分析，一般宜结合有限元分析方法，综合考虑塔与地基的

---

❶ 沈治国. 砖石古塔的力学性能及评估与加固方法的研究 [D]. 西安建筑科技大学学位论文，2005.

共同作用（图 2.2），进行比较精细的计算评估。地基土在水平方向的计算范围可取为塔底宽度的 5 倍，竖直方向的计算范围可取为塔底宽度的 3 倍。❶❷

由于地基刚度对于上部结构的应力状态有重要影响，随着地基刚度的增加，上部结构的变形及次应力会减小。因此，在考虑塔与地基的共同作用进行有限元模拟分析时，一般宜考虑塔下地基压实后土体刚度的增加。一般可取塔下压力核范围土体的弹性模量为其周围土体刚度的 4~6 倍。

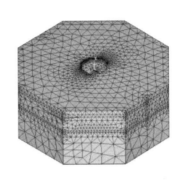

图 2.2　考虑塔与地基的共同作用有限元分析模型

砖石古塔塔体材料破坏形式多以受拉和受压破坏为主，在倾斜状态下，由于偏心作用，会发生局部砌体压应力超过砌体极限抗压强度值的受压破坏；或由于拉应力存在产生裂缝而使部分截面退出工作；或由于塔门拱顶部截面拉应力超过砌体极限抗拉承载力的受拉破坏。

古塔建筑地基压应力一般较大，很难以现行工程规范的指标检验其安全裕度的大小。既已倾斜塔体其地基压应力的分布及变形更加复杂。在塔体倾斜角度较小时，压应力比较均匀，地基处于压密阶段；随着塔体倾斜角度的不断增大，基底应力的不均匀性及最大压应力会显著增大，地基边缘会出现塑性变形。随着塑性变形区的范围不断扩大，最终会形成一个连续的滑动面，导致地基失效！由于问题的复杂性，塔下地基的稳定性多须依据塔体的体量、塔体的倾斜情况及地基土的物理力学特点等因素，结合工程经验综合确定。

数值方法理论概念比较完整，但实际运用其建模及材料参数取值一般比较难以确定，常需计算人员具备较好的工程经验及专业素养。

2.3.2　偏心距分析方法

对于倾斜古塔，除了重力荷载引起的整体偏心弯矩外，还存在孔洞处的局部弯矩，一般

---

❶ 范冠先.考虑上部结构与地基共同作用泰塔稳定性分析 [D]. 西安建筑科技大学硕士学位论文，2016.
❷ 卢俊龙.湿陷性黄土地区砖石古塔纠偏技术研究 [D]. 西安建筑科技大学硕士学位论文，2005.

水平截面也并不严格遵循平截面假定。但是考虑到砖石古塔结构自重大、塔壁较厚，开洞面积较塔身截面相对较小，截面正应力多接近于线性分布。因此，在工程实践中，在对倾斜古塔建筑进行整体稳定性分析时，可采用如下基本假定以简化计算过程：

①塔体采用刚性模型：忽略塔体结构的弹性变形及由此引起的倾斜，塔体倾斜量仅由刚性转动产生，转动角为刚性转动角；

②塔底截面采用平截面假定：塔体变形后塔底截面仍然为平面，且同变形后塔体中轴线垂直；

③塔地基基本满足承载力要求且处于稳定状态，基础倾斜引起的偏心为小偏心，地基符合温克尔假定：地基土受压变形的性状有如弹簧，地基上任一点所受的压力与该点所受的地基沉降变形成正比；

④地基土只能承担压力，不能承担拉力；

⑤仅考虑塔体自重荷载。

基于上述假定，倾斜砖石古塔水平截面的应力随倾斜度的不断变化，可分为三种情况：①塔体竖直，偏心距为零，全截面均匀受压；②塔体倾角较小，塔体水平截面全截面不均匀受压，未出现拉应力；③塔体倾角较大，塔体水平截面出现拉应力，塔基础与地基接触面部分脱离。

以边长为 B 的矩形截面为例进行分析。如（图 2.3）所示，取塔底形心为参考点，倾斜塔体重力产生的倾覆力矩 M 为：

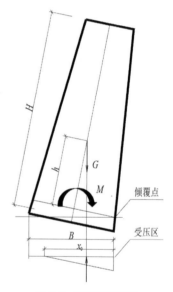

图2.3 古塔倾覆原理

$$M = G \cdot h \cdot \tan\theta \tag{2-1}$$

式中：h—塔体重心高度；

θ—塔体倾斜角度。

假定基底应力线性分布，且无拉应力，则地基反力产生的倾覆抵抗力矩 M_R 为：

$$M_R = \frac{1}{2} B x_0 \left(\frac{B}{2} - \frac{x_0}{3} \right) \sigma_{max} \tag{2-2}$$

式中：B—塔底面边长（直径）；

x_0—塔底压应力分布区长度；

σ_{max}—塔底最大压应力值。

根据塔底面平衡条件有：

$$G = \frac{1}{2} B x_0 \sigma_{\max}$$

（2-3）

如果取塔体失稳临界状态为：

$$M = M_R$$

（2-4）

将式（2-1）、式（2-2）、式（2-3）代入式（2-4），可以求出：

$$x_0 = \frac{3B}{2} - 3h \cdot \tan\theta$$

（2-5）

定义塔底截面即将出现零应力时的塔体倾斜角度为零应力临界角 $\theta_{\max}$，则有：

$$x_0 = B$$

（2-6）

将式（2-6）代入式（2-5）得：

$$\theta_{\max} = \tan^{-1}\frac{B}{6h}$$

（2-7）

再定义倾斜古塔塔底水平截面出现零应力临界角时的偏心距为临界偏心距 $e_{\max}$，计算如下：

$$e_{\max} = h \cdot \tan\theta$$

（2-8）

式中：$e_{\max}$—偏心距，为重心的垂直线偏出原重心线的距离。

将式（2-7）代入式（2-8）得：

$$e_{\max} = 0.167B$$

（2-8a）

此为倾斜砖石古塔失稳的下限值。

塔底水平控制截面在偏心荷载作用下，其砌体局部压应力超过砌体抗压强度而发生受压破坏的偏心距临界值可分析如下：

砌体抗压强度标准值为 f_k，将式（2-5）代入式（2-3），并令 $f_k = \sigma_{\max}$，得：

$$\theta = \tan^{-1}(\frac{B}{2h} - \frac{2G}{3Bhf_k})$$

（2-9）

将式（2-9）代入式（2-8），得偏心距：

$$e = \frac{B}{2} - \frac{2G}{3Bf_k}$$

（2-10）

根据以上分析，可得出结论：倾斜砖石古塔底部出现拉应力（或基础底面出现零应力区）及塔体底部出现局部受压破坏时的塔体偏心距范围为 $0.167B \sim \left(\dfrac{B}{2} - \dfrac{2G}{3Bf_k} \right)$。如果近似取 $G = \dfrac{2}{3} \gamma B^2 H$，$f_k = \gamma H$，则可进一步简化式（2-10）为

$$e = \frac{1}{18} B = 0.0556B \qquad (2\text{-}10a)$$

如果定义塔体处于危险状态时

$$x_0 = 0.9B \qquad (2\text{-}11)$$

将之代入式（2-5）、式（2-7）、式（2-8）可求出

$$e_{max} = 0.2B \qquad (2\text{-}12)$$

根据祈英涛的《中国古代建筑的保护与维修》[❶]：砖、石砌体（塔、幢等），其危险程度，应以砌体重心的垂直线偏出原重心线的距离与砌体底面直径的比例为依据。设底面直径为 d，偏心距为 L。

$L = 0.055d \sim 0.17d$，可以认为是安全状态。如不超过此限，应认为是安全状态；

$L = 0.203d$，应是危险状态，超过此限就有倒塌的可能。

可以看出，祈氏的规定与上述模拟分析结果有相同之处，$L = 0.17d$ 是控制塔体底部不产生拉应力或保证塔基础与地基土不脱离的最大偏心距限值；$L = 0.055d$ 则是防止塔体底部不因为局部压应力过大而发生受压破坏。由于砌体的抗压强度一般远大于其抗拉强度，故古塔建筑的稳定性一般由前者控制。至于 $L = 0.203d$ 则相当于塔体底部有 11% 的零应力区域。

值得指出的是，上述利用偏心距单参数进行分析的前提是塔地基基本满足承载力要求且处于倾斜稳定状态。根据陕西几例倾斜古塔的工程案例看，即使对于高度在 20m 左右的中小型塔，当 L/d 接近 0.17 时已处于相当危险状态！故祈氏数据仅可受限制参考使用，不可一概推广！至于以 $L/d = 0.203$ 作为塔体的危险状态指标，更要慎用！

2.3.3 民建规范的分析方法

古塔建筑为高耸结构，其倾斜变形允许值也可以参考《建筑地基基础设计规范》GB 50007—2011 采用，依据现行该规范之 5.3.4 款，建筑物的地基变形允许值规定可参考表 2.2 取用。[❷]

---

❶ 祈英涛. 中国古代建筑的保护与维修 [M]. 北京：文物出版社，1986.

❷ GB 50007—2011 建筑地基基础设计规范 [S]. 北京：中国建筑工业出版社，2011.

建筑物的地基变形允许值 表 2.2

变形特征		地基土类别	
		中、低压缩性土	高压缩性土
高耸结构基础的倾斜	$H_g \leqslant 20$	0.008	
	$20 < H_g \leqslant 50$	0.006	
	$50 < H_g \leqslant 100$	0.005	
高耸结构基础的沉降量（mm）	$H_g \leqslant 100$	400	

注：1. 本表数值为建筑物地基实际最终变形允许值；
　　2. H_g 为自室外地面起算的建筑物高度（m）；
　　3. 倾斜指基础倾斜方向两端点的沉降差与其距离的比值。

考虑到 GB 50007 的规定是针对新建建筑物提出的设计控制指标，一般要求比较严格，将之运用到古塔建筑的稳定性评估时可适当放宽。可视具体情况不同，在表 2.2 限值的基础上乘以 1.0~3.0 的放大系数，此不赘述。

2.3.4 实用综合分析方法

前述砖石古塔整体稳定性分析方法，各有所长，然具体使用，皆有所限。作者结合上述分析及自己的工程经验，建议运用上述偏心距或基础差异沉降指标评估古塔建筑的稳定性时，应遵照"最小干预"的原则，综合考虑古塔建筑的体量大小、地基土湿软程度（或倾斜变形发展的速率）以及塔体的整体性等多个主要影响因素，可将上述指标乘以合适的调整系数。

对于塔偏心距限值：

$$[e] = \gamma_1 \gamma_2 \gamma_3 e_{\max} \tag{2-13}$$

其中 γ_1 —考虑塔的体量对其许可偏心距的修正；

γ_2 —考虑塔倾斜变形发展的快慢程度对其许可偏心距的修正；

γ_3 —考虑塔体完整性对其许可偏心距的修正。

γ_1 可按下式计算：

$$\gamma_1 = -0.01H_g + 1.1 \geqslant 0.30 \tag{2-14}$$

γ_1 也可参考表 2.3（a）取用。

γ_2 可按下式计算：

$$\gamma_2 = -0.04\overline{\omega} + 0.94 \tag{2-15}$$

其中 $\overline{\omega}$ 为塔倾斜速率（$\times 10^{-5}$/d），γ_2 也可参考表 2.3（b）取用。

γ_3 可参考表 2.3（c）取用。

考虑塔体量偏心距许可值调整系数　　　　　　　　　　　表 2.3（a）

古塔建筑体量 H_g（m）	≤ 10	20	30	40	50	60	80
γ_1	1.0	0.90	0.80	0.70	0.60	0.50	0.30

注：表中未列 H_g 相应调整系数可内插。

考虑塔倾斜速率偏心距许可值调整系数　　　　　　　　　表 2.3（b）

倾角变形速率 $\bar{\omega}$（$\times 10^{-5}$/d）	≤ 1.0	1.5	2.0	2.5	3.0	3.5	4.0	4.5	5.0	11	12
γ_2	0.900	0.880	0.860	0.840	0.820	0.800	0.780	0.760	0.740	0.500	0.460

注：倾斜变形速率 12×10^{-5} 按照依此速率发展 100d，塔差异沉降达到 0.006×2.0 确定。

考虑塔完整性偏心距许可值调整系数　　　　　　　　　　表 2.3（c）

塔整体性	完整	比较完整	破损一般	破损严重
γ_3	1.00	0.90	0.80	0.70

　　作为校核参考，表 2.4 给出几例作者参与评估倾斜古塔依据式（2-13）计算的 [e]。可以看出，虽然样本空间不是很丰富，但涉及的工程类型还是比较全面。西安万寿寺塔以地基湿软，塔体倾斜严重且倾斜速率快为特征；旬邑泰塔以塔体高大，倾斜变形有加速发展迹象为特征；合阳大象寺塔则以倾斜角度大，塔体破损严重为特征。作者认为，在没有更完善评估方法的情况下，本方法不失为一种简捷实用有效的评估思路。随着工程实践的积累，本方法的可靠性也会有所提高。

　　表 2.4 计算参数，西安万寿寺塔取自 2011 年 6 月 1 日 19 时，即钢架支撑前的测量数据；旬邑泰塔取自 2014 年 8 月 14 日，即下决心抽土纠偏前的测量数据；合阳大象寺塔则取自 2015 年 10 月 13 日测量数据。

几例倾斜古塔稳定性计算　　　　　　　　　　　　　　　表 2.4

古塔名称	眉县净光寺塔	西安万寿寺塔	旬邑泰塔	合阳大象寺塔	广州六榕寺塔
塔高（m）	22.1	23.5	54.2	28	57.6
倾斜量（m）	1.62	2.2545	2.954	2.266	1.769
倾角°	4.6°	5.50°	3.13°	4.63°	1.76°
倾斜速率（$\times 10^{-5}$/d）		233.07	2.222		

古塔名称	眉县净光寺塔	西安万寿寺塔	旬邑泰塔	合阳大象寺塔	广州六榕寺塔
e/B	0.1001	0.1248	0.0726	0.1534	0.0505
γ_1	0.879	0.865	0.558	0.82	0.524
γ_2	0.9	0.3	0.85112	0.9	0.9
γ_3	0.9	0.9	0.9	0.7	0.9
$[e]/B$	0.1189	0.0390	0.0714	0.0863	0.0709
$e/[e]$	0.84	3.20	1.02	1.78	0.71

注：塔高度一般从基础底面起计算。

应当说明，对于高度大于 60m 的古塔，我们还缺乏实实在在的工程经验，故运用上述方法对之进行分析评估时，宜适当偏于保守。

值得强调指出的是，无论运用何种分析方法对古塔建筑的稳定性进行评估，必须重点关注两种比较常见的危险情况：①塔体倾斜导致塔体中轴面剪应力增加的情形；②塔倾斜导致的地基失稳问题。这两种危险情形在塔体高大，地基土湿软的情形下，尤应引起特别重视！

还应当指出，古塔建筑个体差异较大，上述指标仅可做参考，不可死搬硬套，以免延误抢救古塔的最佳时机。以作者工程经验看，对于比较高大的砖石古塔，当地基土比较湿软，特别是当塔体倾斜变形尚在发展时，其倾斜角不宜大于 $3.0° \sim 3.5°$。

2.4 砖石古塔稳定性评估与分级

2.4.1 评估原则

古塔建筑稳定性评估是制订进一步保护方案的主要依据。现存古塔多属文物建筑，其所蕴含的历史价值、科学价值及艺术价值具有不可再生性，对其干预的任何一个错误，都是不可挽回的，需要慎重考虑每一步工作。

古塔建筑保护的原则应符合《中国文物古迹保护准则》[1] 的相关规定。撷其要旨，即应当满足原真性、完整性及最小干预的原则。通俗地说，就是坚持"带病延年"，切忌"返老还童"！落实到具体，对于虽然倾斜，但已经稳定，塔体整体性与完整性较好，对于周围环境无安全隐患的古塔建筑一般不宜轻易地采取纠偏或加固措施！也不宜为了"抗震"而对塔体采取较大的干预！

评估过程要按程序进行，评估的重点内容是其整体防止倾覆倒塌的能力。评估对象以现存古塔实物为主，并应紧密联系历史考证。评估必须经过细致的研究过程，从研究成果中总

---

[1] 中国文物古迹保护准则 [S]. 国际古迹遗址理事会中国国家委员会制定，2015.

结评估结论。在没有取得可靠的资料和成熟的研究结果以前不能轻率地做出结论，只可以提出若干种可能性，以供进一步的研究。最终形成的结论，定性要准确，表述要规范。

结合上节古塔整体稳定性分析结果，对古塔建筑应分别进行强度及损伤模式的稳定性评估，以综合判定古塔结构的现有状态。

2.4.2　强度模式稳定性评估

前已述及，倾斜是威胁古塔建筑长久保存的最主要病害因素！砖石古塔建筑塔体的底部及地基本就存在较大的压应力，倾斜导致的偏心距增加及产生的附加应力（压应力及拉应力）可能导致塔体结构局部承载力不足从而引起塔体结构坍塌，或导致地基承载力不足，引起地基剪切破坏而发生整体滑动，使塔体丧失稳定性。从强度模式角度看，倾斜塔体偏心距的大小是影响其稳定性的重要参考依据。依据评估对象的结构特点、结构病害成因及结构稳定性临界条件等分析结论，可以取砖石古塔结构稳定性评估标准如表 2.5 中所示。

古塔结构强度模式稳定性评估标准 表 2.5

分级	评级标准		保护建议
	相对偏心距	中轴面剪应力	
	$e/[e]$	$\tau_{max}/[\tau]$	
A	≤ 0.8		注意观察，暂时可不做处理
B	0.8 ~ 1.0		严密监测，注意变化趋势
C	≥ 1.0		必须立即采取措施

注：表中所列"评级标准"2 项指标中有 1 项超过界限值即视为属于下一分级。

我国砖石结构古塔一般塔壁较厚，并且塔身截面采用由下而上逐层递减、自然缓和的锥体形，承载力有较大富余。当塔体水平截面处于全截面受压，并且倾斜变形稳定时，发生倾覆失稳的可能性极小，在这种状态下一般可评定古塔结构稳定性等级为 A 级。

随着古塔倾斜角度的不断增大，结构整体从无失稳破坏迹象向失稳倾覆状态过渡，对于开洞塔还有可能出现中轴面剪应力超过其材料强度而发生破裂破坏或倾覆破坏，处于这种状态下的古塔结构稳定性等级可评定为 B 级。

因偏心距过大、材料老化及外塔壁损伤严重等原因，古塔结构可能会发生塔体倾覆、材料破坏、地基失稳等情况。此时，古塔结构已届非常危险状态，可评定其结构稳定性等级为 C 级。

2.4.3　损伤模式稳定性评估

砖石古塔结构也可能会由于砌筑材料的老化及外部损伤等原因，引起塔身结构劣化加速,一些严重的损伤可能会成为古塔失去整体稳定性的前兆,严重时引起整体垮塌。古塔结构情况各异,同一种损伤发生在塔体的不同部位时,对其整体稳定性造成的威胁也是不同的,有必要进行损伤模式古塔结构稳定性评估。作者尝试采用量化的综合指标,评估标准如表2.6中所示。

古塔结构损伤模式稳定性评估标准   表2.6

等级标准	综合指标	状态描述
A级	$\lambda \geq 0.8$	破坏程度轻微,基本完好,结构整体稳定,建议局部修缮。
B级	$0.35 \leq \lambda < 0.8$	破坏程度中等,建议一定时期内实施加固措施。
C级	$\lambda < 0.35$	破坏比较严重,建议尽快提出保护方案,实施加固。

$$\lambda = 0.3\lambda_1 + 0.15\lambda_2 + 0.2\lambda_3 + 0.05\lambda_4 + 0.1\lambda_5 + 0.2\lambda_6 \tag{2-16}$$

基于古塔结构病害特点及已有的古塔结构研究成果,根据古塔损伤问题的严重程度,按线性规律,采用内插的方法选取各指标量化分级,选取指标及其数值化权重系数如表2.7中所示,评估指标的选取坚持科学、适用的原则,主要考虑以下方面:

①倾斜是砖石古塔结构最为普遍的一种病害现象,不但改变了古塔的受力状态,当倾斜达到一定程度后,甚至会引起上部结构失稳而导致坍塌。

②高耸是古塔建筑比较突出的特点,对于古塔建筑的稳定性有着显著影响,相对来说,高宽比越小的古塔,其稳定性能越好。

③裂缝则是一种常见的劣化现象,加速了古塔的破损,是造成其稳定能力下降的重要因素,一些严重的裂缝可能会是古塔倒塌的前兆。

④高大的砖石结构古塔对地基的作用力是很大的,通过调查发现,我国现存的古塔凡是未有过倒塌历史的,考察其场地条件基本都是良好的,场地条件是影响古塔稳定性的重要因素。

⑤在评估过程中,如某指标非常小,出现异常,则说明该处损坏严重,应单独考虑修缮计划。

指标及其权重取值表   表2.7

各项指标	指标分级		权重系数
倾斜度 λ_1	$\leq 1°$	1.0	0.3
	$\leq 2°$	$1.0 \sim 0.55$	
	$\leq 3°$	$0.55 \sim 0.35$	
	$\leq 4°$	$0.35 \sim 0.08$	
	$\geq 4°$	0.08	

各项指标	指标分级		权重系数
高宽比 λ_2	≤ 2	1.0	0.15
	≤ 3	1.0～0.5	
	≤ 4	0.5～0.1	
	≥ 4	0.1	
裂缝 λ_3	无明显裂缝	1.0	0.2
	少数裂缝	1.0～0.6	
	裂缝多，重要部位	0.6～0.3	
	竖向裂缝，重要部位	0.3	
表面破坏 λ_4	无明显破损	1.0	0.05
	部分破损	1.0～0.6	
	破损严重	0.6～0.2	
塔顶破坏 λ_5	完好	1.0	0.1
	局部塌落	1.0～0.3	
	完全塌落	0.3	
周边地形 λ_6	地形条件完好	1.0	0.2
	周围有积水	1.0～0.3	
	有沟壑或山坡	0.3	

第3章 陕西眉县净光寺塔纠偏工程

3.1 概况

施工时间：2001 年 8 月

负责单位：陕西省古建设计研究所

项目负责：侯卫东

现场负责：王伟

技术负责：陈平

3.1.1 历史沿革与建筑型制

图 3.1 眉县净光寺塔

图 3.2 眉县净光寺塔经幢

眉县净光寺塔位于现眉县政府大院内（图 3.1），地理坐标东经 107° 44′ 47″、北纬 34° 16′ 32″，海拔高度 516m。2013 年 5 月，国务院公布为第七批全国重点文物保护单位（序号：1413；编号：7-1413-3-711）。

据《眉县志》(2000 年版)载,净光寺塔又名"凌云塔",塔位于旧县城南门外净光寺内 (今县人民政府大院东侧)。塔建造时间,相传与净光寺同建,说法有三:一说,净光寺与塔 建于唐初,与位于齐镇的西铭寺、营头乡的进林寺、金渠乡的清凉寺等,属同一时期的建筑物; 二说,在唐中期元和十一年(816 年),同时建造寺、塔和"佛顶尊胜陀罗尼经"石幢,今 在原寺院中,南有古塔一座,中有石幢一通,北有古殿三间,即为佐证;三说,塔和寺均建 于北宋元祐二年(1087 年)。各说并存,有待进一步考证。据传,原塔初建为木塔,后改为 砖塔,塔身为十三级,在古建筑中如鹤立鸡群,高耸入云,故名"凌云塔"。由于年代久远, 经多次地震和长期风雨侵蚀,塔的上部坍塌,塔身始向北倾斜。在明万历年间修复时,降为 七级(即现状),此后又遭几次大地震的破坏,塔身更加倾斜。❶

净光寺塔历史记载除上述地方志和经幢石刻外,尚未发现净光寺塔的其他修缮资料。根 据塔北现存六棱"经幢":"眉城净光寺修造佛塔"、"元和拾壹年"、"咸通九年"等文字(图 3.2), 专家一般认为,塔体建于唐元和拾壹年至咸通九年,历时 47 年,塔刹部分可能经过明代修缮, 是陕西关中地区保存比较完好的唐塔之一。

隋、唐两代为中国佛教的兴盛期,长安作为中国佛教的中心,净光寺塔所在的眉县位于 隋唐两代的京畿地区,净光寺塔作为陕西境内保存比较完好的唐代楼阁式实心砖塔之一,对 研究唐代佛教文化在京畿地区的传播发展提供了珍贵的实物资料,具有重要的历史价值。

净光寺塔楼阁式 7 层砖塔,塔平面正方形,底层边长 4.46m,自现有地面塔高 22.05m。 塔一层南侧有一拱形券门,券门内为一方形洞室,洞顶用砖层层收封,呈穹隆状,二层以上 为实心,层间叠涩出檐,施菱角牙子,塔顶平砖攒尖,置宝瓶式塔刹,艺术造型古朴沧桑秀美, 韵味十足,具有较高的艺术价值。

塔主要几何尺寸见表 3.1。塔身方砖及条砖砌成,方砖规格 360mm×360mm×70mm, 条砖规格 360mm×180mm×70mm,砖外侧露明面经磨制,方砖丁条砖顺,间隔三至四层(以 三为主)一丁,砖层间黄泥灰浆,厚约 5mm,错缝较随意并不严格。塔身各层各面均有方孔, 推测为原有施工洞口,尺寸约 120 mm×120mm(也有 90 mm×90mm)。

净光寺塔几何尺寸   表 3.1

层数	一层	二层	三层	四层	五层	六层	七层	塔刹
外边长 /mm	4450	4260	4130	3960	3800	3490	3100	1110
内边长 /mm	1630	实心						
墙厚 /mm	1190	/						

❶ 眉县地方志编纂委员会. 眉县志 [M]. 西安:陕西人民出版社,2000. 第二十三编文化艺术,第九章胜迹,第七节净光 寺斜塔.

层数	一层	二层	三层	四层	五层	六层	七层	塔刹
墙体收分	残损严重	1/93	1/134	1/123	1/55	1/63	1/40	
檐口间距 mm	5560 （现状南侧入口地面起）	2410	2350	2240	2060	1780	1516	2345 （塔刹高）
门洞宽 /mm	770	/						
塔室面积 /m²	1.42							

一层拱券采用楔子砖（券砖，上宽下窄），砖高 180mm，外侧砖宽 50mm，内侧砖宽 35~40mm，砖长约 350mm，下缝紧实为丝缝约 1~2mm，上缝约 10mm，共 29 券砖，12 伏砖。一层塔内部为穹隆顶，八边形，由砖逐层叠涩内收而成。每层砖厚 60mm，逐层内收 35mm，垂直缝约 1~2mm，水平缝 3~4mm，缝内白灰砂浆。

净光寺塔出檐部分多用方砖，菱角牙子用条砖。一层出檐用菱角牙子做法，二层及以上均为平砖出檐及攒尖收头做法。以一层出檐为例：砖墙顶先出一层方砖，再铺一层 45°斜出菱角牙子，再一层方砖，其上再做一层菱角牙子，再在其上做约 6 层平砖出挑至檐口。檐角做 45°木角梁支撑出挑，木角梁上有铁环，推测挂有风铎。上叠涩层层回收至塔身。

塔刹整体为"喇嘛塔"形制，由条砖及方砖打磨后砌筑而成，中部突出，形状似"腰鼓"，塔刹顶部有石块叠压干摆，石块用铁杆穿过，铁杆根部埋于砖砌塔刹之中。

净光寺塔由于年久失修、风雨侵蚀、人为破坏等因素影响，导致塔体残损严重，特别是一层塔身大面积砖体缺失、松动，并向东北方向倾斜（图 3.3）。1998 年测得塔体向北偏东 7.525°倾斜，垂直方向倾角 4.3°，塔尖中心偏差 1.664m，正北方向偏差 1.620m。

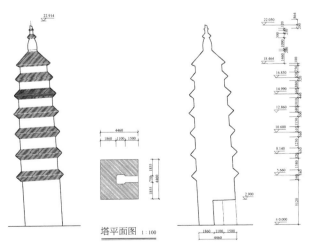

塔平面图 1:100

图 3.3 眉县净光寺塔构造

塔体自何年倾斜已无可考，管理人员反映塔北曾建厕所，引起地基湿陷，加快了塔体的倾斜速率。多年持续观测表明，塔体倾斜尚在持续，随时有倒塌的可能。每年雨季当地政府必成立专门机构观测，以防塔倒伤及周围居民，媒体亦曾多次披露此事。❶

3.1.2 工程地质勘察

依据机械工业部勘察研究院1998年7月提供的《眉县净光寺塔工程地质勘察报告书》，眉县净光寺塔所在的眉县政府大院，场地地形平坦，地面标高为516.6m左右（图3.4）。

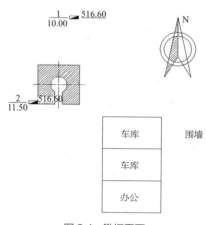

图3.4 勘探平面

1）地层结构及地基土的物理力学性质

根据探井野外描述、土工试验结果，将勘探深度内土分为6层，自上而下分述如下：

填土 Q_4^{ml} ①：顶部有0.40m厚杂填土，主要为砖块。中下部为素填土，以粉质黏土为主，黄褐色，硬塑。含石子、漂石、瓦片等。压缩系数 $\bar{a}_{1-2}=0.21\text{MPa}^{-1}$，属中等压缩性土；湿陷系数 $\bar{\delta}_s=0.021$，具湿陷性，厚度一般为0.40~2.60m，但在2#探井靠近古塔一侧，填土厚度较大，至11.5m深度仍未揭穿填土。

黑垆土 Q_4^{el} ②：褐色，硬塑。孔隙发育，见钙质条纹。压缩系数 $\bar{a}_{1-2}=0.38\text{MPa}^{-1}$，属中等压缩性土；湿陷系数 $\bar{\delta}_s=0.085$，具湿陷性。层厚1.10m，层底深度1.50m，层底标高515.10m。2#探井缺失此层。

黄土（粉质黏土）Q_3^{eol} ③：褐黄色，硬塑。大孔及针状孔隙发育，多见钙质粉末，偶见小钙质结核。压缩系数 $\bar{a}_{1-2}=0.33\text{MPa}^{-1}$，属中等压缩性土；湿陷系数 $\bar{\delta}_s=0.061$，具湿陷性。层厚2.60~3.70m，层底深度5.20m，层底标高511.40m。

黄土（粉质黏土）Q_3^{eol} ④：黄褐~褐黄色，硬塑。孔隙发育，含蜗牛壳。压缩系数 $\bar{a}_{1-2}=0.12\text{MPa}^{-1}$，属中等偏低压缩性土；湿陷系数 $\bar{\delta}_s=0.015$，具湿陷性。层厚2.50m，层底深度7.70m，层底标高508.90m。

黄土（粉质黏土）Q_3^{eol} ⑤：褐黄色，硬塑。见褐色斑块，大孔及针状孔隙发育，多含蜗牛壳。压缩系数 $\bar{a}_{1-2}=0.18\text{MPa}^{-1}$，属中等压缩性土；湿陷系数 $\bar{\delta}_s=0.028$，具湿陷性。层厚3.10m，层底深度10.80m，层底标高505.80m。

古土壤（粉质黏土）Q_3^{el} ⑥：褐红色，稍湿，硬塑。团粒结构，孔隙发育，含小钙质结核。

---

❶ Chen Ping. A study on the rectification of Meixian Jingguangsi Pagod[J].Journal of Xi'an Univ.of Arch. & Tech. 2003，35（1）: 44-47.

该层未揭穿，最大揭露厚度0.70m，最大揭露深度11.50m。

地基土物理力学性质指标统计结果见表3.2。

地基土物理力学性质指标统计表　　　　　　　表3.2

土样数	值别指标	含水量 w %	天然重度 γ kN/m³	干重度 γ_d kN/m³	饱和度 S_r %	孔隙比 e	液限 w_l %	塑性指数 I_P	液性指数 I_L	湿陷系数	压缩系数 α_{1-2} MPa⁻¹	压缩模量 E_{S1-2} MPa
1	最大值	22.7	17.9	14.4	65	1.036	34.9	14.2	0.27	0.044	0.29	11.4
	最小值	18.9	16.7	13.3	57	0.891	30.1	11.7	<0	0.003	0.08	4.2
	平均值	20.4	17	14	60	0.948	32.2	12.8	0.08	0.021	0.21	8.5
	标准差	1.1	0.3	0.3	3	0.044	1.6	0.8	0.1	0.011	0.06	2.2
	变异系数	0.05	0.02	0.02	0	0.047	0.05	0.06	1.14	0.542	0.3	0.26
	统计频数	10	10	10	10	10	11	11	11	10	10	10
2	平均值	18.1	16.2	13.8	51	0.978	29.7	11.6	0.04	0.085	0.38	5.3
9	最大值	22.5	15.6	13.1	50	1.26	35	14.2	0.23	0.076	0.54	11.7
	最小值	18.7	14.7	12	43	1.004	31.6	12.5	<0	0.039	0.19	4
	平均值	20.7	15	12.4	47	1.171	33.2	13.3	0.08	0.061	0.33	7.4
	标准差	1.5	0.3	0.4	2	0.085	1.3	0.6	0.08	0.011	0.12	2.6
	变异系数	0.07	0.02	0.03	0.1	0.073	0.04	0.05	0.99	0.187	0.36	0.35
	统计频数	9	8	8	8	9	9	9	9	8	9	9
7	最大值	20	17.4	14.5	61	1.011	35.1	14.3	0.06	0.028	0.18	23.5
	最小值	18.5	16.2	13.5	53	0.882	31.7	12.6	<0	0.009	0.08	11.2
	平均值	19.3	16.9	14.1	57	0.928	33	13.2	0.01	0.015	0.12	16.6
	标准差	0.5	0.4	0.3	3	0.043	1.4	0.7	0.03	0.007	0.04	4.4
	变异系数	0.03	0.02	0.02	0	0.046	0.04	0.05	1.75	0.461	0.29	0.27
	统计频数	7	7	7	7	7	7	7	7	7	7	7
6	最大值	21.1	16.4	13.7	56	1.076	33.9	13.7	0.1	0.047	0.25	20.2
	最小值	19.8	15.7	13.1	50	0.99	30.9	12.1	0.02	0.015	0.1	8.2
	平均值	20.4	16	13.3	53	1.045	32.7	13.1	0.06	0.028	0.18	12.4
	标准差	0.5	0.3	0.2	2	0.034	1	0.6	0.03	0.012	0.06	4.9
	变异系数	0.02	0.02	0.02	0	0.033	0.03	0.04	0.61	0.446	0.33	0.39
	统计频数	6	6	6	6	6	6	6	6	6	6	6
	单值	20.4	16.6	13.8	57	0.979	31.9	12.7	0.09	0.017	0.1	19.8

《勘察报告书》结论与建议认为，场地土由填土、黄土、古土壤组成，地基土承载力可按表3.3采用：

地基土承载力标准值 f_k 及压缩模量 E_s 值表 表 3.3

层号	①	②	③	④	⑤	⑥
承载力标准值（kPa）	110	160	145	180	160	170
压缩模量 E_s（MPa）	5.0	4.0	4.0	12.0	9.0	10.0

2）黄土的湿陷性

勘察做自重湿陷性试验 32 件，根据试验结果，计算得 1 号探井和 2 号探井的自重湿陷量分别为 56.0mm 和 46.0mm，均小于 70mm，根据《湿陷性黄土地区建筑规范》GBJ 25—90，判定该场地属非自重湿陷性黄土场地。

地基总湿陷量自地面下 1.5m 起算，计算至地面下 6.5m，2 号探井选用的湿陷系数 δ_s 为探井东壁，即靠近古塔一侧填土的湿陷系数，计算 1 号探井地基总湿陷量 Δ_s 为 386mm，2 号探井地基总湿陷量 Δ_s，为 116mm，根据《湿陷性黄土地区建筑规范》GBJ 25—90，判定地基湿陷等级为非自重 I ~ Ⅱ 级（轻微~中等）。

3）地下水

勘察期间，在 11.50m 深度内未见地下水，可不考虑地下水对古塔的影响。

2001 年 8 月，施工人员进入现场后，又委托勘察部门在塔北侧紧靠塔基补挖了一个 8m 深探井，采取不扰动土样 8 件，室内完成常规土工试验 8 件，黄土自重湿陷性试验 8 件。查明，塔基土在 8m 深度内为夯填土，土质不均匀，呈层状，其中 1.5~4.5m 土层具湿陷性。塔基土层构造及物理力学指标见表 3.4。

塔基土层构造及物理力学指标 表 3.4

层号	深度 m	值别	含水量 w %	重度 γ kN/m³	干重度 γ_d kN/m³	饱和度 S_r %	空隙比 e	液限 w_L %	塑限 w_P %	塑性指数 I_P %	液性指数 I_L	湿陷系数 δ_s	压缩系数 a_{1-2} MPa⁻¹	压缩模量 E_{S1-2} MPa
①	1.5	单值	18.3	19.7	16.7	79.0	0.633	32.0	19.3	12.7	0.00	0.003	0.07	23.3
②	4.5	平均值	21.0	16.6	13.7	58.0	0.983	31.8	19.2	12.7	0.14	0.033	0.29	8.6
		频数	3	3	3	3	3	3	3	3	3	3	3	3
③	8.0	平均值	19.7	18.2	15.2	68.0	0.795	31.4	19.0	12.4	0.06	0.009	0.16	12.0
		频数	4	4	4	4	4	4	4	4	4	4	4	4

3.1.3 基础及地基构造

为了了解净光寺塔基础与地基的构造情况，施工人员进场后在塔南及西侧进行了开槽揭露调查（图 3.5）。调查表明，塔基础构造简单，塔底距现有地面 1.3m，出放 2 步，上步宽 70，高 6 皮（400），下步宽 180，高 6 皮（400）。塔基出放砌体多有破损，由于塔体倾斜使塔北侧外放砌体折断（图 3.6）。塔体总重约 6000 kN，塔底土单位面积承重约 350kN/m^2。以现代工程技术的观点看，其压应力过大。这进一步说明，塔是在逐步堆压中，经过漫长的岁月建造起来的。

塔下地基通过在塔南侧塔下土中基本呈水平向北掘进两处探道（图 3.7）进行探查，探道断面 600mm×800mm，深约 2mm，探道及时以灰土夯填密实。探明，塔地基土为素填土，塔下土中约隔 300mm 分布一层径约 200mm 圆石，圆石间距约 300mm，有关专家称之为"潦石"，共 3 层。

图 3.5 塔基揭露调查

图 3.6 塔倾斜使塔基破坏

图 3.7 塔基"潦石"探查

3.2 纠偏方案的确定

本工程技术难点：①塔体以 360mm×180mm×70mm 方砖及黄泥砌成，加之年久失修，塔体剥蚀严重，整体性较差；②塔体比较高大，倾斜已届临界状态，塔下操作，特别是塔北与塔东的操作具极大的危险性；③经费紧张，纠偏方案的可选性有限。

3.2.1 塔体纠偏基本思路

眉县净光寺塔纠偏工程属于我国比较早期针对倾斜比较严重的大型古塔建筑实施纠偏与加固，当时无论设计抑或施工人员，均缺乏比较成熟的经验。设计方拿出的初步纠偏方案见图 3.8。该方案的核心内容是：①塔北侧地基以石灰水泥砂桩加固，水泥:石灰:砂:黄

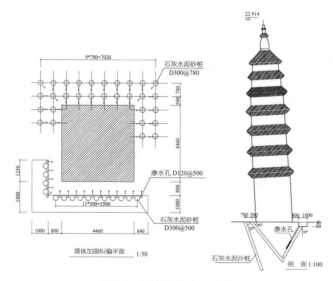

图 3.8 初始纠偏与加固方案

土 =1∶2∶3∶4;②塔西南侧挖 1000mm 宽、500mm 深的坑槽,坑底靠近塔体一侧成直径 120mm 斜孔,深 3m,与垂直方向成 30°,以卵石填至基础底部,插入注水管注水。可以看出,该方案的特点是利用黄土的湿陷性,通过"浸水"的办法以图塔体矫正。具体操作过程中发现,塔下土体经过上千年重压,其密实度已相当高。现场土样试验也表明,塔下土体水浸速率相当缓慢,"浸水"很难产生预期效果。

有鉴于此,施工人员在对现场进行周密调查的基础上,根据当时的经济条件,最终确定采用"成孔"抽土迫降及适当配以注水"软化"的纠偏方案。基本思路是:先在塔南侧塔下钻一排孔,再注水以软化孔间土,迫使塔南侧不均匀下沉以促使塔回倾。

按照调查研究及理论分析结果,塔体纠偏分塔体加固与纠偏两步进行。

3.2.2 塔体加固

为防止塔纠偏过程中整体中裂,首先对塔体一层、二层及三层以槽钢、木板及钢筋拉杆进行了临时加固,每层加固 2 道。对加固拉杆应力在塔体纠偏过程中的变化实施了全过程监测。

由于塔下部剥蚀、破损严重,为加强塔体下部的整体性,防止塔体纠偏实施过程中塔下部的局部损坏,塔纠偏之前对塔底也进行了适当的永久性加固(图 3.9),其中西、南两梁浇筑于纠偏前,而东、北二梁施工于纠偏后,四梁最终形成交叉封闭。

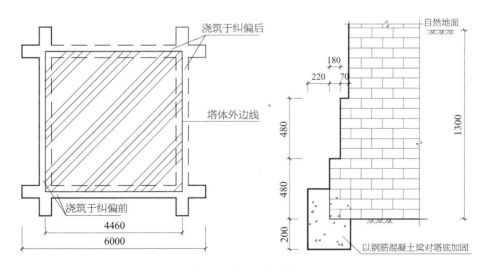

图 3.9 塔底构造与加固

3.2.3 纠偏工艺

最终确定的施工工艺是:避开"潦石"层,在塔下距塔底约 1m 处打一排孔,孔径 100~120mm,孔间净距 100mm,孔与水平面的夹角控制在 10° 左右,孔深度依理论分析结果以进入塔边线 2/5 左右为宜，如图 3.10 示。孔大小与数量控制在当孔间土体塌落后，塔南侧边沿下沉不超过 20mm 为宜。成孔方法则简单采用"洛阳铲"人工成孔，这不仅解决了钻头难以选择的问题，也减少了对塔体的振动损害。

成孔后观测 48 小时，塔纹丝未动，遂依计划于孔内注水以软化孔间土。注水 48 小时后观测显示塔体开始缓慢向南侧回倾。大致经过 36 小时，塔回倾过程又逐渐趋于稳定。于是进行第二轮"成孔—软化"工序，成孔在原孔位置处进行，孔深度则随塔重心回移而逐渐缩短。共进行了 8 轮类似工序。

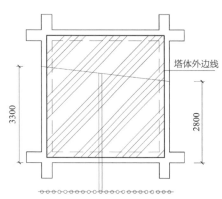

图 3.10 净光寺塔纠偏方案

3.2.4 纠偏效果

2001 年 10 月 21 日复测表明，塔尖南北方向由原来的偏移 1.62m 缩小为 0.62m，矫正 61%；塔尖东西回倾 0.52m，矫正 70%（图 3.11、图 3.12）。观察表明，在以后的一段时间内，塔体尚缓慢回倾约 100mm。时日，陕西省文物局于现场举行了专家论证与验收会议，文物保护方面的专家称之为"非常了不起的一件事情"！

3.3 计算机仿真辅助分析

为了对塔体现状以及纠偏过程中的力学状态有一个比较全面清晰的了解，在正式实施纠偏前，对塔体进行了计算机仿真辅助分析。[1]

3.3.1 材性参数及计算模型的确定

应用分析软件 ANSYS，对眉县净光寺塔进行纠偏前后的静力分析。[1] 参考有关资料，

---

[1] 陈平等 . 古塔纠偏的有限元应力分析 [J]. 西安建筑科技大学学报 . 2006，2：44-47.

塔体南倾使北侧地面土体中产生的裂缝　　　　塔南侧下沉在西南角土体中产生的裂缝

图 3.11　纠偏过程塔体底部裂缝

图 3.12　纠偏前后的净光寺塔

塔体材性参数取值如下：砖标号取为 MU15，砂浆取 M0.4，砌体弹性模量取为 $E = 7.84$MPa，泊松比取为 0.15，密度取为 1900kg/m³。采用三维 20 节点实体单元 SOLID95，假定砖砌体单元为各向同性材料，采用自上而下和自下而上的实体建模方法，并使用布尔运算来组合数据集，从而"雕塑出"古塔的实体模型。

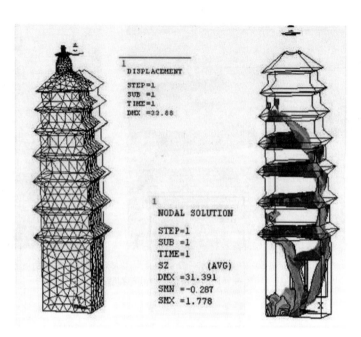

图 3.13 塔体计算模型及纠偏竖向应力

采用手动及智能网格控制（Smart Size）相结合的方法进行网格划分。计算中取 mesh size=5，连接、突变及残损部位（如券洞及周围的墙体、挑檐、塔刹等），单元网格细划，细化程度为 1 级，即新单元的边长是原始单元的 1/2 倍。净光寺塔网格划分后共生成 23543 个单元（图 3.13 所示）。

3.3.2 塔体现状应力分析

根据净光寺塔的整体结构形式，可以判断出最不利截面为底平面。在分析讨论中定义塔体的底面为控制截面，分析有限元计算结果时，主要对这个控制界面的受力情况进行研究。

由于 ANSYS 软件中提取出的控制截面上的应力值不易和相应的单元节点相对应表示，故提取控制截面应力时采用控制路径显示节点力的方式，即在截面上规定若干条直线段（路径），在有限元结果处理时只提取线段上的数据来反映整个控制截面上的应力分布。为提取净光寺塔控制截面应力定义底面北边线为路径 1，底面南边线为路径 2，见图 3.14 所示。

分析路径结果曲线表明（图 3.15），塔在现状倾斜（4.3°）状态下，塔北侧最大压应力为 σ_{max}=0.86MPa，塔南侧则出现拉应力，值为 σ_{min}=-0.11MPa，塔底层塔室中轴线处剪应力最大，剪应力值为 τ_{max}=0.19MPa。从

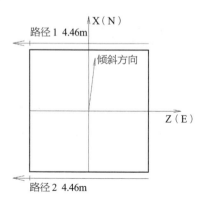

图 3.14 计算截面及路径

塔体现状应力分析可以看出，部分截面受压，且剪应力较大，塔存在坍塌的危险，并非危言耸听。

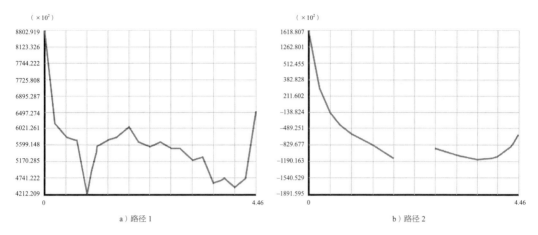

a) 路径 1   b) 路径 2

图 3.15   控制截面处路径竖向应力分布图

3.3.3   塔体纠偏过程应力分析

试算结果表明，在现有倾斜状态下，仅当北侧支撑部分的面积缩减为约塔底面积的 2/5 时，塔体才有回倾的可能。

图 3.15 给出了塔体纠偏过程中的竖向应力分析结果，可以看出，在纠偏过程中，塔北侧最大压应力上升为 $\sigma_{max}=1.778\mathrm{MPa}$，塔南侧拉应力为 $\sigma_{min}=-0.287\mathrm{MPa}$，值得注意的是塔底层中轴线处剪应力骤升为 $\tau_{max}=0.72\mathrm{MPa}$。可以看出，在采用"成孔迫降"纠偏方案的情况下，防止塔北侧砌体的压坏及中轴面的破裂乃为问题的关键。

3.3.4   塔体纠偏后应力分析

塔体纠偏后，塔尖南北方向由原来的偏移 1.62m 缩小为 0.62m，矫正 61%；塔尖东西方向回倾 0.52m，矫正 70%。在此倾斜状态下，通过分析路径结果曲线，塔北侧最大压应力为 $\sigma_{max}=0.553\mathrm{MPa}$，塔南侧不存在拉应力，压应力为 $\sigma_{min}=0.229\mathrm{MPa}$。塔体纠偏后呈现较理想的应力分布情况，已脱离坍塌的危险，进入较稳定的全截面受压状态。

3.4   几点体会

限于当时的技术与经济条件，眉县净光寺塔纠偏工程留存今天的资料并不丰富，但回顾整个工程过程，还是可以获得一些有价值的体会。

  对诸如眉县净光寺塔的砖石古塔进行纠偏扶正在国内尚不多见。眉县净光寺塔具有一定的典型性：塔体较大，剥蚀严重，整体性较差，且倾斜严重。通过对眉县净光寺塔纠偏的研究与实施，为我国砖石古塔的保护积累了宝贵的经验。从塔纠偏过程中塔体力学状态的变化看，下面几点值得注意：

  有限元分析及古塔破坏调查均表明，塔体倾斜及回倾中，其截面压应力、拉应力及中轴面处的剪应力均有增大的趋势，尤其塔底层中轴线处剪应力的增大更为明显。古塔纠偏前对塔体进行有效加固，防止回倾中塔体中裂是必不可少的。

  古塔纠偏中，控制塔体回倾速率在较低水准也是必要的。塔体回倾速率较小，可以利用材料的非弹性性质耗散局部位置的应力突变峰值，有利于防止塔体的局部破坏。

  成孔迫降工艺关键在于布孔设计，后期万寿寺塔等由于地基比较湿软，注水软化环节基本省略。

第4章　西安万寿寺塔纠偏与高程恢复工程

4.1　概况

施工时间：2013 年 8 月～2014 年 12 月

设计负责人：王伟、贾虎

施工单位：陕西普宁工程结构特种技术有限公司

项目负责：陈平

项目经理：陈哲

技术负责：郝宁、陈一凡

万寿寺塔位于西安市韩森寨万寿中路 28 中学田径场内（图 4.1），所处的西安市第 28 中学相传是唐代"章敬寺"的旧址，清乾隆时（1736～1795 年）乡人迎印可禅师，改寺名为"万寿寺"。

清同治年间（1862～1874 年）回民骚乱，寺院毁于兵火。现寺址只留一塔，其造型风格似属明代。

1983 年西安市人民政府公布万寿寺塔为市级文物保护单位。2014 年万寿寺塔被陕西省人民政府公布为第六批省级文物保护单位。

万寿寺塔 6 层六边形楼阁式砖塔，青砖黄泥砌成。底层边长 3.1m，通高 23.45m，其中一～三层为正六边形空心筒，空心直径约 1.2m。塔三层南壁有一券龛与下部空心相通，

图 4.1　西安万寿寺塔

龛额砖雕"藏经塔"三字。塔四～六层为六边形实心结构，内部构造不详。每层塔檐下均为两排菱角牙子　，叠涩出檐。一层檐下有砖雕斗栱，并饰有莲花与蔓草花纹，二层檐下有卷草花纹及砖雕斗栱，塔顶上有一仰莲托琉璃宝葫芦塔刹。塔基砖砌，六角由青石垫砌加固。

万寿寺塔多年向西北方向倾斜，2011年5月底之前，塔顶虽然存在1.2m偏移量，但倾斜趋势发展较为缓慢，处于稳定状态，相关部门只是进行定期监测倾斜状况。

监测表明：2011年5月28日前后，西安市连降大雨，万寿寺塔倾斜值骤然增加，并持续加剧。2011年5月29日10时为2.036m，2011年6月1日19时为2.231m。也就是说，万寿寺塔三天内倾斜了近200mm。同时塔体的东面、南面，以及塔基东南侧地面上的裂缝数量也显著增加。

针对这一情况，西安市政府经过多方论证，对万寿寺塔采取抢救性保护措施：塔身以钢架支撑（图4.2）。

高差680mm

塔体东南角上升拉裂

塔体西北角陷入地面

图4.2 "拄拐"的万寿寺塔

鉴于万寿寺塔骤现的险情，有关部门对塔体几何参数进行了紧急测绘（表4.1）。

西安万寿寺塔几何参数　　　　　表4.1

层号	边长（mm）	层高（mm）	层面积（m²）
七	/	2120	/
六	1730	2670	7.77
五	1990	2920	10.28
四	2240	3160	13.03

续表

层号	边长（mm）	层高（mm）	层面积（m²）
三	2500	3450	16.23
二	2700	3720	18.93
一	3000	4460	23.38

4.2　万寿寺塔场地地质概况

4.2.1　地质环境特征

依据"机械工业勘察设计研究院"，2013年10月完成的《西安万寿寺塔本体保护工程 - 岩土工程勘察报告书》，万寿寺塔区域地质单元位于渭河断陷盆地的次级构造单元西安凹陷中，西安凹陷位于长安 - 临潼断裂以西，哑柏断裂以东，渭河断裂以南，是渭河断陷盆地的沉降中心之一，新生代地层厚逾7000m，边缘地区较薄。自早更新世晚期三门湖由东南向西北退缩，黄土逐渐向西北超覆。地势东部高起西部低平，东部浐灞河各级阶地间高差大，呈河谷型地貌；西部皂河各级阶地间高差很小，呈宽阔地坪的冲洪积平原景观。

万寿寺塔场地周边的主要发震断裂为渭河断裂和临潼 - 长安断裂（图4.3），它们对场地的影响已在抗震设防烈度中给予了考虑。

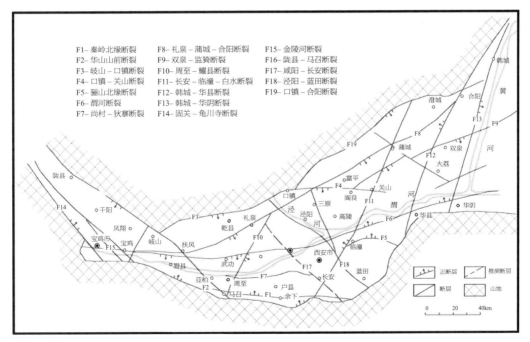

图4.3　渭河断陷盆地区域构造简图

　　万寿寺塔周围地形较为平坦,从所测地形图上看,塔体周围地形略低于周边地形见图4.4。万寿寺塔区域位于渭河盆地中的黄土台塬与冲积平原之间的过渡地带,地貌单元属黄土梁洼。塔体周围未发现不良地质作用及地质灾害。

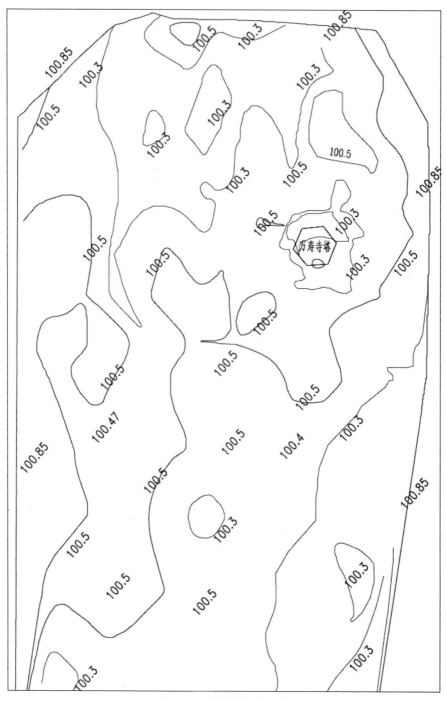

图 4.4　万寿寺塔周边地形图

4.2.2 临近建筑场地地质特性

根据位于万寿寺塔西侧 50m 的西光中学教学综合楼勘察资料《西安市西光中学教学综合楼岩土工程勘察报告》（信息产业部电子综合勘察研究院 2012.4），该建筑场地地基土自上向下由填土、黄土、古土壤、黄土、古土壤组成（图 4.5），该场地距离万寿寺塔较近且处于同一地貌单元，因此万寿寺塔地基地层概况与西光中学综合楼地层情况基本一致。

根据该报告，第一层古土壤层底埋深 12.9~14.0m，第二层古土壤（红二条）层底埋深 28.6~29.0m。

场地为自重湿陷性黄土，其湿陷性土层的下限深度为 16.50~18.60m，基础埋深 2.50m 时，地基湿陷等级为Ⅲ（严重）级，地基土湿陷量的计算值最大可达 1173mm。

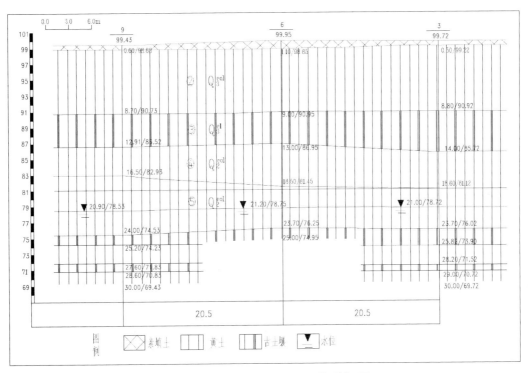

图 4.5 西光中学教学综合楼工程地质剖面图

4.2.3 地下水

勘察期间（2013 年 5 月、10 月）在勘探深度（10.2m）内未揭露地下水。根据《西安市西光中学教学综合楼岩土工程勘察报告》，地下水位埋藏深度 20.9~21.4m，可不考虑地下水对塔基的影响。

4.3 基础、原地基处理及地基土的特性

4.3.1 基础组成与原地基处理

经本次探井开挖（图 4.6），初步判定万寿寺塔基础由 10 层砖砌筑而成，其中现地面以上 5 层，地面以下 5 层，基础埋深 0.50m。基础底面以下有 2.1m 的夯填土，干重度最大值 16.1kN/m³，平均值仅为 14.7 kN/m³。取样击实测试结果显示，黄土层的最大干重度 17.6 kN/m³，且夯填土的孔隙比较大（0.683 ~ 1.027），从夯填土的总体物理力学性质指标看，其塔基下夯填土的夯实效果一般。

图 4.7 所示后期塔体纠偏施工中揭露的塔基下约 1.0m 深度范围处理：一层黄土，一层红黏土，交替夯筑。

4.3.2 塔基下地基土的组成及物理力学性质

1）地基土一般物理力学性质

本次探井开挖深度（10.20m）范围内的土层除素填土①层（主要由粉质黏土组成，松散，不均匀，大部分区域为近期填土，各土样的物理力学性质差异较大）及夯填土外均为黄土②层，黄土②层，褐黄色、可塑，稍湿 ~ 湿。针状孔隙发育，见大孔隙、植物根、蜗牛壳等。湿陷系数平均值 $\overline{\delta}_s = 0.053$，湿陷性中等，局部湿陷性强烈。压缩系数平均值 $\overline{a}_{1-2} = 0.93 \text{MPa}^{-1}$，属高压缩性土。

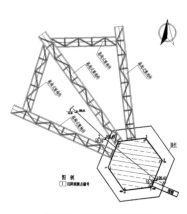

图 4.6 勘探的平面位置

图 4.7 塔下 1.0m 深度地基处理

2）地基土的湿陷类型及地基湿陷等级

自重湿陷量计算表 　　　　　　　表 4.2

探井编号	计算起始深度（m）	计算终止深度（m）	自重湿陷量计算值（mm）	判定标准	场地湿陷类型
1	3.50	10.20	157	>70mm	自重
2	2.50	10.20	194	>70mm	自重
3	3.50	10.20	183	>70mm	自重

根据勘察结果，地基土的湿陷性试验及自重湿陷量计算结果（表4.2）及西光中学教学综合楼岩土工程勘察报告，该场地为自重湿陷性黄土场地。

本次探井未揭穿湿陷性土层，其湿陷量为 384～724mm，黄土②层具有湿陷性。西光中学综合教学楼岩土工程勘察报告中，其湿陷性土层的下限深度 16.50～18.60m，基础埋深 2.50m 时，地基湿陷等级为 Ⅲ（严重）级，地基土的湿陷量最大可达 1173mm。

3）地基黄土的湿陷起始压力

为评价地基土的湿陷起始压力，本次勘察选取土样进行了双线法黄土湿陷起始压力试验，湿陷起始压力 psh 随深度变化曲线见图4.8。

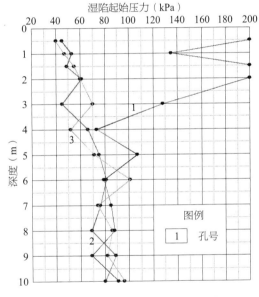

图 4.8　湿陷起始压力 psh 随深度变化曲线

地基土常规物理力学性质指标统计见表4.3。

地基土常规物理力学性质指标统计表 　　　　　　　表 4.3

土名及层号	值别	含水率 w %	重度 γ kN/m³	干重度 γ_d kN/m³	饱和度 S_r %	孔隙比 e	液限 w_L %	塑限 w_P %	塑性指数 I_p	液性指数 I_L	湿陷系数 δ_s	压缩系数 a_{1-2} MPa⁻¹	压缩模量 Es_{1-2} MPa	自重湿陷系数 δ_{zs}
①素填土	最大值	26.3	17.7	14.7	72	1.276	31.0	18.8	12.2	0.76	0.140	1.37	7.2	0.003

续表

土名及层号	值别	含水率 w %	重度 γ kN/m³	干重度 γ_d kN/m³	饱和度 S_r %	孔隙比 e	液限 w_L %	塑限 w_P %	塑性指数 I_p	液性指数 I_L	湿陷系数 δ_s	压缩系数 $a_{1\text{-}2}$ MPa⁻¹	压缩模量 $Es_{1\text{-}2}$ MPa	自重湿陷系数 δ_{zs}
① 素填土	最小值	15.6	14.1	11.9	35	0.852	28.8	17.9	11.1	<0	0.003	0.20	1.6	
	平均值	18.8	15.5	12.9	49	1.107	30.0	18.3	11.7	*0.11*	*0.063*	*0.81*	3.1	0.001
	标准差	3.19	1.40	0.96	14.0	0.1463	0.61	0.23	0.32	0.336	0.0490	0.409	1.70	0.0009
	变异系数	0.17	0.09	0.07	0.28	0.13	0.02	0.01	0.03			0.51	0.56	0.71
	统计频数	10	11	11	11	11	11	10	11	11	11	11	10	11
夯填土	最大值	27.9	19.0	16.1	81	1.027	30.2	18.4	11.8	0.87	0.029	0.51	11.2	0.001
	最小值	18.0	16.8	13.4	56	0.683	29.4	18.0	11.4	<0	0.000	0.15	3.8	
	平均值	22.2	17.9	14.7	71	0.858	29.8	18.2	11.6	*0.35*	*0.010*	*0.35*	6.7	0.001
	统计频数	4	4	4	4	4	4	4	4	4	4	4	4	4
② 黄土	最大值	27.3	16.2	13.0	61	1.342	30.4	18.6	11.9	0.77	0.075	1.59	5.2	0.044
	最小值	18.2	14.0	11.5	40	1.081	28.4	17.5	10.9	0.04	0.026	0.24	1.2	0.002
	平均值	22.6	15.1	12.3	51	1.211	29.4	18.0	11.4	*0.40*	*0.053*	*0.93*	2.6	0.018
	标准差	2.16	0.58	0.37	5.6	0.0635	0.54	0.27	0.28	0.181	0.0130	0.370	1.00	0.0134

续表

土名及层号	值别	含水率 w %	重度 γ kN/m³	干重度 γ_d kN/m³	饱和度 S_r %	孔隙比 e	液限 w_L %	塑限 w_P %	塑性指数 I_p	液性指数 I_L	湿陷系数 δ_s	压缩系数 a_{1-2} MPa⁻¹	压缩模量 Es_{1-2} MPa	自重湿陷系数 δ_{zs}
②黄土	变异系数	0.10	0.04	0.03	0.11	0.05	0.02	0.01	0.02			0.40	0.39	0.75
	统计频数	43	45	44	43	43	43	44	43	43	43	43	43	42

4）直接剪切（固快）试验

为提供基坑边坡支护设计所需有关土层的抗剪强度参数，勘察采取 29 件不扰动土试样进行了直剪（固结快剪）试验，试验指标（粘聚力 c 和内摩擦角 φ）分层统计结果见表 4.4。

直剪（固快）试验成果统计表　　　　　　　　表 4.4

土层	粘聚力 c（kPa）								内摩擦角 φ（°）							
	最大值	最小值	平均值	标准差	变异系数	标准值	建议值	统计频数	最大值	最小值	平均值	标准差	变异系数	标准值	建议值	统计频数
填土①	37	15	24.1	7.72	0.32	18.9	15	8	26.2	22.5	24.5	1.16	0.05	23.7	15.0	8
黄土②	28	12	19.9	4.34	0.22	18.1	18	20	25.7	22.4	24.0	1.02	0.04	23.6	23.5	20

5）塔体周围地质雷达探测概况

为了探明万寿寺塔地基及其周围土体情况，采用地质雷达无损探测手段对塔基周围多处部位进行了探测。采用瑞典 MALA 地球科学仪器公司生产的 RAMAC/GPR CUIII ProEx 型探地雷达，选用 100 MHz 屏蔽天线和 800MHz 屏蔽天线。根据现场实际情况，共布置 40 条测线，每条测线采用 100M 和 800M 天线各扫描一次，共完成测线长 680m。此次探测的有效深度分别为：100MHz 屏蔽天线约 5m 以内，800MHz 屏蔽天线约 1m 以内。

将现场采集的雷达图像经过增益、滤波等处理，从异常图像得出本次探测范围内高含水率、土体松软点 4 处（缺陷 1、缺陷 2、缺陷 4、缺陷 5），推测可能有局部脱空或空洞 1 处（缺陷 3），见图 4.9。

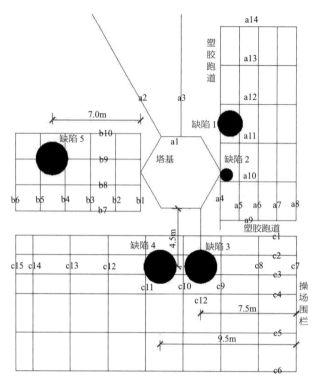

图 4.9　地质雷达法缺陷调查

4.3.3　塔体周围与西光中学综合楼地基土物理力学性质对比分析

本次勘察取样试验（0～10m）与西光中学综合楼（位于万寿寺塔西侧 50m）岩土工程勘察土工试验资料对比分析见表 4.5、图 4.10a～图 4.10h。图中 1、2、3 为本次勘察勘探点（探井）编号，位于塔体周围，其中 1 号勘探点紧贴塔体，2、3 号勘探点位于塔体附近的塑胶操场上，X9 为引用《西安市西光中学教学综合楼岩土工程勘察报告》中 9 号勘探点的土样含水量数值，其水位埋藏深度 20.9m。

塔体周围与原西光中学综合楼地基土主要物理力学指标对比表　　　　表 4.5

	含水量 w%	饱和度 S_r%	液性指数 I_L	压缩系数 a_{1-2} MPa^{-1}	重度 γkN/m^3	孔隙比 e	湿陷系数 δ_s
塔体周围	18.2～27.3	40～61	0.04～0.77	0.27～1.59	14.0～16.2	1.081～1.211	0.026～0.075
西光中学 综合楼	9.8～17.6	22～43	<0	0.13～0.57	12.9～16.2	0.854～1.329	0.011～0.139

由表 4.5、图 4.10a～图 4.10h 可得，塔体周围地基土的孔隙比、干重度与西光中学教学综合楼勘探点的较为接近，相差不大，而含水量、饱和度较西光中学教学综合楼 X9 号勘探点的含水量偏大，且紧邻塔体的 1 号勘探点的含水量、饱和度最大；西光中学综合教学

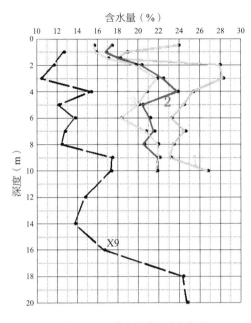

图 4.10a 含水量随深度变化图

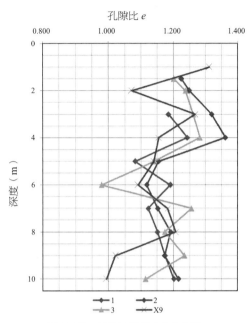

图 4.10b 孔隙比随深度变化曲线

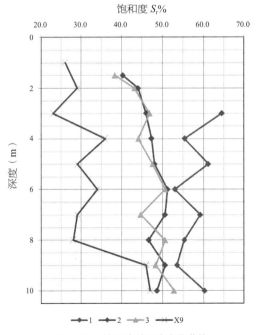

图 4.10c 饱和度随深度变化曲线

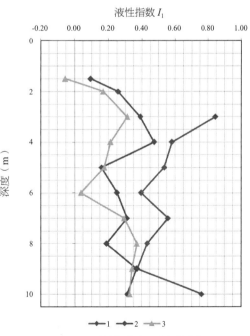

图 4.10d 液性指数随深度变化曲线
注：西光中学 X9 号勘探点液性指数均小于 0。

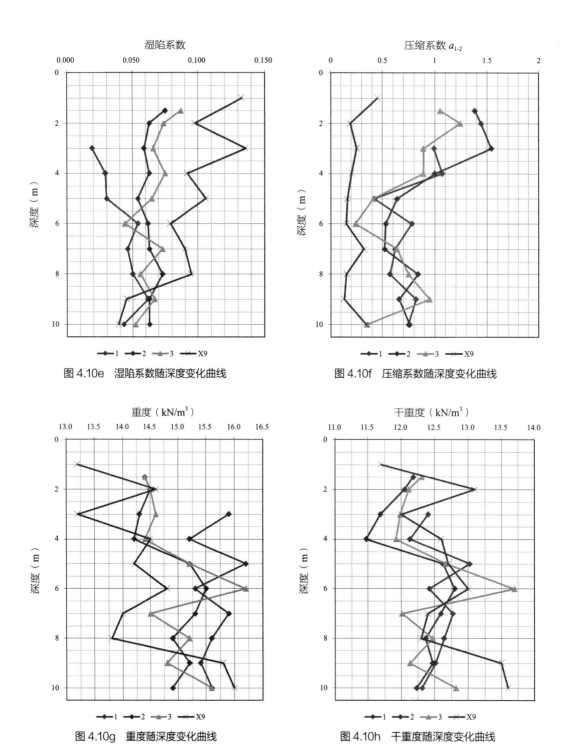

图 4.10e　湿陷系数随深度变化曲线

图 4.10f　压缩系数随深度变化曲线

图 4.10g　重度随深度变化曲线

图 4.10h　干重度随深度变化曲线

楼 X9 号勘探点地基土的液性指数均小于 0，处于坚硬状态，临近塔体塑胶操场的 2、3 号勘探点地基土的液性指数介于 0.0~0.50 之间，大部分处于硬塑~硬可塑状态，而紧贴塔体的 1 号勘探点地基土的液性指数介于 0.40~0.85，大部分呈可塑状态，局部呈软塑状态；西光中学教学综合楼 X9 号勘探点地基土的湿陷系数最大，紧贴塔体的 1 号勘探点地基土的湿陷系数最小，临近塔体塑胶操场的 2、3 号勘探点地基土的湿陷系数介于上述两者之间；西光中学教学综合楼 X9 号勘探点地基土的压缩系数均小于 0.5，属于中等压缩性土，而本次勘察的 1、2、3 号勘探点地基土的压缩系数大部分大于 0.5，属于高压缩性土，且 4m 以上的部分土样的压缩系数大于 1。

4.4 塔体变形监测

4.4.1 塔体的变形特征

机械工业勘察设计研究院自 2008 年 1 月 9 日开始对万寿寺塔进行长期变形监测工作，变形监测内容包括倾斜测量和塔基沉降测量，观测成果详见《万寿寺塔变形监测报告》（2012 年 8 月），各沉降点位置参见图 4.6，塔体累计沉降量随时间变化见图 4.11，塔体倾斜度、倾斜量等汇总于下表 4.6。

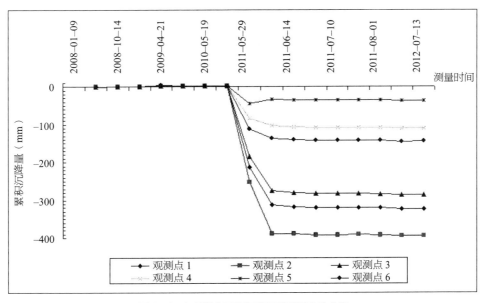

图 4.11 各观测点累积沉降量随时间变化曲线

万寿寺塔变形情况汇总表   表 4.6

点号	沉降量（mm） （2008 年 1 月 9 日 ~ 2010 年 12 月 13 日）	沉降量（mm） （2010 年 12 月 13 日 ~ 2011 年 6 月 13 日）	沉降量（mm） （2011 年 6 月 13 日 ~ 2012 年 7 月 13 日）	累积沉降量 （2008 年 1 月 9 日 ~ 2012 年 7 月 13 日）
1	2.74	−319.19	−7.21	−323.66
2	1.89	−390.87	−4.84	−393.82
3	2.42	−282.36	−5.89	−285.83
4	2.91	−109.08	−3.97	−110.14
5	3.33	−37.85	−2.33	−36.85
6	3.11	−142.92	−4.40	−144.21
观测时间	（2008 年 1 月 9 日 ~ 2010 年 12 月 13 日）	（2010 年 12 月 13 日 ~ 2011 年 6 月 13 日）	（2011 年 6 月 13 日 ~ 2012 年 8 月 3 日）	（2008 年 1 月 9 日 ~ 2012 年 8 月 3 日）
倾斜度	53‰ ~ 52‰	52‰ ~ 113‰	113‰ ~ 112‰	53‰ ~ 112‰
倾斜量（m）	1.239 ~ 1.223	1.223 ~ 2.639	2.639 ~ 2.630	1.239 ~ 2.630
倾斜方向	北偏西 43° 28′ ~ 42° 25′	北偏西 42° 25′ ~ 43° 08′	北偏西 43° 08′ ~ 43° 07′	北偏西 43° 28′ ~ 43° 07′

由图 4.11、表 4.6 可知：

1）万寿寺塔在 2008 年 1 月 9 日 ~ 2010 年 12 月 13 日期间，变形较小。

2）万寿寺塔在 2010 年 12 月 13 日 ~ 2011 年 6 月 13 日期间发生严重不均匀沉降和较大的倾斜变化现象，2 号和 5 号观测点差异沉降达 353mm，塔的倾斜度由 52‰ 增加到 113‰。

3）万寿寺塔在进行了钢架支撑后，即 2011 年 6 月 13 日 ~ 2012 年 8 月 3 日期间未发生明显变形增大现象。

4.4.2 塔体倾斜原因初步分析

根据万寿寺塔变形监测报告，该塔在 2008 年以前就发生了倾斜，在 2008 年到 2010 年间变形较缓慢，塔体处于相对稳定状态。在 2011 年 6 月，塔体突然发生严重不均匀沉降和较大倾斜，塔体向西北方向倾斜，塔基西北角础石几乎全部沉陷在地面下，塔尖的最大倾斜量达到 2.639m。

1）根据《西安万寿寺塔地基地质雷达探测报告》，塔体周围发现有四处高含水率、土质松软缺陷。

2）根据走访、踏勘调查，万寿寺塔周边原为黄土操场，2010 年西光中学为改善学生教学环境，将万寿寺塔周围硬化为塑胶操场，且塔体外围约 2.5m 宽度仍保留原始地面。塔基周围没有采取防水、排水措施，2011 年 5 月西安市有三次较大的连续降雨后不久，塔体有变形增加的趋势。

3）从本次勘察探井中土样湿陷性试验及西光中学地基土的相关试验确定塔基下部为自重湿陷性黄土，湿陷等级为Ⅲ（严重）级，地基土为高压缩性土。

4）塔体周围地基土的孔隙比、干重度与西光中学教学综合楼勘探点的较为接近，相差不大，而含水量、饱和度较西光中学教学综合楼 X9 号勘探点地基土的含水量偏大，且紧邻塔体的 1 号勘探点地基土的含水量、饱和度最大；西光中学综合教学楼 X9 号勘探点的地基土处于坚硬状态，临近塔体塑胶操场的 2、3 号勘探点的地基土处于硬塑~硬可塑状态，而紧贴塔体的 1 号勘探点的地基土呈可塑状态，局部呈软塑状态；西光中学教学综合楼 X9 号勘探点地基土的湿陷系数最大，紧贴塔体的 1 号勘探点地基土的湿陷系数最小，临近塔体塑胶操场的 2、3 号勘探点地基土的湿陷系数介于上述两者之间；西光中学教学综合楼 X9 号勘探点的地基土属于中等压缩性土，而本次勘察的 1、2、3 号勘探点的地基土属于高压缩性土。

由以上四点可得：万寿寺塔地基土的物理力学性质较差（地基土具有严重的湿陷性和高压缩性）、原塔体地基处理效果差、处理厚度严重不足是塔体发生变形的主要内部原因，塔体周围雨水入渗条件改变及雨水入渗是地基变形加剧的主要外部原因。

5）塔体倾斜后，塔体的重心向倾斜方向偏移，原塔体垂直时地基承受的基本是均布荷载，而倾斜后，由于偏心距的存在，地基承受偏心荷载，本身自重湿陷性黄土受水浸湿后就会发生湿陷变形，加之上部荷载的增加和偏心荷载的存在，使不均匀下沉持续增加，在不采取措施的情况下可能发生塑性变形破坏。

4.5 塔体力学状态分析及安全性评估

4.5.1 塔体稳定性分析

为慎重起见，正式施工前，对塔体进行了 16mm 孔探查。探查结果：塔单壁中空，中空处 3 层券龛顶穹隆以上以黄土充填，塔 1~3 未见填土。

借鉴陕西既往倒塌或拆除古塔结构分析，本探查结果是可信的。以后的纠偏施工中塔表现出的比较良好的整体性，也可以作为本探查结论的间接佐证。

运用第 2 章给出的实用评估方法，根据 2011 年 6 月 2 日的监测数据，有：$e/D=0.7488/6=0.1248<0.17$，$[e]=0.17\times0.92\times0.70=0.1095$，说明时至 6 月 2 日，尽管万寿寺塔还没有完全倒塌，但实际上已处于倒塌过程中。

事实上，从 5 月底到 6 月初，万寿寺塔 3 天内倾斜了近 200mm！依此速率约 4 天后，塔体偏心距 e 就会达到 1.02m，即 $e/D=0.17$。现场外观勘查亦表明，塔体底部东南侧已出现多处受拉裂缝（图 4.2），塔体中已产生较大拉应力已毋庸置疑！考虑到塔体尚处于倾斜变化中，有诸多不可预见的因素，塔体的倾斜速率会越来越快，偏心距也会越来越大，塔底的倾覆力矩会相应增大，塔底平面受压面积会急剧减小，塔体受压区砌体也会因为过大的压应力压溃而导致塔体坍塌！对万寿寺塔及时采取措施势在必行。

4.5.2　万寿寺塔动力特性测试

古塔建筑的动力特性是其重要的力学指标之一，不仅可据以判断塔体的损伤状态，亦是对塔体进行抗震验算必不可少的参数。万寿寺塔保护工程中，利用难得的脚手架条件，在西安建筑科技大学结构试验室的协助下，对塔体地基加固前后的动力特性进行了测试，获得了极其宝贵的数据。

建筑物动力特性的获取方式一般有单纯的理论力学模型分析与现场测试两大途径，前者在实际运用中难度较大，需要考虑的因素较多，常见于简单模型。后者则配合迅速发展的先进仪器，加上信号识别方面的理论更新与突破，能获得较好的效果，其中以脉动法（环境振动法）优势最为明显，能较好地满足文物对于激励方面的限制要求。该方法的原理及流程如图 4.12 所示。

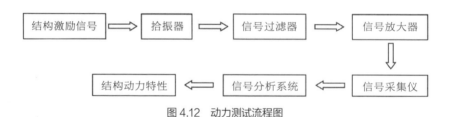

图 4.12　动力测试流程图

图 4.13　动力测试仪器

在塔体动力特性测试中，重点是获得塔体水平方向的振动频率和振型。将七个拾振器分别布置于塔体各层底部，如图 4.13 所示。对塔体进行两次测试，分南北向（六边形边）

和东西向（六边形角）。采样环境选在深夜 23:00~2:00，尽可能使外界的干扰降到最低。测试选用中国地震局工程力学研究所 891 型八线放大器，北京东方振动和噪声技术研究所 INV306U 智能信号采集分析仪，并用 DASP 分析软件进行数据的采集和分析，每次采样 30 分钟，如图 4.14 为采集的一层南北向部分位移时程曲线。通过分析可得塔体的前四阶频率如表 4.7 所示，前四阶振型如图 4.15 所示。

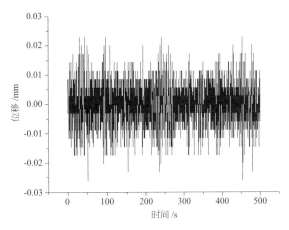

图 4.14 一层南北向部分位移时程曲线

万寿寺塔动力特性测试前两阶模态频率　　　　　　　　　　表 4.7

振型	1	2	3	4
地基加固前	1.395	1.506	5.376	5.595
地基加固后		1.700		5.524

可以看出，地基加固前塔的自振周期为 0.717~0.664s；地基加固后塔的自振周期为□~0.588s。加固后塔的自振周期降低约 11%。依据"机械工业勘察设计研究院"，2013 年 10 月完成的《西安万寿寺塔本体保护工程——岩土工程勘察报告书》，万寿寺塔场地抗震设防烈度为 8 度，设计基本地震加速度值为 0.20g，设计地震分组为第一组，场地特征周期为 0.35s。依据现行结构抗震计算的反应谱理论，塔地基加固后，其地震反应会略有增加。

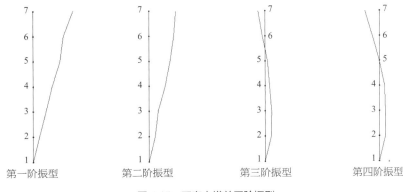

第一阶振型　　　　第二阶振型　　　　第三阶振型　　　　第四阶振型

图 4.15 万寿寺塔前四阶振型

4.5.3 有限元分析

1）材料属性及本构模型

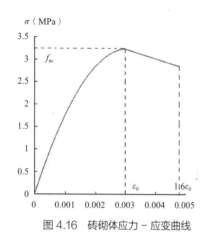

图 4.16 砖砌体应力 - 应变曲线

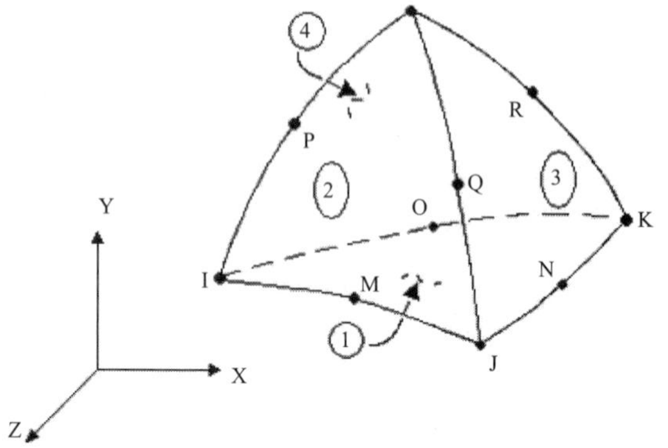

图 4.17 SOLID92 实体单元模型

万寿寺塔有限元建模参考小雁塔的材料特性参数[1]：砖标号取 MU15；砂浆取 M1；泊松比 λ=0.15；砖石密度 ρ=1900kg/m³。

受压砖砌体的应力 - 应变曲线基本由上升的抛物线段和下降的直线段两部分组成（图 4.16）。[2] 考虑到万寿寺塔建造年代久远，在建模时取原点与上升段顶点之间的连线作为材料的弹性模量，E=1076MPa。

2）模型建立与网格划分

建模采用三维实体十节点单元 SOLIDE92。该单元能够较好的划分一些不规则的网格，并且具有可塑性、蠕动、膨胀、大变形和大张力[3]，单元几何模型如图 4.17 所示。网格划分线单元长度取 1.0，在拱券部位进行加密处理，如图 4.18 所示。将南北向定义为 X 轴，东西向定义为 Y 轴。

3）万寿寺塔模态分析

模态分析主要是用来确定结构的振动特性，包括结构的固有频率和各阶模态振动形式等。对万寿寺塔进行了模态分析，计算出该塔的前 9 阶的自振频

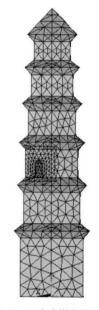

图 4.18 万寿寺塔有限元模型

[1] 宋泽维 . 砖石古塔易损性分析 [D]. 西安：西安建筑科技大学，2013.
[2] 刘桂秋 . 砌体结构基本受力性能的研究 [D]. 长沙：湖南大学，2005.
[3] 王新敏 . ANSYS 工程结构数值分析 [M]. 北京：人民交通出版社，2007.

率及其对应的振动特性，并且和通过现场塔体动力试验分析所得的数据进行了比对，从而确定模型的可信度。

模型边界条件处理时将模型底端嵌固来模拟结构的底部基础。表 4.8 列出了模态分析得出的塔体前 9 阶自振频率和周期。

万寿寺塔前 9 阶自振频率与周期　　　　　　　　　　　　　　　表 4.8

振型序号	1	2	3	4	5	6	7	8	9
自振频率（Hz）	1.448	1.454	5.678	5.724	7.564	10.013	12.422	12.493	16.071
自振周期（s）	0.691	0.688	0.176	0.175	0.132	0.100	0.081	0.080	0.062

从模态分析的结果来看，第一、二阶振型分别沿着 X 轴和 Y 轴平动，第三、四阶振型呈 S 形，第五阶振型呈水平扭转，第六阶振型呈上下颠簸振动。从整体上来看，模型的前四阶振型表现为弯曲型，这与高耸类的建筑物振型特点相符。第一阶和第二阶振型、第三阶和第四阶的频率接近，说明两个方向的刚度相差不大，有效的避免了结构出现扭转破坏。第五阶扭转振型周期为 0.132s，相对于平动周期较小，说明塔体的扭转刚度比平动刚度大。另外，从振型来看，塔尖的位移较大，说明塔体的鞭梢效应比较明显，这可能就是万寿寺塔塔刹在汶川地震中被震坏的原因。塔体的第一阶平动周期 0.691s 和 0.688s，场地特征周期为 0.35s，二者相差较大，能有效地避免共振现象的产生。

X 向和 Y 向的平动频率为 1.448Hz 和 1.454Hz，通过现场用脉动法对塔体进行动力特性试验研究，得出古塔的 X 向和 Y 向的实测平动频率为 1.395Hz 和 1.506Hz，与有限元模态分析结果进行对比差别分别为 3.8% 和 -3.45%，前四阶的误差在 6% 以内，见表 4.9，通过图 4.19 和图 4.15 对比可知,前四阶振型位移图基本一致,可认为所采取的计算模型是合理的,用其模拟塔体受力情况是具有一定的参考价值。

动力实测结果和有限元分析值对比　　　　　　　　　　　　　　表 4.9

振型序号	有限元分析值	实测值	误差
1	1.448	1.395	3.8%
2	1.454	1.506	-3.45%
3	5.678	5.376	5.62%
4	5.724	5.595	2.3%

4）万寿寺塔倾斜无支撑状态有限元分析

分析塔体倾角为 6.45° 时的受力状况。参考《砌体结构设计规范》GB 50003—2011，砌

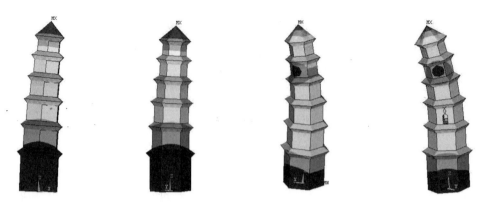

图4.19 万寿寺塔有限元分析前四阶振型位移图

体抗剪强度平均值 $f_{t,m}$ 和轴心抗拉强度平均值 $f_{v,m}$ 计算公式为：

$$f_{t,m} = k_3\sqrt{f_2} \qquad (4\text{-}1)$$

$$f_{v,m} = k_5\sqrt{f_2} \qquad (4\text{-}2)$$

f_2 为砂浆抗压强度平均值，取1.0MPa；k_3 对于普通砖取0.141；k_5 对于普通砖取0.125，带入上式可计算得：$f_{t,m}$=0.141MPa，$f_{v,m}$=0.125MPa。

（1）塔体拉压应力分析（图4.20、图4.21），可以看出，塔体大部分截面尚处于受压状态，拉应力主要出现在挑檐部分和一层底面东南角，一层底面拉应力为0.04MPa～0.27MPa，超过砖砌体的抗拉强度平均值0.141MPa，有出现拉裂缝及持续扩展的趋势。

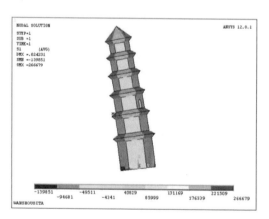
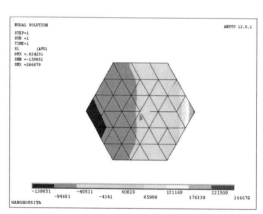

图4.20 塔体倾斜无支撑第一主应力云图及塔底面切片应力云图

（2）塔体剪应力分析

塔体发生沿中轴面的劈裂破坏，是一种常见的古塔破坏现象。有限元分析表明，万寿寺塔倾斜无支撑状态下，YZ方向最大剪应力发生在中心筒和拱券交接处，最大剪应力0.2MPa；

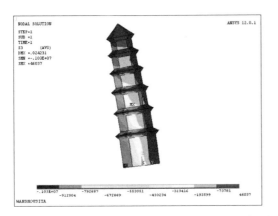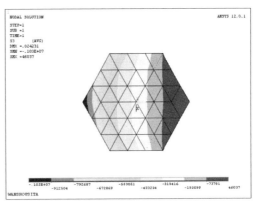

图 4.21 塔体倾斜无支撑第三主应力云图及塔底面切片应力云图

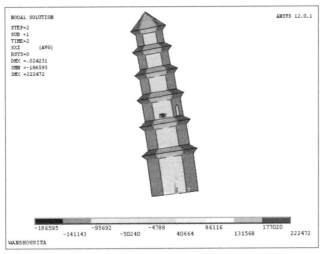

图 4.22 塔体倾斜无支撑状态 XZ 方向剪应力云图

XZ 方向的最大剪应力也出现在中心筒和拱券交接处，最大剪应力 0.22MPa。可以看出，塔体中心筒部位是薄弱环节，可能发生沿中轴线的劈裂破坏（图 4.22）。

4.6 抽土迫降纠偏与顶升校正

4.6.1 纠偏总思路

观测表明，2011 年 6 月 12 日钢桁架支撑完工后，万寿寺塔倾斜无明显发展。

钢结构支撑终非长久之计。钢桁架支撑在塔体三、四层，使得支撑点附近出现多个受拉区和应力集中点。天长日久，这些区域可能被压碎或拉坏，危及塔体安全。

万寿寺塔位于红光中学操场内，支撑范围长期占压较大操场面积，也会影响学生的正常生活和学习。

经过专家反复论证，最终确定对万寿寺塔实施纠偏。纠偏施工由陕西普宁工程结构特种技术有限公司承担。

纠偏方法采用抽土迫降及顶升校正综合法，抽土迫降方法在眉县净光寺塔等纠偏工程中曾成功运用。

本工程特点：①地基土自重湿陷性Ⅲ级（严重），含水量24%～28%，土体接近软塑状态，力学性能较差；②塔斜6.45°，倾斜严重；③塔体单壁中空，结构整体性较好，但塔底六角垫以形状大小不一青石，易产生不均匀应力。

本工程技术难点：①控制施工附加沉降；②防止塔体整体失稳；③限制施工不均匀应力。

为保证工程安全可靠地进行，对塔体进行了全面的预加固并制订了严密科学的监测方案。

4.6.2　结构预加固

塔体纠偏与高程恢复过程，不可避免地会在塔体中产生不均匀的附加应力，为保证塔体在纠偏过程中的结构安全，对塔体及基础进行有针对性的加固是必要的。上部塔体的加固措施应具备较好的可逆性，不致对文物较大的损坏，并应简捷有效，便于施工。

根据古塔建筑常见的破坏形态及前述有限元分析结果，确定万寿寺塔加固措施解决的关键问题为（图4.23）：①提高塔中轴面抗剪能力，②提高塔体底部局部抗压能力，③加强塔体整体性，调整塔体抽土迫降及高程恢复过程可能产生的不均匀应力。

基础加固则宜采用永久性措施，如图4.24示，主要有上下两道混凝土基础圈梁。上圈梁纠偏施工前完成，下圈梁纠偏施工中分段完成。

图4.23　塔体预加固

4.6.3　抽土迫降纠偏

建筑物抽土迫降纠偏依据抽土孔的布置方向可分为两种：水平抽土及垂直深部抽土。水

图 4.24　基础加固

平抽土法就是在基底下通过水平（或接近水平）钻孔抽土或者人工抽土的方法进行迫降，这种方法适用于均质黏性土和砂土，并且上部结构刚度大的建筑物。垂直深部抽土法，就是在倾斜建筑物沉降量较小的一侧设置密集的垂直钻孔排，按照一定的顺序依次适量的抽软弱地基土，解除局部范围内的地基应力，促使软土向垂直孔处移动，增大该侧的沉降，达到纠偏的目的。❶

在我国古塔纠偏的工程案例中也有先在倾斜古塔沉降量较小一侧距塔基一定距离开挖数个直径约 2m、深度约 6m 的圆井，然后在井壁上设置水平掏土孔，根据塔倾斜程度、方向以及安全纠偏率分阶段掏土，迫使沉降较小侧塔基下沉，以求达到塔体纠偏的目的。这种方法可以看作是水平孔与竖向孔的结合。总体看，在古塔建筑的纠偏案例中，以单独水平孔抽土者居多。该法的优点是：①易于控制塔回倾的速率；②适用性强；③操作相对简单。

万寿寺塔纠偏工程综合分析各方面因素，确定采用水平成孔抽土迫降方法，抽土孔与水平面呈 10° 下倾夹角。纠偏工序后期，结合地基压桩加固，适当配合以顶升校正。抽土孔孔径控制在 100~150mm，孔间距则控制在当孔间土承压塑性变形后，塔基最大沉降不超过5mm，孔深度同样控制在超出塔体重心垂直投影 100~200mm 为宜。抽土孔竖向位置取为距塔底约 1500mm。

水平成孔抽土迫降方法其优点已如前述，其缺点是：当采用导坑方案布孔时，导坑塔一侧边坡的稳定是一个非常重要，也比较棘手的技术难题！必须引起相关技术人员的足够重视！

图 4.25 给出万寿寺塔纠偏方案示意。

❶　刘祖德.纠偏防倾工程十五年（一）[J].土工基础，2006，20（4）：108-111.

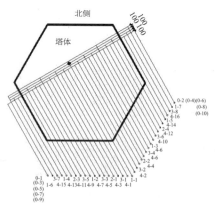

图 4.25 万寿寺塔抽土迫降示意

西南侧地基迫降形成裂缝　　　　　　西北侧支撑钢架与塔体脱离

图 4.26 纠偏效果

4.6.4 静压桩地基加固及塔体顶升与校正

万寿寺塔在倾斜与纠偏的过程中整体下沉约 680mm，为恢复既有的视觉效果，专家建议：塔地基以静压桩加固，同时将塔垂直度适当校正并整体顶升 600mm。

塔地基静压桩加固的前提为基础托换加固，基础加固的目的是增加其整体性。一般而言，基础整体性托换加固是古塔建筑地基桩基加固的关键环节，其技术难点主要在于控制基础托换过程中上部塔体的不均匀沉降与稳定。万寿寺塔基础托换加固在纠偏工序上下混凝土圈梁加固的基础上，在下圈梁之下布置了 8 根 H18 钢梁，钢梁从塔下南侧单向强行顶入（图 4.27）。

塔体顶升工程技术难点：①塔体高耸，稳定性差；②托盘两种材料，整体性弱。塔体顶升过程关键是控制顶升千斤顶的同步节奏及防止群桩整体失稳。图 4.28、图 4.29 给出部分施工环节。

4.6.5 监测方案

为了全面、实时地了解塔体在纠偏施工过程的力学状态，为安全可靠地实施塔体纠偏提

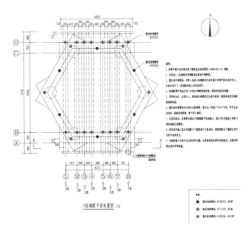

图 4.27 基础钢梁布置及顶入

图 4.28 静压桩阵列

图 4.29 塔体顶升就位

供科学依据，制订了比较严密的监测方案（图 4.30、图 4.31）。

①塔体纠偏过程中的应变与应力监测。监测手段主要借助于电阻应变片，应变片分别粘贴于塔底环形混凝土梁的纵向钢筋及塔体一、二、三层的砖体，前者监测塔体的横向变形与应力，后者监测塔体的竖向变形与应力；粘贴于钢筋的应变片规格 3mm×5mm，粘贴于砖体的规格 3mm×10mm。计 20 测点。

②塔体变位监测。监测手段主要借助于百分表与位移计。百分表主要布置于塔底环形混凝土梁周边及塔体一、二、三层的每边及每层高度的中央，前者监测塔底在纠偏过程中的升降情况，后者则监测塔体底部 3 层预加固相对薄弱部位的横向膨胀情况。位移计布置于塔底环形混凝土梁的南侧及北侧三层支撑钢架部位，用于监测塔体的整体回倾数据。

③塔体倾斜监测。监测手段主要借助于倾角仪，计 5 点，布置于塔体一~五层。

④塔体裂缝监测。塔体裂缝变化是反映塔体力学状态的最直观现象，了解裂缝变化是了解塔体力学状态的最简易手段。本次监测主要借助于石膏条方法监测裂缝，石膏条

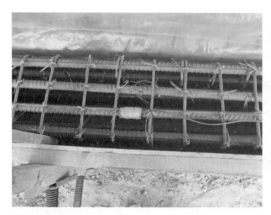

图 4.30　塔底部圈梁应力与百分表变位监测

图 4.31　塔底部圈梁应力采集与全站仪监测

20mm×120mm×3mm，布置于塔体既有较重要裂缝及所有纠偏过程中新出现裂缝，石膏条横跨裂缝并与裂缝垂直，约 150 处，人工测读，每日 3~5 次。

　　⑤塔体宏观监测。主要借助于全站仪、经纬仪及水准仪，监测塔体的各关键点几何坐标的变化，也作为前述各监测方法的整体校核。

　　图 4.32 为万寿寺塔纠偏过程塔顶偏移量走势图，图 4.33 为万寿寺塔纠偏前后对比。

图 4.32　万寿寺塔纠偏过程塔顶偏移量走势图

图 4.33　塔体顶升就位

4.7　几点体会

西安万寿寺塔纠偏工程于 2013 年 9 月 5 日正式开工，2014 年 12 月 17 日竣工初验，2016 年 10 月 26 日陕西省文物局委托第三方组织专家正式验收，验收结论："该工程综合运用了抢险支护、塔体纠偏、地基加固、本体修缮等保护措施，对我省的古塔保护具有示范意义。""万寿寺塔抢险加固工程引起社会广泛关注，均有典型性，反响良好。"

西安万寿寺塔纠偏工程几乎包括了古塔纠偏工程的所有特种要素，如结构预加固、抽土纠偏、静压桩地基加固及顶升归位等诸多重要施工环节，是陕西省第一例完整意义上的古塔纠偏工程。相对于眉县净光寺塔，由于技术与经济条件有较好改善，因而获得的资料也比较丰富。回顾整个工程过程，有如下体会与建议：

（1）对诸如万寿寺塔处于湿软地基土上的斜塔实施抽土纠偏，其施工附加沉降是在所难免的，为控制附加沉降量，塔基础较低一侧地基土的适当强化是必要的。

（2）对诸如万寿寺塔倾斜 6° 以上的"超斜"中小型塔实施纠偏，如条件许可，采用类似的钢架支撑是有效的。支撑位置恰当，支撑钢架的刚度与强度适中，可大大减少塔体纠偏过程中的风险！

（3）古塔纠偏中塔体的预加固，应着重解决的问题：①提高塔中轴面抗剪能力；②提高塔体底部局部抗压能力；③提高塔体整体性。

（4）古塔纠偏中基础的加固，应着重解决的问题：①加强塔体下部的整体性；②提高塔体下部砌体的抗压能力；③调整抽土施工可能产生的不均匀应力。但应注意，塔体倾斜严重时加固基础须根据塔受力状态的变化分阶段完成。

（5）对诸如万寿寺塔倾斜严重的中小型塔实施纠偏，抽土位置宜适当降低，以在塔基下1.5m 左右为宜。但在这种情况下，如果地基土比较湿软，则可能引起塔基在纠偏导坑一侧边坡失稳，应引起足够重视，并应采取有效预防措施！

（6）古塔纠偏后，对塔地基进行有效的加固是必要的，以防在未来漫长的岁月中再度产生倾斜。

第5章 旬邑泰塔抢险工程

5.1 概况

施工时间：2014 年 8 月～2017 年 12 月

设计负责人：王伟、贾虎、陈一凡

施工单位：陕西普宁工程结构特种技术有限公司

项目负责：陈平

项目经理：陈哲

技术负责：陈一凡、郝宁

5.1.1 地理位置与历史沿革

陕西旬邑泰塔（图 5.1），位于旬邑县城关镇北街东侧泰塔路原旬邑中学校园内，国务院 2001 年 6 月 25 日公布为全国重点文物保护单位（53223）。

1957 年

2004 年

图 5.1 陕西旬邑泰塔

据清毕沅《关中胜迹图志》：宝塔寺，在三水县东门外。一统志："唐建。有塔高十五丈，七级八角二十四窗，甃砌甚工。"❶

据清乾隆五十年抄本《三水县志》：右宝塔寺，明邠州志，大塔在县前，七级浮图，一邑胜观。县旧志，泰塔在城东北隅，高十五丈，其阴建宝塔寺。旧志载唐吐蕃入寇，塔经火焚，积久损伤，塔遂东斜。万历间县人文运开葺之。顺治甲午六月十日地震仍端正如初。辛亥旧屯厅沈光禧闻其胜概，捐资筑垣，邑人庶因重修焉。❷

"解放时，塔身残破不堪，且向东北倾斜"。"1957年，经各级政府呈请中央批准，对该塔进行维修，次年竣工"。这次维修历时11个月，塔外部保存了原貌，补配了塔身及塔顶外包砖，各层角梁螭首安装了风铃，塔内装置了木制楼梯，塔顶安装了避雷器，塔基座修了花墙，并用方砖铺了地面。20世纪中期，塔内木楼梯及部分门窗受损，"1978年，在文物管理部门大力协助下，再次修复"。❸

1957年维修时，据省文管会杨正兴先生记述，见"塔身第六层北面东侧栏窗上的一块砖刻题记称：起塔时间为嘉佑四年（1059年）正月中。"❹因当时条件所限，没有留下拓片或照片资料。

2017年结合泰塔抢险纠偏及地基加固，陕西省考古研究院隋唐研究室刘呆运主任带队对泰塔周围进行了考古探查，发现泰塔地面有唐代瓷片遗存，塔下地基为卵石三合土，内多宋代遗物，塔南侧土中有条石，塔北山上有稍晚期墙址遗存。❺说明塔周唐时有寺不假，现存泰塔为宋所建亦为真。

5.1.2 建筑形制

泰塔八边7层楼阁式空心砖塔。通高53m，底径12m。塔身底层北面辟券门；二层以上每层辟四券门，隔层位置交错，每面作仿木结构三间，砌出倚柱、阑额、平座栏杆，当心间辟门或饰假板门，两侧饰直棂或菱格窗。层间叠涩出檐，以石作角梁，外端雕螭首，自翼角伸出，上系风铃。塔檐和平座下的斗拱均为五铺作双抄偷心造，当心间补间铺作一朵。塔顶上的石雕宝瓶式塔刹，为20世纪50年代整修时所加。"塔顶端四周有铁人四尊，相对而跪，颈系铁索，连接塔顶中央"。❻塔身单壁中空，设木梯可登临。

❶ 毕沅. 关中胜迹图志 [M]. 西安：三秦出版社，2004. 第八三四页，[九四]。该书第八四九页【校勘记】[九五]记载"今按：此'宝塔寺'已无可考。今旬邑县（原三水县）城内北街旬邑中学院内有一古塔（名为'泰塔'，俗称'栒邑塔'），疑即此宝塔寺塔。

❷ 清乾隆五十年抄本《三水县志》，卷四。

❸ 刘汉文. 旬邑县志 [M]. 西安：三秦出版社，2000.

❹ 陕西省文物管理委员会. 陕西名胜古迹 [M].

❺ 陕西省考古研究院：考古报告.

❻ 同2。

泰塔外观秀丽,装饰典雅,是宋塔中具有准确建筑年代的标准塔型。❶昔人周崇雅有《宝塔凌空》诗题记:"玲珑金刹跨豳阳,七级芙蓉舍利藏。风雨翠屏形突兀,云霞白色镜苍茫。"

塔体几何尺寸见下表 5.1。

泰塔几何尺寸

表 5.1

层号	外边长 mm	墙厚 mm	内边长 mm	门洞宽 mm	层面间距 mm	檐口间距 mm	层总面积 (S1) m²	塔室面积 (S2) m²	塔壁面积 (S1-S2) m²
塔刹					5650 (至刹顶)	5650			
七	2870	2480	850	800	4000 (至檐口)	6150	39.90	3.30	36.6
六	3020	2420	1230	870	5450	5350	44.15	5.30	38.85
五	3190	2720	990	900	5350	5200	49.12	4.31	44.81
四	3400	2900	1115	910	5950	6300	55.70	4.93	50.77
三	3650	3150	1130	980	6050	5800	64.44	5.38	59.06
二	4040	3460	1345	1050	5900	5700	78.75	6.91	71.84
一	5000	4280	1380	1250	11850 (台阶面起)	10050 (台阶面起)	118.86	9.19	109.67
备注	塔体单壁中空,7 层八角楼阁式,取西墙外最高台阶面 ±0.00,塔总高 50.2m,基础埋深约 2.5m,自重约 65000kN。								

5.1.3 主要病害

泰塔多年倾斜(图 5.2),根据 2006 年 8 月 18 日观测资料,塔倾斜方向北偏东 27° 32′,倾斜量 2.268m,倾斜速率大约 10mm/y。

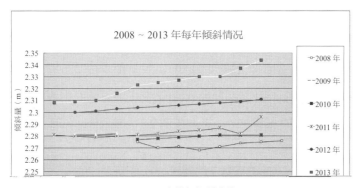

图 5.2 泰塔年倾斜曲线

---

❶ 赵克礼 . 陕西古塔研究 [M]. 北京: 科学出版社, 2007.

观测表明 2013 年 11 月份塔倾斜开始加速，至 2014 年 3 月中旬，在 4 个月时间内，倾斜由 2.334m 猛增至 2.482m，前 2 月倾斜速率不足 1.0 mm/d，后 2 月倾斜速率 1.9 mm/d。至 2014 年 6 月 20 日，倾斜值为 2.499m。鉴于险情持续加重，监测单位呼吁：泰塔急需纠偏加固！旬邑政府紧急呼吁：不惜一切代价抢救泰塔！

5.2 工程地质条件

泰塔所在的旬邑县位于陕西省咸阳市北部，东接铜川耀州区，北依甘肃正宁，南傍淳化，西临彬县。古称豳 [bīn]，秦封邑，汉置县。周人先祖后稷四世孙公刘曾在此开疆立国，开创了古代农耕文明。

5.2.1 场地地形及地貌

依据机械工业勘察设计研究院 2006 年 6 月及 2014 年 7 月完成的《旬邑县博物馆泰塔保护工程岩土工程勘察报告书》，泰塔所在的原旬邑中学校园，北依凤凰山，面对翠屏山，整体地形呈南低北高之势，塔院因整平而地形平坦，勘探点地面相对标高介于 500.50 ~ 503.75m，其中塔基座内的勘探点地面相对标高介于 502.40 ~ 502.50m。地貌单元属山水河 II 级阶地与黄土梁峁前的冲洪积扇。

5.2.2 地层结构及物理力学特性

图 5.3 示 2014 年勘探点平面位置，图 5.4 示 2014 年勘探工程地质剖面构造。根据现场描述、土工试验及原位测试结果，结合现场调查，将 2014 年勘探深度范围内地层划分为 7 层，自上而下分层描述如下：

灰砖（据了解为 1958 年维修所铺），方形，厚约 60mm、边长 370mm。

$3:7$ 灰土垫层$①_1$：坚硬，密实，稍湿。厚 360mm，垫层底相对标高 502.00 ~ 502.08m。据记载，该垫层为 1998 年所做。

杂填土$①_2$：稍密，局部松散，湿。主要由青灰色瓦片组成（TC1 瓦片含量最多、达 60% 左右），粉质黏土充填，含砖块、黑色碳渣等；TJ1 该层主要由 60% 左右的石块，石块最大尺寸达 700mm×300mm×300mm。该层厚度 0.45 ~ 0.53m，层底深度 0.87 ~ 0.95m，层底相对标高 501.52 ~ 501.57m。

灰砖（据了解为 1958 年以前的塔基座地面砖），方形，厚约 70mm、边长 340mm，TJ1 未见。

夯实填土$①_3$：黄褐色，硬塑 ~ 坚硬，中密 ~ 密实，稍湿。粉质黏土为主，混有少许瓦片、直径 30 ~ 50mm 的卵石，含植物根系、黑色碳渣，偶见个别直径约为 160mm 的石块。

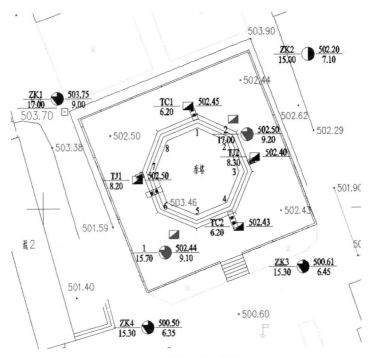

图 5.3　勘探点平面位置

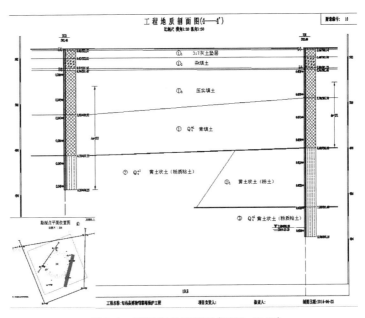

图 5.4　泰塔场地地质剖面（TC2~TJ2）

TJ2 的 1.5~1.7m 处卵石含量达 20% 左右。湿陷系数平均值 $\overline{\delta}_s$=0.018，湿陷性轻微，部分土样湿陷性中等。压缩系数平均值 $\overline{a}_{1-2}$=0.24MPa^{-1}，属中压缩性土，个别土样具高压缩性。压实系数平均值为 0.853。该层层厚 1.26~1.96m，层底深度 2.20~2.90m，层底相对标高

499.53~500.20m。

以上为塔基座内地面下至素填土①层顶面以上的土层分布。

素填土 Q_4^{ml} ①：黄褐色，硬塑，稍密，湿。以粉质黏土为主，含少许砖瓦碎块、黑碳渣，见植物根系、白色钙质条纹；塔基座勘探点该层含有少量卵石、泥岩块（最大直径达300mm），偶见针状孔隙、大孔隙；ZK4 的 1.7~3.6m 处为以砖瓦碎块为主的杂填土。湿陷系数平均值 $\overline{\delta}_s$=0.059，湿陷性中等，部分土样湿陷性强烈。压缩系数平均值 $\overline{a}_{1-2}$=0.72MPa^{-1}，属高压缩性土。该层层厚 1.80~4.90m，层底深度 3.20~4.90m，层底相对标高 497.20~499.00m。

黄土状土（粉质黏土）Q_4^{al} ②：褐黄~黄褐色，可塑，局部硬塑，稍密，稍湿~湿。土质较均匀，针状孔隙、大孔隙发育，见白色钙质条纹，偶见蜗牛壳，含砂粒，局部有黄土状土（粉土）②$_1$薄层或透镜体。湿陷系数平均值 $\overline{\delta}_s$=0.045，湿陷性中等。压缩系数平均值 $\overline{a}_{1-2}$=0.84MPa^{-1}，属高压缩性土。经判定为新近堆积黄土。该层层厚 2.20~4.80m，层底深度 5.50~7.50m，层底相对标高 494.31~496.25m。

黄土状土（粉质黏土）Q_4^{al} ③：褐黄~黄褐色，软塑，稍密，很湿~饱和。土质较均匀，见针状孔隙、白色钙质条纹及铁锰质斑点，偶见蜗牛壳、大孔隙，含砂粒，局部有黄土状土（粉土）③$_1$薄层或透镜体。不具湿陷性。压缩系数平均值 $\overline{a}_{1-2}$=0.72MPa^{-1}，属高压缩性土。经判定为新近堆积黄土。该层层厚 0.90~2.30m，层底深度 7.00~9.80m，层底相对标高 493.41~493.95m。

黄土状土（粉质黏土）Q_4^{al} ④：褐黄~棕褐色，可塑，中密，饱和。土质较均匀，含少量钙质结核、铁锰质条纹或斑点及砂粒。压缩系数平均值 $\overline{a}_{1-2}$=0.26MPa-1，属中压缩性土。该层层厚 3.10~4.20m，层底深度 11.20~12.90m，层底相对标高 489.30~490.85m。

黄土状土（粉质黏土）Q_4^{al} ⑤：褐黄~黄褐色，硬塑，密实，饱和。土质较均匀，含铁锰质条纹或斑点，见钙质结核、个别圆砾，夹有粉土薄层或透镜体。压缩系数平均值 $\overline{a}_{1-2}$=0.20MPa^{-1}，属中压缩性土。该层层厚 1.30~2.10m，层底深度 12.90~15.00m，层底相对标高 488.75~489.30m。

圆砾 Q_4^{al} ⑥：杂色，中密，饱和。磨圆度好，亚圆形，粒径处于 20~30mm 之间，中粗砂充填。实测重型动力触探试验修正击数平均值为 17 击。该层层厚 0.70~0.80m，层底深度 11.90~15.70m，层底相对标高 488.05~488.71m。

粉土 Q_4^{al} ⑦：灰黄色，可塑，密实，饱和。土质均匀，含铁少量粉砂颗粒，该层层底见圆砾薄层。压缩系数平均值 $\overline{a}_{1-2}$=0.15MPa^{-1}，属中压缩性土。勘察未钻穿此层，最大揭露厚度 3.40m，最大钻探深度 17.00m，最深钻至相对标高 485.20m。

各土层物理力学指标见表 5.2。

土层直剪试验结果见表 5.3。

表 5.2

地基土常规物理力学性质指标统计表

层号	值别	含水率 w %	重度 γ kN/m³	干重度 γ_d kN/m³	饱和度 S_r %	孔隙比 E	液限 w_L %	塑限 w_p %	塑性指数 I_p %	液性指数 I_L	湿陷系数 Δ_s	压缩系数 a_{0-1} MPa⁻¹	压缩模量 E_{s0-1} MPa	压缩系数 a_{1-2} MPa⁻¹	压缩模量 E_{s1-2} MPa	压缩模量 E_{s2-3} MPa	压缩模量 E_{s3-4} MPa	湿陷起始压力 kPa
①₃ 夯实黄土	最大值	19.1	18.6	16.0	64	1.048	30.0	18.3	11.7	0.15	0.045			0.65	15.9	19.4	21.8	300
	最小值	14.3	15.6	13.2	46	0.699	27.3	17.0	10.3	-0.26	0.004			0.11	3.2	3.6	3.8	87
	平均值	16.8	17.2	14.8	54	0.846	29.0	17.8	11.2	-0.10	0.018			0.24	10.7	11.8	15.2	231
	标准差	1.62	1.07	1.05	5.9	0.1364	0.93	0.45	0.48	0.139	0.0182			0.09	4.65	6.50		
	变异系数	0.10	0.06	0.07	0.11	0.16	0.03	0.03	0.04					0.52	0.44	0.55	4	
	统计频数	8	8	8	8	8	8	8	8	8	8			8	8	8	8	8
① 素填土	最大值	24.9	18.0	15.4	60	1.471	30.5	18.5	12.0	0.59	0.081	1.11	6.0	1.50	9.3	6.5	7.5	200
	最小值	16.0	13.7	11.0	42	0.757	28.6	17.6	11.0	-0.19	0.033	0.25	1.5	0.13	1.6	2.6	3.4	34
	平均值	20.2	15.5	12.9	50	1.110	29.8	18.2	11.6	0.18	0.059	0.66	3.5	0.72	3.9	3.8	4.7	76
	标准差	2.48	0.95	0.95	5.4	0.1489	0.54	0.26	0.28	0.219	0.0117	0.252	1.41	0.43	2.33	1.30		
	变异系数	0.12	0.06	0.07	0.11	0.13	0.02	0.01	0.02			0.38	0.41	0.60	0.60	0.34		
	统计频数	18	18	18	18	18	18	18	18	18	17	10	11	19	18	8		17
② 黄土状土（粉质黏土）	最大值	26.6	17.3	14.1	69	1.233	31.0	18.8	12.2	0.75	0.070	0.85	5.3	1.31	3.7	3.4	4	112
	最小值	16.4	14.8	12.2	40	0.929	27.0	16.8	10.2	-0.11	0.023	0.42	2.0	0.38	1.7	2.7	4.2	53
	平均值	20.9	15.8	13.0	53	1.084	29.3	18.0	11.3	0.25	0.045	0.60	3.5	0.84	2.5	3.1	4.2	74
	标准差	3.37	0.87	0.60	10.0	0.0941	1.29	0.62	0.67	0.286	0.0145	0.154	1.04	0.31	0.68	0.34		
	变异系数	0.16	0.06	0.05	0.19	0.09	0.04	0.03	0.06			0.26	0.29	0.37	0.27			
	统计频数	16	16	16	16	16	16	16	16	16	15	10	11	16	14	5	1	12

续表

层号	值别	含水率 w %	重度 γ kN/m³	干重度 γ_d kN/m³	饱和度 S_r %	孔隙比 E	液限 w_L %	塑限 w_P %	塑性指数 I_P %	液性指数 I_L	湿陷系数 Δ_s	压缩系数 a_{0-1} MPa⁻¹	压缩模量 E_{s0-1} MPa	压缩系数 a_{1-2} MPa⁻¹	压缩模量 E_{s1-2} MPa	压缩模量 E_{s2-3} MPa	压缩模量 E_{s3-4} MPa	湿陷起始压力 kPa
③黄土状土（粉质黏土）	最大值	30.1	19.2	14.9	95	1.082	32.0	19.3	12.7	0.97	0.013	0.95	3.1	1.12	4.4	5.4	6.7	300
	最小值	25.8	15.9	12.3	66	0.815	30.2	18.4	11.8	0.58	0.000	0.63	2.0	0.41	2.0	2.6	3.3	200
	平均值	28.7	17.6	13.7	80	0.966	30.9	18.7	12.2	0.82	0.006	0.79	2.6	0.72	3.0	3.8	4.7	280
	标准差	1.56	0.94	0.75	8.9	0.0836	0.59	0.30	0.29	0.133	0.0056	0.137	0.47	0.25	0.89			
	变异系数	0.05	0.05	0.05	0.11	0.09	0.02	0.02	0.02			0.17	0.18	0.34	0.29			
	统计频数	10	10	10	10	9	10	10	10	10	6	6	6	10	10			
④黄土状土（粉质黏土）	最大值	26.6	19.9	16.2	96	0.792	34.0	20.3	13.7	0.61		0.70	4.6	0.30	8.5	7.5		
	最小值	22.8	19.0	15.2	91	0.678	31.5	19.0	12.5	0.18		0.39	2.5	0.20	5.8	7.5		
	平均值	25.3	19.5	15.6	93	0.747	32.6	19.6	13.0	0.44		0.55	3.3	0.26	6.8	7.5	4	5
	标准差	1.31	0.29	0.32	1.7	0.0359	0.93	0.48	0.45	0.142		0.106	0.70	0.04	1.07			
	变异系数	0.05	0.01	0.02	0.02	0.05	0.03	0.02	0.03			0.19	0.21	0.15	0.16			
	统计频数	8	8	8	7	8	8	8	8	8		8	8	8	8			
⑤黄土状土（粉质黏土）	平均值	21.3	19.8	16.3	86	0.673	33.6	20.1	13.6	0.09		0.33	5.2	0.20	8.6	10.5		
	统计频数	2	2	2	2	2	2	2	2	2		2	2	2	2	2		
⑦粉土	平均值	21.9	20.1	16.5	92	0.642	25.0	16.1	8.9	0.64		0.26	6.6	0.15	11.6	15.3		
	统计频数	2	2	2	2	2	2	2	2	2		2	2	2	2	2		

直剪（固快）试验成果统计表   表 5.3

层号	粘聚力 c（kPa）								内摩擦角 φ（°）							
	最大值	最小值	平均值	标准差	变异系数	标准值	建议值	统计频数	最大值	最小值	平均值	标准差	变异系数	标准值	建议值	统计频数
①₃	37	25	31.0	4.72	0.15	27.8	26	8	26.6	23.8	25.2	0.94	0.04	24.6	24	8
①	30	20	23.0	3.46	0.15	20.4	20	7	25.6	22.5	23.8	1.06	0.04	23.1	23	8
②	26	16	22.0				20	5	28.0	23.8	25.5				24	5
②₁	36	24	28.0				26	3	27.8	24.7	26.3				25	3
③	33	23	27.3				23	4	23.1	19.6	21.6				20	4

5.2.3 塔基础及原地基处理

图 5.5 示 2006 年勘探西墙外探槽塔基剖面构造。可以看出，塔基大放台阶分两次完成。一般认为，图示⑤砌体系 1958 年维修所加，而⑥砌体则为原塔基构造。

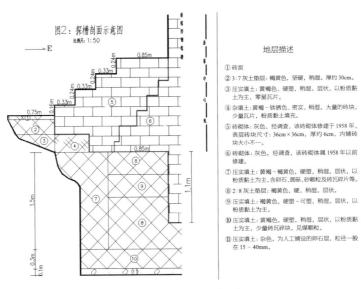

图 5.5 泰塔塔基构造示意

鉴于以下两点理由：1）图示⑥基础放脚一般位于塔砌体底部（标高 500.9 处），图示位置比较奇异；2）后期拆除⑤砌体台阶后显示，⑥基础放脚宽度在塔倾斜方向的东北侧及附近，明显大于其余方位。据此，作者推测：⑥基础放脚也应当为后人维修所加，其目的就在于校正塔基不均衡应力。具体施工时间不应太久，因为⑥砌体乃以混合砂浆砌筑。据此，作者认为，泰塔原本无基础放脚。

后期的施工揭露表明，塔体下约 26m×26m 地基经过处理，处理深度约 4.5~5.0m；其中外围约 6.0m 范围由素土夯筑而成；塔体正下方约 14m 范围内由黄土与卵石交替夯筑而成（图 5.6），一层黄土一层卵石，层厚约 100，卵石含量约占 20%~30%，卵石直径 20~150mm，个别 200mm 左右。塔体中心处卵石比较密集，其余范围分布相对稀疏；塔体正下方约 0.5m 范围夯土尚含少量灰烬。

图 5.6　泰塔地基构造（西侧塔内）

图 5.7　泰塔地基构造（东侧塔外）

5.2.4　地下水

2014 年 5 月勘察期间，实测地下水位埋深 6.35~9.00m，相对标高介于 494.15~495.10m，属潜水类型。与 2006 年 6 月对比，塔基座水位上升约 1.2m；塔基座外北部水位高于南部 0.6~1m。

按《岩土工程勘察规范》GB 50021—2001（2009 年版）有关规定判定，场地环境类型为Ⅲ类，地下水对混凝土结构具微腐蚀性，在干湿交替条件下，地下水中氯离子 Cl⁻ 对钢筋混凝土结构中的钢筋具弱腐蚀性。地基土对混凝土结构及钢筋混凝土结构中的钢筋均具微腐蚀性。

5.2.5　场地地震效应

根据场地地层情况，按《建筑抗震设计规范》GB 50011—2010 中有关规定，结合地区经验，该建筑场地类别可按Ⅲ类设防。场地抗震设防烈度为 6 度，设计基本地震加速度值为 0.05g，设计地震分组为第三组。特征周期为 0.65s。

场地可不考虑场地地基土的地震液化问题。

5.3　岩土工程评价

5.3.1　湿陷性评价

1）黄土场地的湿陷类型

根据勘察完成的自重湿陷性试验结果，按《湿陷性黄土地区建筑规范》GB 50025—2004 的有关规定计算所得的自重湿陷量计算值见表 5.4。

自重湿陷量的计算值及场地湿陷类型评价结果一览表　　表 5.4

勘探点号 \ 值别	计算起止深度（m）	自重湿陷量的计算值（mm）	湿陷类型
ZK1	2.50~8.00	155	自重
ZK2	3.20~6.10	82	自重
ZK3	1.50~2.50	36	非自重
ZK4	-	-	非自重
TC1	3.50~6.20	91	自重
TC2	4.70~6.20	40	非自重
TJ1	2.45~5.50	38	非自重
TJ2	-	-	非自重

根据场地及 2014 年勘察的具体情况，按《湿陷性黄土地区建筑规范》GB 50025—2004 的有关规定，该场地应按自重湿陷性黄土场地考虑。

2）黄土地基的湿陷等级

根据 2006 年及 2014 年勘察资料综合分析，按 ±0.00 相对标高 503.4m，基础埋深 2.5m 考虑，基底相对标高为 500.90m。湿陷量计算值从基底起算，累计至其下非湿陷性黄土层顶面止，计算所得湿陷量的计算值及由此判定的地基湿陷等级详见表 5.5。

湿陷量的计算值 Δ_s 及地基湿陷等级一览表　　　　　　　　　表 5.5

勘探点号	计算起讫深度（m）	湿陷量计算值 Δ_s（mm）	湿陷等级
TC1	1.60~6.20	379	Ⅱ（中等）
TC2	1.65~6.20	227	Ⅱ（中等）
TJ1	2.45~5.50	248	Ⅱ（中等）
TJ2	1.50~4.40	251	Ⅱ（中等）
ZK1	2.85~7.50	431	Ⅱ（中等）
ZK2	1.30~6.50	408	Ⅱ（中等）
ZK3	0.00~6.30	412	Ⅱ（中等）
ZK4	0.00~5.50	353	Ⅱ（中等）

按表 5.5 结果，综合考虑，塔基地基湿陷等级可定为 Ⅱ（中等）级。

5.3.2　地基土的承载力特征值及压缩（变形）模量

根据室内试验与原位测试结果，综合确定的除填土层外其余各层土的承载力特征值 f_{ak} 及压缩模量 E_s（变形模量 E_0）见表 5.6。

地基土承载力特征值及压缩（变形）模量建议表　　　　　　　　表 5.6

层号	土名	f_{ak} kPa	$E_{s1\text{-}2}$（E_0） MPa
①$_3$	夯实填土	150	5.0
①	素填土	110	3.0
②	黄土状土（粉质黏土）	120	2.5
③	黄土状土（粉质黏土）	130	3.0
④	黄土状土（粉质黏土）	150	5.5

续表

层号	土名	f_{ak} kPa	E_{s1-2}（E_0） MPa
⑤	黄土状土（粉质黏土）	170	7.0
⑥	圆砾	260	（26.0）
⑦	粉土	190	9.0

注：括号中为变形模量。

5.3.3 地基土均匀性评价

场地地貌单元属山前洪积扇，地基土从地面往下主要由填土、黄土状土（粉质黏土及粉土）、圆砾、粉土组成。

（1）纵向方面：①层素填土性质很差，具湿陷性和高压缩性；②层黄土状土（粉质黏土）属新近堆积黄土，夹有黄土状土（粉土）薄层或透镜体，具中等湿陷性、高压缩性，性质差，承载力低；③层黄土状土（粉质黏土）位于水位附近，饱和状态，属新近堆积黄土，夹有黄土状土（粉土）薄层或透镜体，具高压缩性，性质差，承载力较低；④层黄土状土（粉质黏土）土质均匀，性质较好，承载力一般；⑤层黄土状土（粉质黏土）夹有黄土状土（粉土）薄层或透镜体，部分勘探点缺失此层，性质较好，承载力较高；⑥层圆砾性质相对较好，承载力高，层厚小、部分勘探点缺失此层；⑦层粉土性质较好，承载力较高。

总体来看，①、②、③层地基土性质差，④~⑦层地基土较佳且工程性质逐渐增强。

（2）横向方面：②层、③层地基土夹有黄土状土（粉土）薄层或透镜体，⑤层、⑥层地基土部分区域缺失，层面埋深及土层厚度变化较大。

总体上看，该地基可视为不均匀地基。

5.3.4 桩基础设计参数

根据土工试验及原位测试结果，综合分析确定场地各层地基土钻孔灌注桩侧阻力特征值 q_{sia} 及桩端阻力特征值 q_{pa} 建议按表 5.7 采用。

桩的侧阻力、端阻力特征值建议值表（单位：kPa）　　　表 5.7

层名 层号 值别	夯实填土 ①₃	素填土 ①	黄土状土（粉质黏土）②	黄土状土（粉质黏土）③	黄土状土（粉质黏土）④	黄土状土（粉质黏土）⑤	圆砾 ⑥	粉土 ⑦
q_{sia}	35	-10	-10	20	35	45	70	
q_{pa}					300	600	900	330

5.4 塔体变形观测

5.4.1 沉降观测

泰塔多年倾斜,根据相关资料,有关方面自1983年起即对之进行观测。2008年"5·12地震"后,塔体倾斜有加速迹象,遂委托机械工业勘察设计研究院每2~3个月,定期对泰塔进行变形测量。表5.8为自2008年以来根据塔周边各测点沉降测量值推算的塔基中心点沉降量。图5.6为各观测点沉降曲线。表5.8及图5.6中观测点编号同图5.3。

塔基中心点沉降量计算结果表 表5.8

日期 (年、月、日)	2008				2009		2010				2011
	6.18	8.18	10.18	12.18	2.18	4.18	5.12	7.20	9.12	11.24	1.20
中心(mm)	0.00	0.28	−0.38	−1.41	−3.19	−2.30	−2.12	−1.74	−1.44	−1.00	−1.06

日期 (年、月、日)	2011			2012			2013				
	3.30	8.26	11.25	2.27	5.23	11.16	1.9	3.14	5.11	7.13	9.17
中心(mm)	−1.52	−0.39	0.97	1.69	0.86	1.38	0.55	−0.62	−1.03	−1.95	−2.37

日期 (年、月、日)	2013	2014									
	11.17	1.21	3.18	4.9	4.24	5.7	5.22	5.29	6.4	6.10	6.20
中心(mm)	−2.82	−5.16	−14.60	−15.73	−16.15	−15.27	−15.50	−17.25	−18.28	−18.41	−19.22

由图5.8可见:2008年6月18日至2014年6月20日,泰塔总体下沉(沉降观测8个点有6个为下沉)并倾斜;沉降最大值47mm。塔基中心点沉降约20mm,沉降速率约1.1mm/月,2014年1月21日~6月20日,塔基中心点沉降速率约3mm/月。

5.4.2 倾斜观测

表5.9为根据管理方提供的2008年5月22日之前的测量成果及由机械工业勘察设计研究院2008年5月22日~2014年6月20日进行的塔顶(避雷针与塔顶结合部中心)倾斜观测成果汇总情况。表中尚给出了后期部分监测结果。

从表中可知,泰塔最大倾斜速率发生于2014年10月19日,最大倾斜速率为27.44mm/d;泰塔最大倾斜值发生于2014年11月29日,最大倾斜值为3.013m;最大倾角为3.43°。

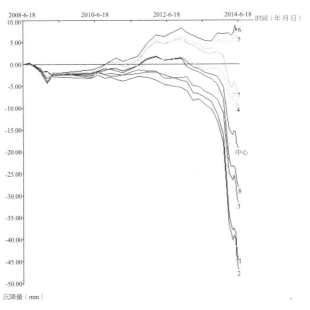

图 5.8 各观测点沉降曲线（中心点为计算所得）

	泰塔倾斜速率变化统计表			表 5.9
序号	观察时间	倾斜量（m）	倾斜速率（mm/d）	观察单位
1	1983/11/13	1.855		旬邑县建筑公司
2	1995/09/14	2.12		旬邑县中学
3	1996/4/21	1.937		陕西省古建设计研究所
4	2007/08	2.051		陕西省古建设计研究所
5	2008/5/22	2.275		机械工业勘察设计研究院
6	2008/05/22～2013/11/17	2.275～2.334	0.01mm/y	机械工业勘察设计研究院
7	2008/12/28～2013/11/17	2.276～2.334	0.1	机械工业勘察设计研究院
8	2014/01/22～2014/03/18	2.382～2.482	1.9	机械工业勘察设计研究院
9	2014/05/22～2014/08/14	2.484～2.537	0.7	机械工业勘察设计研究院
10	2014/08/14～2014/09/30	2.537～2.570	0.86	机械工业勘察设计研究院
11	2014/09/30～2014/10/08	2.570～2.599	3.6	机械工业勘察设计研究院
12	2014/10/08～2014/10/16	2.599～2.676	9.6	机械工业勘察设计研究院
13	2014/10/13～2014/10/16	2.638～2.676	12.67	机械工业勘察设计研究院
14	2014/10/18～2014/10/19	2.741～2.714	27.44	机械工业勘察设计研究院
15	2014/10/19～2014/10/20	2.747～2.767	19.68	机械工业勘察设计研究院
16	2014/11/28～2014/11/29	3.013～3.013	0.00	机械工业勘察设计研究院
17	2014/12/17～2014/12/18	2.951～2.954	3.00	机械工业勘察设计研究院
18	2015/01/02～2015/01/03	2.790～2.784	-6.00	机械工业勘察设计研究院

5.4.3　周围环境

紧邻塔基座东、西围墙、与塔体相距约7m，各有一条车行道路兼雨水下流通道，东侧道路由于车辆碾压下陷明显（见图5.9）。

图5.9　塔基东侧道路及上水井积水

塔基座北及西北住宅楼的上下水、暖气管沟尚由东侧道路处经过，经现场查看多有渗漏、积水。图5.9右图示上水井积水情况，此井距塔体东北侧约10m。

据了解，塔体北墙以北约30m有一地下化粪池，深约2m，面积约20m²，已废弃多年。塔基座西侧原学生食堂（2层砖混）与塔体相距约18m。据了解，与塔基座围墙东北角一路之隔的3层砖混办公楼距塔体距离约20m。

塔北侧约500m处为凤凰山南缘边坡，由于城市建设，边坡后面多年取土已形成面积约300m² 半开敞低洼场地，排水不是很通畅。

5.4.4　沉降倾斜原因分析

根据现场勘查分析，泰塔沉降倾斜主要有以下原因：

①塔基压力过大，经测算，泰塔基底（含垫层）压力较高（约560kPa），按现行规范，垫层底部压力远超过其下土层承载力标准值。此外东侧道路车辆流量较多、其动、静荷载及紧邻塔基座围墙东北侧的3层办公楼，对塔基座土层亦可提供一定的附加荷载。塔基压力过大，地基稳定性自然较差。

②塔下地基虽有约4.5m厚度的处理，但其下卧土层存在较厚新近堆积黄土，具高压缩性、中等湿陷性，且土性不均。水位附近的③层土层面距基础底面小于5.5m，呈软塑、高压缩状态。

③地下水水位上升且北高南低，与2006年对比，2014年勘察测得的塔基座水位上升约1.2m；塔基座外北部水位高于南部0.6~1m。地基土产生湿陷及压缩变形，出现不均匀沉降，

进而产生塔体倾斜。

④生活用水或环境雨水长期渗漏，1998 年维修时，东围墙基础即严重变形；2014 年经平行土样含水量对比计算发现，塔基座内东北部含水量普遍高于西南部约 10%，最高达 20% 以上；与 2006 年勘探点对比，亦呈增大趋势。含水量增大可使地基土产生湿陷，同时，使得容重、附加压力增大，地基土体产生压缩变形。

⑤2018 年 1 月 16 日，彬县公安部门破获一起特大盗掘古塔地宫案件，据悉：2013 年 10 月，泰塔曾被盗掘，盗洞即在塔东北方向。从时间节点及塔体倾斜方向的重合度看，泰塔加速倾斜应当与盗掘活动有一定关系！

综合分析推断：塔基压力过大，塔地基处理深度不够，是塔体产生整体沉降及倾斜的根本原因；人类活动致使地下水位上升，塔地基土体变软，承载力减小等应是塔体产生整体沉降及倾斜的外部原因；而塔体倾斜方向出现盗洞及塔体基础附近土层含水量不均等，则应是塔体整体沉降及倾斜实然加速的诱发因素。

5.5 控制泰塔险情

5.5.1 临时加固措施

鉴于泰塔塔体高大，倾斜度已达 5%、倾斜值超过 2.5m（2014 年 6 月 20 日），并且沉降、倾斜仍在继续，沉降、倾斜速率呈加大趋势，相关方面紧急呼吁：立即采取有效措施，拯救泰塔！

2014 年 8 月中旬，陕西省文物局在现场召开紧急协商会议，决定采取以下措施以期缓解倾斜速度（图 5.10 ~ 图 5.12）。

①继续加强对塔体倾斜变形的观测。

②调查塔体外围 30m 范围内上下水管沟排水情况，查明塔周地基可能水源。

③在塔基外围东侧、北侧及西侧做灰土墙体，墙体厚 1.5m，深度 3 ~ 4m，阻断塔周地

图 5.10 灰土墙体分层夯实

图 5.11 砂灰桩加固机械夯实（2014 年 9 月 25 日拍）

图 5.12　塔基外东北侧钻孔（2014 年 10 月 13 日拍）

表可能水源。

　　④塔体外围东侧和北侧地基用灰砂桩加固，灰砂桩配比为，砂子：白灰：水泥 = 4：4：2，以期通过降低倾斜一侧地基土含水率，提高土壤承载力来缓解倾斜速度，同时为后续可能实施的纠偏措施创造较好的前期条件。

　　⑤塔体外围西南侧适当堆压增加荷载，以期阻止塔持续倾斜。

　　其中措施①、②、③、④项内容基本落实，措施⑤未及实施。

5.5.2　险情突变

　　2014 年 10 月 8 日，例行监测表明，塔体向东北方向倾斜达 2.599m，较 8 天前（2014 年 9 月 30 日，倾斜 2.570m）倾斜量增加 29mm，日均倾斜量约 3.63mm/d，为 9 月 30 日前日均倾斜量的 4.2 倍，引起相关单位高度重视。

　　2014 年 10 月 13 日，测量显示塔体向东北方向倾斜 2.638m，较 2014 年 10 月 8 日测量值（2.599m）增加了约 39mm，日均倾斜量约 7.8mm/d。同时塔体的北面、东面，以及塔基西南侧的地面上的裂缝数量也显著增加（图 5.13）。一切迹象表明泰塔的倾斜变形仍在发展，而且在加速！

图 5.13　塔西侧及南侧台阶开裂（2014 年 10 月 13 日拍）

5.5.3 紧急排险

鉴于泰塔险情的急速发展，2014年10月13日设计单位邀请相关专家在现场勘察分析后决定，除了继续实施原有的灰砂桩等加固方案外，尚增加一些紧急排险措施，具体包括：

①加密塔体倾斜变形监测的频次，从10月17日起每天早、晚各测量一次。

②塔体周边未实施的灰砂桩配比适当调整，地面以下2.0m范围内灰砂桩配比不变（砂子：白灰：水泥＝4：4：2），2.0m以下至8.0m深度灰砂配比改为砂子：水泥＝1：1。

③对塔体各层尽快以环箍加固保护，以防止塔体因过度倾斜而在塔中轴面引起过大剪力而使塔体破裂（图5.14）。

④立即启动在塔体西南侧抽土迫降的方案，以寻求塔底应力的平衡，缓解塔体倾斜速度（图5.15）。

图5.14 塔壁环形加固

图5.15 抽土迫降

5.5.4 险情初步控制

2014年10月16日，例行测量显示塔体向东北方向倾斜2.676m，比较2014年10月13日倾斜量2.638m，3天时间增加了38mm，日均倾斜量约12.7mm/d，倾角变形速率达到24×10^{-5}/d。同时塔体的北面、东面，以及塔基西南侧的地面上的裂缝宽度和数量有更明显的发展。

2014年10月17日，抢险各方决定，在加快塔基西南侧抽土速度的同时，作为一种不得已措施，立即在塔体的东、北、东北侧三层位置做钢桁架支撑（图5.16）。2014年11月3日，三个钢桁架支撑完成施工。

2014年11月10日后，在上述各项抢险措施的综合作用下，泰塔倾斜速率终于有了减缓的迹象，监测倾斜速率约1～2mm/d，个别数据显示塔体尚有回倾迹象。截至2014年11月24日，塔倾斜量为3.013m，倾角3.43°。经过近一周的小数据波动调整，2014年11月29日以后，泰塔倾斜量终于逐步走向回落！

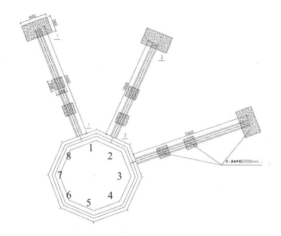

图 5.16　钢桁架支撑

考虑到泰塔塔体比较高大，塔基东北侧地基比较湿软，单纯依靠钢桁架支撑阻止塔向东北方向倾斜的努力不太现实，抢险人员对塔西南侧抽土的工作未敢稍有懈怠！至 2014 年 12 月 31 日，监测塔体倾斜 2.817m。从 2014 年 10 月 13 日抽土开始，经过抢险人员约 2.5 月的日夜鏖战，倾斜的泰塔就像一匹狂奔的烈马，终于停了下来，并开始掉头缓慢回倾，抢险工作遂告一段落。

5.6　塔体结构构造及力学状态分析

5.6.1　塔体结构构造

为了给前期的抢险及后期的塔体纠偏与加固提供必要的技术依据，对塔体进行了 62mm 孔取芯探查，芯径 48mm（图 5.17）。探查结果：塔体单壁中空，未见填土。58 年维修底层包砖厚度：西北侧 360mm，东北侧 430mm。一层塔体 1000mm 以内比较潮湿。

东北侧 950mm 深度
取芯断面

西北侧 1500mm 深度
芯样

东北侧 800mm 深度芯样

二层内 1260mm 深度芯样

图 5.17　塔体构造取芯探查

借鉴陕西既往倒塌或拆除宋塔结构分析，塔体全砖是可信的。值得指出的是，虽然塔体全砖砌筑，但依据既往倒塌或拆除宋塔案例看，由于塔砖件长期处于高应力状态，类似塔一旦倒塌或拆除，其砖件大多成粉碎状，不可再用，也就是说，塔一旦拆除，即不可再恢复！

5.6.2　塔体稳定性分析

1）根据《中国古代建筑的保护与维修》（齐英涛著），"砌体重心的垂直线偏出原垂心线的距离与砌体地面直径的比例依据，设底面直径 d，重心偏心距 L。$L=0.055d \sim 0.17d$，可以认为是安全状态。"[1]

对于泰塔，考虑基础埋深 2.00m，根据最新的激光三维扫描模型数据，以基础底面算起的塔高可取为 54.20m；依据有限元计算结果，从基础底面算起的塔重心高度为 20.15m；对于 2014 年 11 月 24 日上午 7：00 时倾斜数据，从现有地面算起的塔顶偏移量为 3.013，则塔重心相对于基底的偏移量为 1.163，有 $L/d=1.163/13=0.089$，约为 0.17 的 52%！

根据本书第 2 章关于古塔建筑稳定性评估的叙述，有

$$\gamma_1=0.558，\gamma_2=0.851，\gamma_3=0.90，[e]=0.167 \times 0.558 \times 0.851 \times 0.90=0.0714$$

---

❶ 祈英涛 . 中国古代建筑的保护与维修 [M]. 北京：文物出版社，1986.

可以看出，塔重心相对偏移量 $L/d=0.089$ 已超出其许可值。

2）根据《建筑地基基础设计规范》GB 50007—2011，表 5.3.4 建筑物的地基变形允许值规定，当高耸结构在 $20 < H_g \leqslant 50$ 范围时，其基础的倾斜应不大于 0.006。其中 H_g 为自室外地面起算的建筑物高度（m）；倾斜指基础倾斜方向两端点的沉降差与其距离的比值。

截至 2014 年 11 月 24 日上午 7：00 时，塔体东北角（2 号点）下沉 180.13mm，西南角（6 号点）下沉 4.09mm，差异沉降 184.22mm。其特征为东北角下沉，西南角抬升。2 号点与 6 号点距离为 13m，则泰塔基础的倾斜应为 184.22/13000=0.014 > 0.006，约为规范允许值的 233%！

考虑到泰塔由于建筑年代久远，塔体尚存在比较严重的自然破坏、结构衰老等多方面的病害威胁；1957 年虽然对塔体进行了比较精细的维修，但限于当时的技术水平与认识，塔体外包砌体事实上很难与核心部位砌体协同承力工作；特别是考虑到泰塔塔体高大，塔地基隐患并未彻底消除，塔体倾斜变形尚在发展中（建筑物发生变形并不可怕，怕的是变形尚在发展，且不收敛）等因素，可以做出结论：泰塔事实上已处于非常危险状态！

5.6.3 塔体现状力学状态分析

1）倾斜无支撑

第 2 章已经述及，古塔建筑的坍塌可归之于上部结构或地基材料的抗剪强度不足所致。为了对塔体及地基在各种倾斜工况下的力学状态有一个比较清晰的掌控，运用 ANSYS 软件包对泰塔考虑塔与地基共同作用，分别赋予模型以初始倾斜角度 3°、3.5°、4.0° 及 4.5° 等状态进行了有限元分析。表 5.10 给出计算模型的相关参数，其中部分参数依据泰塔动测结果反算求出，图 5.18 给出计算模型及塔体初始倾斜 3.0° 时的有限元分析结果。根据以往经验，以上计算中，地基弹模取值偏小，故位移计算值偏大，塔体应力计算值也偏大，地基应力计算值应当偏小。在工程实践中，为要取得较好的计算结果，可将塔下压力核范围的土体弹模取压力核范围以外相应值的 4 ~ 6 倍。❶

塔体及主要持力层材料基本物理 - 力学参数 　　　　　　　　表 5.10

	弹性模量 E（Pa）	泊松比 v	密度（kg/m³）
塔体	2E9	0.2	1800
地基土 1	5E6	0.3	1800
地基土 2	3E6	0.3	1800
地基土 3（水位）	2.5E6	0.3	1600
地基土 4	3E6	0.3	1800

❶ 范冠先. 考虑上部结构与地基共同作用泰塔稳定性分析 [D]. 西安建筑科技大学硕士学位论文，2016.

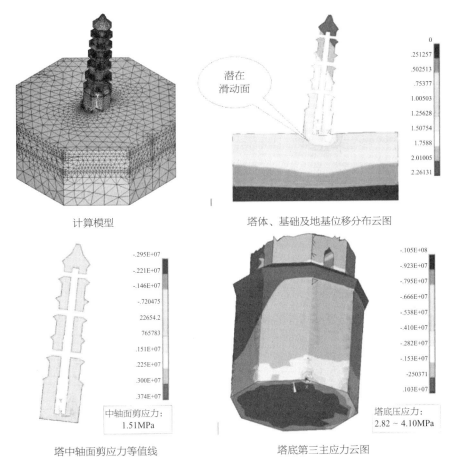

计算模型 · 塔体、基础及地基位移分布云图

中轴面剪应力：
1.51MPa

塔中轴面剪应力等值线

塔底压应力：
2.82 ~ 4.10MPa

塔底第三主应力云图

图 5.18 泰塔有限元分析

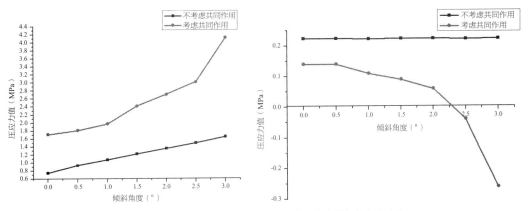

图 5.19 塔底水平截面竖向最大及最小压应力随初始角度变化

　　由于诸多参数取值的不确定性，有限元分析结果也存在一定的差异性，但在尽可能严谨地取舍计算参数的前提下，其计算结果还是可以为工程技术人员提供非常重要的参考依据。根据以上分析结果可以看出，塔体在初始倾斜 3.0° 时（考虑塔体弹性变形后倾角约 3.6°），

塔体及地基的相关控制应力已足够大了。这说明，对于泰塔这样的高大塔体，当地基湿软而致塔体倾斜变形发展时，抢救的时机（观测偏移角）不宜在 3.0° 以后！这也从另一方面上说明了前节所述塔体稳定性实用判别方法的可行性。图 5.19 给出塔底最大及最小竖向压应力随初始倾斜角度的变化。

2）倾斜支撑

倾斜泰塔以钢桁架支撑后，其力学状态会有所变化。比较精细的分析仍需依赖于有限元数值方法。考虑到分析模型涉及塔体、钢支撑及塔下地基，无论建模及参数设定均存在较大难度，下面依图 5.20 所示简化模型重点，就钢桁架支撑承载力（稳定性）做粗略估算！

依据现行《钢结构设计规范》GB 50017—2003 第 5.1.3 款要求，格构式轴心受压构件的稳定性应按下式计算

$$\frac{N}{\phi A} \leq f$$

其中，φ 为稳定系数，可按构件的换算长细比计算。依据 GB 50017—2003，对于四肢组合构件，当缀件为缀条时

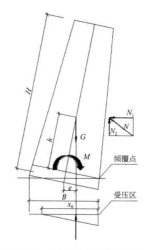

图 5.20　钢桁架支撑简化模型

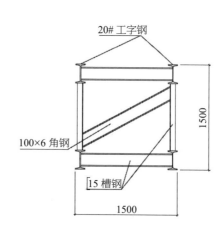

图 5.21　钢支撑断面

$$\lambda_{0x} = \sqrt{\lambda_x^2 + 40\frac{A}{A_{1x}}}$$

其中 λ_x—整个构件对 x 轴的长细比；

A_{1x}—构件截面中垂直于 x 轴的各斜缀条毛截面面积之和。

对于泰塔钢支撑，如图 5.21 示，钢桁架格构式断面的边长为 1500mm，$A_1 = 35.55\text{cm}$，$A = 35.55 \times 4 = 142.2\text{cm}^2$，$I_1 = 2369\text{cm}^4$，$I = (2369 + 65^2 \times 35.55) \times 4 = 152567.75 \times 4\text{cm}^4$，则

$$i = \sqrt{\frac{I}{A}} = \sqrt{\frac{152567.75 \times 4}{35.55 \times 4}} = 65.51 \text{cm}$$

假定钢桁架与地面的夹角 $\theta = 45°$，钢桁架的支撑长度为

$$l = h/\sin 45° = 20.15/\sin 45° = 28.50 \text{m}$$

$$\lambda_x = l/i = 28.50 \times 10^2/65.51 = 43.50$$

$$\lambda_{0x} = \sqrt{\lambda_x^2 + 40\frac{A}{A_{1x}}} = \sqrt{43.50^2 + 40 \times \frac{142.2}{11.93 \times 2}} = 46.15$$

b 类截面，Q235 钢材，有 $\varphi = 0.873$。

泰塔以钢桁架支撑后，考虑图 5.20 所示简化分析模型。塔倾斜产生的倾覆力矩为

$$M = G \cdot e$$

假设钢桁架支撑提供的水平力 N_1 刚好可以抵消倾覆力矩 M，则

$$N_1 \cdot h = G \cdot e$$

代入 2014 年 11 月 24 日上午 7：00 时塔倾斜数据，则

$$N_1 = G \cdot e/h = 60000 \times 1.163/20.15 = 3463 \text{kN}$$

这个压力是相当大的！假定塔体倾斜主方向钢架承担的水平压力 N_{11} 占总水平压力的 1/2，则

$$N_{11} = 3364/2 = 1731.5 \text{kN}$$

则倾斜主方向钢桁架轴向压力应当为

$$N = N_{11}/\cos 45° = 1731.5/\cos 45° = 2449 \text{kN}$$

考虑 1.2 风载等变异系数，钢桁架稳定性可验算如下

$$\frac{N}{\phi A} = \frac{1.2 \times 2449 \times 10^3}{0.873 \times 35.55 \times 4 \times 10^2} = 236 \text{N/mm}^2 > f = 215 \text{N/mm}^2$$

可以看出，按轴心受压考虑的钢支撑其稳定性是比较紧张的，考虑可能的侧向弯矩等因素影响，可以认为钢支撑的稳定性是难以满足要求的！事实上，钢支撑的基础构造也不足以提供足够的轴向反力，塔表面支撑处也难以承担比较大的侧向局部压力。因此，对于诸如泰塔这类的高大型塔，单纯地依靠钢支撑遏制塔体的继续倾斜是不现实的，比较可行可靠的抢救措施，还有赖于适时地实施抽土或其他更有效的纠偏措施，以减缓塔底不均衡应力的梯度。

3）纠偏过程的应力状态

倾斜严重的古塔建筑以"抽土"方法对之实施纠偏时，塔底应力会趋于更加不均衡，抽土侧由于土质变得比较疏松，压应力会变小甚至趋于零，非抽土侧由于受压面积变小压应力会大幅增加。这种应力边界条件的变化，不仅会导致塔体进一步沉降，也会引起塔体应力状态的变化：①塔中轴面剪应力增加；②塔底受压侧（非抽土侧）压应力增加。这两种变化均有可能导致塔体破坏，唯此，对塔底的适时适度的有效加固是非常必要的！

5.7 泰塔纠偏与地基加固

泰塔抢险纠偏的思路与万寿寺塔基本类同，唯塔底压应力更大，稳定性更差，故具体纠偏措施应更慎重选择。

5.7.1 结构预加固

针对前述泰塔应力分析结果及泰塔的具体构造，参照既往砖石古塔建筑倒塌的模式，遵循尽可能不产生永久性"干预"及保持泰塔既有"现状"的原则，分阶段对塔体及基础实施了加固（图 5.22、图 5.23）。加固的目的同样集中于两点：提高塔体防破裂的中轴面抗剪能力；②加强底部塔体的整体性及抗压能力。

图 5.22　塔体预加固

加固措施依施工的先后顺序主要包括：①塔各层平座下的直径 16mm 钢绞线箍；②塔体一层上部及二层、四层的碳纤维箍；③塔体一层下部的多道直径 16mm 钢绞线箍（图 5.22）；④塔底部的两道混凝土圈梁（图 5.23）。其中塔底部圈梁分段施工于纠偏至塔体倾斜量为 1.70m 时。

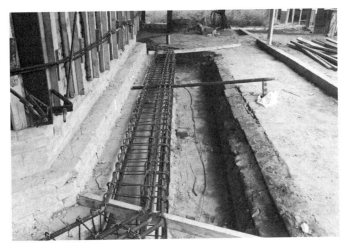

图 5.23 基础圈梁

5.7.2 抽土纠偏

1998～2001 年比萨斜塔纠偏是在地面以 41 台钻机同时抽土（图 5.24）。[1] 泰塔工程受条件限制，抽土在塔体侧边操作坑中进行，采用 1 台螺旋钻机"跳钻"抽土。毫无疑问，这里对于塔地基稳定性应有比较准确的评估，对于抽土孔位置及顺序应根据塔体耐受不均匀应力的能力进行合理的设计！这一环节一般需经过严密的模拟计算，并结合既往的工程经验综合分析确定。考虑到泰塔塔体高大，地基土质湿软及地基压应力严重"超标"的客观事实，在确保施工过程中操作人员及文物本体安全的前提下，兼顾施工的便捷性，泰塔抢险纠偏的操作导坑及抽土孔布置如图 5.25 所示。

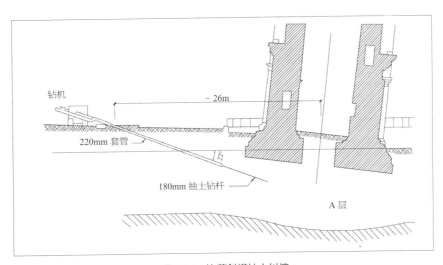

图 5.24 比萨斜塔抽土纠偏

---

[1] [英]David M. Potts Lidijia Zdravkovic. 岩土工程有限元：应用 [M]. 周建等译. 北京：科学出版社，2010.

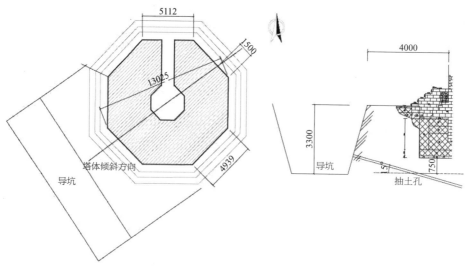

图 5.25　操作导坑及抽土孔布置

　　泰塔抽土纠偏单项内容自 2014 年 10 月 13 日始，断断续续，至 2016 年 7 月 18 日终止，历时 21 月余。塔体倾斜量从 2014 年 8 月 14 日的 2.537m，到 2014 年 11 月 29 日的最大倾斜量 3.013 m，历时 45 天，是为泰塔的抢险阶段。鉴于塔体稳定性较差，抽土工作未敢稍有懈怠，持续至 2015 年 7 月 20 日，塔体倾斜 1.91m，塔体基本趋于稳定，是为泰塔抽土纠偏第一阶段。为防止持续纠偏可能在塔体中产生较大的调整应力而致塔体破坏，此后开始塔体及基础加固，至 9 月 20 日预加固工作结束。尔后抽土工作时断时续，至 2016 年 7 月 18 日，塔体倾斜 0.945m，倾斜矫正 2.068m，占最大倾斜量 68.64%，抽土工作停止，是为泰塔抽土纠偏第二阶段。嗣后观测 2 周，为下一阶段的基础托换与地基加固做准备。图 5.26 示泰塔纠偏过程塔体倾斜时程曲线。

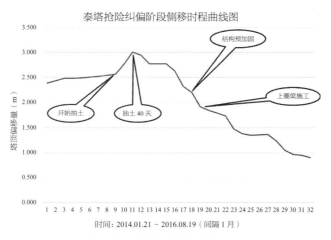

图 5.26 泰塔纠偏倾斜变位曲线

5.7.3 基础托换

泰塔塔体高大，地基稳定性较差。2016 年春节休工期间，监测表明，塔体在残余偏移量为 1.348m 时，依然存在往既有倾斜方向偏移的趋势。为彻底消除隐患，对泰塔地基进行适当加固是必要的。

从有效性考虑，加固方案应优先选用静压托换桩，而实施静压桩的前提条件是通过托换手段在塔下构筑一整体性较好，可以均衡扩散桩基反力的塔体基础（此前塔体纠偏过程于塔体底部所做两道圈梁主要为塔体纠偏而为）。鉴于泰塔的特殊情况，基础托换的核心问题仍然是保证塔体及地基的稳定性。为减少施工风险，施工现场优先考虑采用钢管砂浆体筏式基础托换。

依据构思，筏形基础由四排互相垂直的水平钢管作为筋材，采用 M30 砂浆灌注而成。具体做法为：在现状塔基下 100mm 深度位置，自西南向东北沿倾斜方向水平钻孔，孔径 150mm，孔内安装 $\Phi89 \times 6$ 钢管，采用 M30 砂浆对钻孔和钢管注浆填充；水平钻孔中心距为 350mm；此后紧贴此排钢管的下壁垂直方向再设置一排钢管，钻孔直径、钢管制安、注浆填充等与上排钢管相同。如此便形成了筏形基础的上部两排钢管，在筏形基础的下部同样设置两排互相垂直的钢管，上部最上层钢管与下部最下层钢管的垂直距离为 0.8m。在完成整个筏形基础的钢管布设之后，对塔体外侧及内侧筏型基础采用 C30 钢筋混凝土环形梁现浇加固，从而在塔下形成厚度为 0.92m 的钢筋混凝土筏形基础。

具体实施过程发现，采用钢管砂浆体方案遇到两点比较难以克服的困难：①塔底部 0.5m 以下地基土含石量较大，成孔遇到较大困难；②虽然入孔侧严格控制孔位及成孔方向，出孔侧孔位仍会有较大偏差。鉴于此，在施工完第一排钢管砂浆体以后，其下改用放射状混凝土梁托换方案。图 5.27 给出混凝土托换梁布置方案。

　　混凝土托换梁施工借助于其上钢管砂浆体形成的棚护效果采用人工挖掘成孔，然后放入钢筋骨架，利用泵送浇筑混凝土。施工从西南侧开始，包括放射梁外侧圈梁（下圈梁），对称从东西两侧向东北方向合围，最后完成内侧圈梁施工。如事前预料，施工过程中，塔体略有下沉（下沉量 82.40mm），西南侧施工塔向西南侧微倾，随着施工位置逐渐移向东北侧，塔体又向既倾方向倾斜。施工中，为防不测事件发生，不仅对施工的顺序、速度等因素进行了慎重的选择，也制定了相应的预案。

　　基础托换从 2016 年 7 月 18 日始，2016 年 12 月 20 日，全部放射梁及外圈梁施工完成，中间春节休工 57 天，2017 年 2 月 15 日施工内圈梁，3 月 5 日内圈梁合拢，前后历约 8 月。图 5.28 给出基础托换期间塔倾斜走势，可以看出，至基础托换完成时，塔体稳定性依然不容乐观。图 5.29 给出基础托换梁施工部分实录照片。

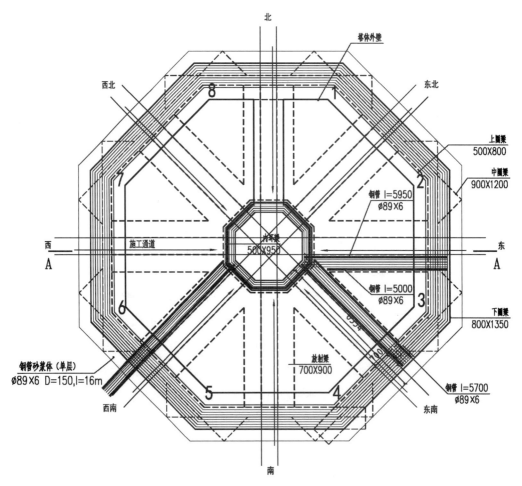

图 5.27　基础托换梁布置方案

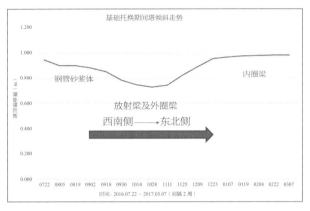

图 5.28　基础托换期间塔倾斜走势

图 5.29　基础托换梁施工实录

5.7.4　静压桩地基加固及塔体迫降校正

相对于基础托换的惊险环节，静压桩地基加固可控性相对要好一些。桩位布置如图 5.30 所示，桩采用 D219×6 无缝钢管，每放射梁布置 6 桩，每施工通道口布置 1 桩，内环梁每角点布置 1 桩，外环梁每角点布 5 桩，计 184 桩。每放射梁桩位 3~4 桩 1 组，编 2 组，外侧为第 1 组，内侧为第 2 组。为叙述方便，放射梁桩位依所在施工通道号及所在内外位置编号，如 1-1 表示施工通道号 1 部位的第 1 组桩，3-2 表示施工通道号 3 部位的第 2 组桩。

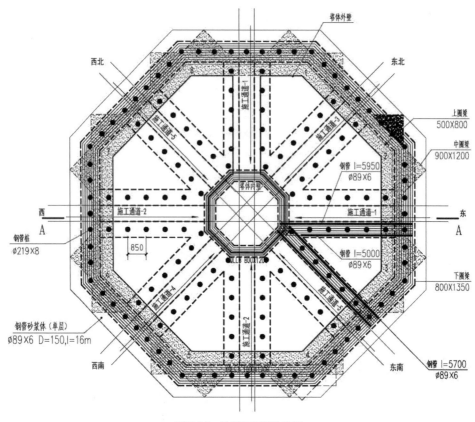

图 5.30　地基加固桩位布置

确定桩位施工顺序的总体思路是：①绝对保证塔体稳定；②控制塔向东北方向的回倾变形；③结合压桩适当将塔体倾斜"迫降"矫正。经过慎重比选及试压，压桩从北侧及东侧开始，间隔推进，逐渐向西南侧包围。先放射梁桩位施工，后外环梁桩位施工；放射梁桩位施工，先外侧后内侧。东北侧3通道桩压桩到位后，及时托换；西南侧3通道桩压桩到位后，适当滞后托换。每组桩压桩到位后，桩未进入土层的外露部分两侧每300以$\phi89\times5$钢管或∟40×5角钢焊接拉结，桩间及桩周及时以C25混凝土浇灌密实，不再使用的施工通道亦及时以C25混凝土浇灌密实，确保钢桩的局部稳定及塔地基的整体稳定。

单桩极限承载力，东北侧取$600\sim650$kN，西南侧取$650\sim700$kN，中间基本以线性变化布局。桩压至极限承载力后，桩内以C25混凝土充填。

实际压桩顺序：1-1，2-1；1-2，3-1，4-1；3-2，2-2；4-2，5-1，5-2（图5.31）。外环梁桩位同样从东北侧始，对称向西南侧合围，连接构造同前。2017年3月6日开始在塔下布桩，2017年8月10日塔下所有桩体施工完成，桩周空间充填密实，泰塔纠偏与地基加固的核心工作是为结束。2017年10月26日以后监测数据显示泰塔倾斜量基本定格在$0.614\sim0.615$m之间，趋于稳定。图5.32为静压桩施工期间塔体倾斜走势，图5.33、图5.34给出静压桩施工部分实录。

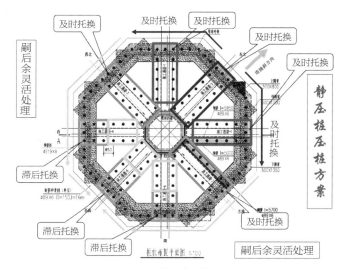

图 5.31 静压桩压桩方案

图 5.32 静压桩施工期间塔倾斜走势

压桩

桩间连接

图 5.33 地基加固压桩实录

图 5.34　西南侧压桩滞后托换

　　泰塔纠偏抢险工程在整个纠偏及托换与地基加固过程中,由于塔体过于高重,任何塔体微小的变动都会引起塔周地面的变化,难以在塔周构造比较稳定的监测参考点,故监测项目主要依赖机械工业勘察设计研究院在施工现场以外实施,现场百分表读数及每天两次水准仪监测仅作为施工参考,塔体各关键部位的裂缝变化情况由现场施工人员巡回检查记录。附表 5.1 给出泰塔施工前及施工期间的变形监测数据,供对本课题有兴趣的同仁做更深入研究之用。

5.7.5　纠偏与加固效果

　　泰塔纠偏与地基加固工作完成后,对塔体进行了适当维修,对塔院及周边环境进行了适当整治。图 5.35 给出泰塔在整个抢险纠偏与加固过程侧移时程曲线,图 5.36 给出泰塔纠偏前后形象比较。表 5.11 给出泰塔抢险加固工程特征事件记录。

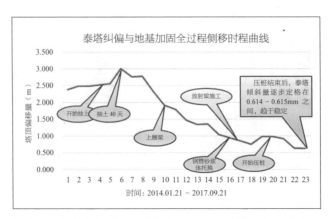

图 5.35　2014 年 9 月~2017 年 9 月泰塔工程全过程侧移时程曲线

| 2014 年 6 月 25 日 | 2017 年 10 月 6 日 |

图 5.36 泰塔纠偏后效果

旬邑泰塔抢险加固工程特征事件记录　　　　　　　　　　表 5.11

日期	特征事件	偏移量 （m）	偏移速率 （mm/d）	备注
2014.08.20	施工单位进场	2.542	1.20	
2014.10.13	监测塔体变形加速，增加排险措施，启动抽土方案	2.638	7.80	塔体北东面，及塔基西南侧地面裂缝数量显著增加
2014.10.17	险情继续恶化，做钢桁架支撑	2.689	12.67	
2014.10.19	倾斜速率最大	2.741	27.44	塔体倾斜速率开始减缓
2014.11.29	塔体倾斜达最大值	3.013	2.00	抽土45天，经过若干次反复，塔体开始回倾
2015.07.20	开始塔体预加固	1.910		
2015.08.04～8.15	做上层圈梁	1.881		一次成型
2015.08.19～9.20	做中层圈梁	1.844		分段成型，做完继续抽土
2016.07.18～8.26	基础托换，钢管砂浆体施工	0.945		孔径150，钢管89×6，@350，长16m，计44根
2016.08.28～12.20	基础托换，放射混凝土梁及底层外圈梁	0.906		由西南面向东北面轴向对称进行
2016.11.05	放射混凝土梁越过塔重心，塔体再次向东北方向倾斜	0.742		
2016.11.18	3-2，8-1 段第 1 梁同时施工，回倾速率较大	0.749	4.25	施工梁浇筑混凝土后塔回倾减缓
2016.12.20～2017.02.15	春节休工			
2017.02.15～03.05	基础托换塔内圈梁	0，980		

续表

日期	特征事件	偏移量（m）	偏移速率（mm/d）	备注
2017.03.08～08.31	地基加固塔下压桩	0.618		利用西南侧桩滞后托换，成功实现迫降补充矫正
2017.09.01	基坑回填塔周场地加固			塔体趋于稳定
2017.10.26	塔院整修及塔顶防水维修	0.614		

注：2014年10月13日塔体骤然加速倾斜，平均每天倾斜量达到13mm；其中17日12小时内倾斜10mm；24小时内偏移27mm。

5.8 几点体会

泰塔抢险工程自2014年8月至2017年9月历3年余。回顾整个工程过程可用四个字描述：步步惊心！泰塔抢险工程的技术难度及风险程度在国内外的塔类建筑纠偏工程中是空前的！

相对于眉县净光寺塔与西安万寿寺塔，泰塔抢险工程的突出特点是：①塔体高大，地基压应力大；②塔体倾斜变形在发展中，且有加速趋势。故而在纠偏、预加固、托换及地基加固各施工环节，防止塔地基失稳，维持塔地基的稳定乃本工程之核心问题。有如下体会与建议：

（1）2014年8月13日正式决定泰塔实施实质性纠偏抢救，斯时实测倾角2.92°。后来的工程实践及理论分析均表明，对泰塔下决心采取实质性纠偏措施是适时的。事实上，类如泰塔的高大塔体，当实测倾斜角度接近3°，且处在变形状态时，即已处于非常危险状态，可认定处于稳定性极限状态。

（2）泰塔抢险成功的案例说明，对类如泰塔的高大塔体，至少在黄土地区，以塔下抽土的方式实施纠偏是可行的。

（3）对类如泰塔的高大塔体，如情况危急，采用类似的钢架支撑作为辅助性措施是可行的，但仅可作为辅助措施，其他纠偏措施不可稍有懈怠！

（4）对类如泰塔的高大塔体实施纠偏，确保地基的稳定性乃核心之核心问题，必须贯穿于整个工程的始末。抽土位置宜尽可能靠近塔底，以在塔基下1.0m左右为宜。

（5）对类如泰塔的高大塔体，如果地基必须以静压桩加固，可采用对部分桩滞后托换并迫降的方法对塔体实施辅助纠偏，不宜采用顶升纠偏法。

泰塔（旬邑宝塔）倾斜观测成果表　　　　　附表5.1

次数	观测日期	倾斜分量		倾斜分量本次变化量		倾斜分量累积变化量		倾斜度	倾斜方向（北偏东）°′″	倾斜量（m）
		纵向（m）	横向（m）	纵向（mm）	横向（mm）	纵向（mm）	横向（mm）	（‰）		
1	底部中心坐标	157.185	245.948							
	2008/5/22	2.018	1.050					45	27 29 19	2.275
2	2008/6/18	2.014	1.047	−4	−3	−4	−3	45	27 28 05	2.270
3	2008/8/18	2.011	1.049	−3	2	−7	−1	45	27 32 53	2.268
4	2008/10/18	2.018	1.048	7	−1	0	−2	45	27 26 39	2.274
5	2008/12/18	2.020	1.048	2	0	2	−2	45	27 25 15	2.276
6	2009/2/18	2.027	1.046	7	−2	9	−4	45	27 17 43	2.281
7	2009/4/18	2.030	1.042	3	−4	12	−8	45	27 10 17	2.282
8	2010/5/12	2.020	1.051	−10	9	2	1	45	27 29 16	2.277
9	2010/7/20	2.026	1.044	6	−7	8	−6	45	27 15 44	2.279
10	2010/9/21	2.029	1.041	3	−3	11	−9	45	27 09 38	2.281
11	2010/11/24	2.022	1.052	−7	11	4	2	45	27 29 13	2.279
12	2011/1/20	2.025	1.049	3	−3	7	−1	45	27 23 07	2.281
13	2011/3/30	2.026	1.043	1	-6	8	−7	45	27 14 23	2.279
14	2011/8/26	2.030	1.049	5	6	12	−1	45	27 19 39	2.285
15	2011/11/25	2.035	1.064	5	15	17	14	45	27 36 10	2.296
16	2012/2/27	2.037	1.067	2	3	19	17	46	27 38 46	2.300
17	2012/5/23	2.041	1.069	4	2	23	19	46	27 38 38	2.304
18	2012/11/16	2.046	1.074	5	5	28	24	46	27 41 46	2.311
19	2013/1/9	2.045	1.070	−1	−4	27	20	46	27 37 11	2.308
20	2013/3/14	2.045	1.074	0	4	27	24	46	27 42 28	2.310
21	2013/5/11	2.056	1.082	11	8	38	32	46	27 45 22	2.323
22	2013/7/13	2.060	1.083	4	1	42	33	46	27 43 56	2.327
23	2013/9/17	2.064	1.080	4	−3	46	30	46	27 37 16	2.330
24	2013/11/17	2.067	1.083	3	3	49	33	46	27 39 08	2.334
25	2014/1/21	2.106	1.112	39	29	88	62	47	27 50 05	2.382
26	2014/3/18	2.201	1.147	95	35	183	97	49	27 31 31	2.482
27	2014/4/9	2.196	1.148	−5	1	178	98	49	27 35 57	2.478
28	2014/4/24	2.201	1.149	5	1	183	99	49	27 33 58	2.483
29	2014/5/7	2.199	1.147	−2	−2	181	97	49	27 32 48	2.480
30	2014/5/22	2.204	1.146	5	−1	186	96	49	27 28 22	2.484
31	2014/5/29	2.211	1.143	7	−3	193	93	50	27 20 14	2.488

次数	观测日期	倾斜分量		倾斜分量本次变化量		倾斜分量累积变化量		倾斜度（‰）	倾斜方向（北偏东）°′″	倾斜量（m）
		纵向（m）	横向（m）	纵向（mm）	横向（mm）	纵向（mm）	横向（mm）			
32	2014/6/4	2.215	1.145	4	2	197	95	50	27 20 09	2.493
33	2014/6/10	2.217	1.145	2	0	199	95	50	27 18 53	2.495
34	2014/6/20	2.222	1.144	5	−1	204	94	50	27 14 30	2.499
35	2014/6/30	2.228	1.142	6	−2	210	92	50	27 08 18	2.503
36	2014/7/15	2.237	1.151	9	9	219	101	50	27 13 38	2.516
37	2014/7/20	2.239	1.155	2	4	221	105	50	27 17 14	2.519
38	2014/7/25	2.243	1.156	4	1	225	106	50	27 15 57	2.523
39	2014/7/30	2.245	1.155	2	−1	227	105	50	27 13 29	2.525
40	2014/8/4	2.248	1.160	3	5	230	110	50	27 17 40	2.530
41	2014/8/9	2.248	1.164	0	4	230	114	50	27 22 29	2.531
42	2014/8/14	2.253	1.167	5	3	235	117	51	27 22 59	2.537
43	2014/8/19	2.257	1.169	4	2	239	119	51	27 22 54	2.542
44	2014/8/24	2.260	1.170	3	1	242	120	51	27 22 14	2.544
45	2014/8/29	2.264	1.171	4	1	246	121	51	27 20 57	2.549
46	2014/9/3	2.268	1.171	4	0	250	121	51	27 18 29	2.552
47	2014/9/9	2.268	1.172	0	1	250	122	51	27 19 40	2.553
48	2014/9/15	2.273	1.174	5	2	255	124	51	27 18 59	2.558
49	2014/9/22	2.277	1.178	4	4	259	128	51	27 21 17	2.564
50	2014/9/30	2.282	1.182	5	4	264	132	51	27 22 58	2.570
51	2014/10/8	2.310	1.192	28	10	292	142	52	27 17 40	2.599
52	2014/10/13	2.347	1.205	37	13	329	155	53	27 10 37	2.638
53	2014/10/16	2.383	1.217	36	12	365	167	53	27 03 12	2.676
54	2014/10/17 8：00	2.396	1.221	13	4	378	171	54	27 00 12	2.689
55	2014/10/17 17：00	2.406	1.223	10	2	388	173	54	26 56 41	2.699
56	2014/10/18 8：00	2.420	1.228	14	5	402	178	54	26 54 18	2.714
57	2014/10/18 16：30	2.432	1.231	12	3	414	181	54	26 50 49	2.726
58	2014/10/19 8：00	2.447	1.236	15	5	429	186	55	26 47 55	2.741
59	2014/10/19 17：00	2.452	1.239	5	3	434	189	55	26 48 27	2.747
60	2014/10/20 8：00	2.463	1.245	11	6	445	195	55	26 48 57	2.760
61	2014/10/20 17：00	2.469	1.249	6	4	451	199	55	26 50 01	2.767
62	2014/10/21 8：00	2.482	1.254	13	5	464	204	55	26 48 17	2.781
63	2014/10/21 17：00	2.487	1.258	5	4	469	208	56	26 49 54	2.787

续表

次数	观测日期	倾斜分量		倾斜分量本次变化量		倾斜分量累积变化量		倾斜度	倾斜方向（北偏东）	倾斜量
		纵向（m）	横向（m）	纵向（mm）	横向（mm）	纵向（mm）	横向（mm）	（‰）	°′″	（m）
64	2014/10/22 8：00	2.495	1.261	8	3	477	211	56	26 48 45	2.796
65	2014/10/22 18：00	2.501	1.263	6	2	483	213	56	26 47 37	2.802
66	2014/10/23 6：30	2.510	1.268	9	5	492	218	56	26 48 07	2.812
67	2014/10/23 18：00	2.515	1.272	5	4	497	222	56	26 49 43	2.818
68	2014/10/24 6：30	2.523	1.277	8	5	505	227	56	26 50 45	2.828
69	2014/10/24 18：00	2.530	1.280	7	3	512	230	57	26 50 10	2.835
70	2014/10/25 6：30	2.538	1.284	8	4	520	234	57	26 50 07	2.844
71	2014/10/25 18：00	2.542	1.286	4	2	524	236	57	26 50 06	2.849
72	2014/10/26 6：30	2.551	1.289	9	3	533	239	57	26 48 26	2.858
73	2014/10/26 18：00	2.555	1.293	4	4	537	243	57	26 50 33	2.864
74	2014/10/27 6：30	2.562	1.296	7	3	544	246	57	26 49 58	2.871
75	2014/10/27 18：00	2.570	1.298	8	2	552	248	57	26 47 47	2.879
76	2014/10/28 7：00	2.579	1.302	9	4	561	252	58	26 47 12	2.889
77	2014/10/28 17：00	2.584	1.304	5	2	566	254	58	26 46 39	2.894
78	2014/10/29 7：00	2.589	1.307	5	3	571	257	58	26 47 09	2.900
79	2014/10/29 16：30	2.592	1.309	3	2	574	259	58	26 47 40	2.904
80	2014/10/30 7：00	2.596	1.311	4	2	578	261	58	26 47 39	2.908
81	2014/10/30 16：30	2.598	1.314	2	3	580	264	58	26 49 45	2.911
82	2014/10/31 7：00	2.603	1.319	5	5	585	269	58	26 52 21	2.918
83	2014/10/31 16：30	2.610	1.323	7	4	592	273	58	26 52 49	2.926
84	2014/11/1 7：00	2.618	1.329	8	6	600	279	59	26 54 51	2.936
85	2014/11/1 15：00	2.622	1.330	4	1	604	280	59	26 53 46	2.940
86	2014/11/2 7：00	2.629	1.336	7	6	611	286	59	26 56 19	2.949
87	2014/11/2 16：30	2.632	1.337	3	1	614	287	59	26 55 47	2.952
88	2014/11/3 7：00	2.636	1.340	4	3	618	290	59	26 56 47	2.957
89	2014/11/3 16：30	2.637	1.344	1	4	619	294	59	27 00 24	2.960
90	2014/11/4 7：00	2.640	1.347	3	3	622	297	59	27 01 55	2.964
91	2014/11/4 16：30	2.643	1.348	3	1	625	298	59	27 01 22	2.967
92	2014/11/5 7：00	2.646	1.353	3	5	628	303	59	27 04 57	2.972
93	2014/11/5 16：30	2.648	1.356	2	3	630	306	59	27 06 59	2.975
94	2014/11/6 7：00	2.652	1.361	4	5	634	311	59	27 10 00	2.981
95	2014/11/6 16：30	2.653	1.363	1	2	635	313	59	27 11 32	2.983

次数	观测日期	倾斜分量		倾斜分量本次变化量		倾斜分量累积变化量		倾斜度	倾斜方向（北偏东）	倾斜量
		纵向（m）	横向（m）	纵向（mm）	横向（mm）	纵向（mm）	横向（mm）	（‰）	°′″	（m）
96	2014/11/7 7：00	2.657	1.365	4	2	639	315	60	27 11 29	2.987
97	2014/11/7 16：30	2.658	1.367	1	2	640	317	60	27 12 60	2.989
98	2014/11/8 7：00	2.660	1.371	2	4	642	321	60	27 16 02	2.993
99	2014/11/8 16：30	2.661	1.374	1	3	643	324	60	27 18 34	2.995
100	2014/11/9 7：00	2.663	1.377	2	3	645	327	60	27 20 34	2.998
101	2014/11/9 16：30	2.663	1.379	0	2	645	329	60	27 22 36	2.999
102	2014/11/10 7：00	2.665	1.382	2	3	647	332	60	27 24 36	3.002
103	2014/11/10 16：30	2.664	1.381	−1	−1	646	331	60	27 24 07	3.001
104	2014/11/11 7：00	2.665	1.384	1	3	647	334	60	27 26 38	3.003
105	2014/11/11 16：30	2.662	1.385	−3	1	644	335	60	27 29 14	3.001
106	2014/11/12 7：00	2.661	1.386	−1	1	643	336	60	27 30 47	3.000
107	2014/11/12 16：30	2.659	1.384	−2	−2	641	334	60	27 29 49	2.998
108	2014/11/13 7：00	2.660	1.383	1	−1	642	333	60	27 28 16	2.998
109	2014/11/13 16：30	2.658	1.381	−2	−2	640	331	60	27 27 17	2.995
110	2014/11/14 7：00	2.657	1.383	−1	2	639	333	60	27 29 51	2.995
111	2014/11/14 16：30	2.654	1.381	−3	−2	636	331	60	27 29 24	2.992
112	2014/11/15 7：00	2.651	1.385	−3	4	633	335	60	27 35 04	2.991
113	2014/11/15 16：30	2.651	1.386	0	1	633	336	60	27 36 06	2.991
114	2014/11/16 7：00	2.652	1.390	1	4	634	340	60	27 39 38	2.994
115	2014/11/16 16：30	2.652	1.391	0	1	634	341	60	27 40 39	2.995
116	2014/11/17 7：00	2.655	1.393	3	2	637	343	60	27 41 05	2.998
117	2014/11/17 16：30	2.654	1.394	−1	1	636	344	60	27 42 38	2.998
118	2014/11/18 7：00	2.657	1.396	3	2	639	346	60	27 43 04	3.001
119	2014/11/18 16：30	2.657	1.397	0	1	639	347	60	27 44 04	3.002
120	2014/11/19 7：00	2.658	1.399	1	2	640	349	60	27 45 34	3.004
121	2014/11/19 16：30	2.657	1.401	−1	2	639	351	60	27 48 07	3.004
122	2014/11/20 7：00	2.659	1.403	2	2	641	353	60	27 49 05	3.006
123	2014/11/20 16：30	2.659	1.402	0	−1	641	352	60	27 48 04	3.006
124	2014/11/21 7：00	2.660	1.404	1	2	642	354	60	27 49 33	3.008
125	2014/11/21 16：30	2.661	1.403	1	−1	643	353	60	27 48 01	3.008
126	2014/11/22 7：00	2.663	1.404	2	1	645	354	60	27 47 58	3.010
127	2014/11/22 16：30	2.663	1.405	0	1	645	355	60	27 48 58	3.011

续表

次数	观测日期	倾斜分量		倾斜分量本次变化量		倾斜分量累积变化量		倾斜度	倾斜方向（北偏东）	倾斜量（m）
		纵向（m）	横向（m）	纵向（mm）	横向（mm）	纵向（mm）	横向（mm）	（‰）	°′″	
128	2014/11/23 7：00	2.663	1.406	0	1	645	356	60	27 49 59	3.011
129	2014/11/23 16：30	2.662	1.407	−1	1	644	357	60	27 51 31	3.011
130	2014/11/24 7：00	2.663	1.409	1	2	645	359	60	27 53 00	3.013
131	2014/11/24 16：30	2.662	1.407	−1	−2	644	357	60	27 51 31	3.011
132	2014/11/25 7：00	2.661	1.409	−1	2	643	359	60	27 54 04	3.011
133	2014/11/25 16：30	2.660	1.410	−1	1	642	360	60	27 55 37	3.011
134	2014/11/26 7：00	2.659	1.412	−1	2	641	362	60	27 58 10	3.011
135	2014/11/26 16：30	2.658	1.412	−1	0	640	362	60	27 58 42	3.010
136	2014/11/27 7：00	2.658	1.414	0	2	640	364	60	28 00 43	3.011
137	2014/11/27 16：30	2.658	1.416	0	2	640	366	60	28 02 44	3.012
138	2014/11/28 7：00	2.659	1.418	1	2	641	368	60	28 04 13	3.013
139	2014/11/28 16：30	2.660	1.416	1	−2	642	366	60	28 01 40	3.013
140	2014/11/29 7：00	2.658	1.418	−2	2	640	368	60	28 04 45	3.013
141	2014/11/29 16：30	2.657	1.417	−1	−1	639	367	60	28 04 17	3.011
142	2014/11/30 7：00	2.656	1.419	−1	2	638	369	60	28 06 50	3.011
143	2014/11/30 16：30	2.655	1.418	−1	−1	637	368	60	28 06 22	3.010
144	2014/12/1 7：00	2.654	1.418	−1	0	636	368	60	28 06 54	3.009
145	2014/12/1 16：30	2.654	1.416	0	−2	636	366	60	28 04 53	3.008
146	2014/12/2 7：00	2.653	1.417	−1	1	635	367	60	28 06 26	3.008
147	2014/12/2 16：30	2.651	1.415	−2	−2	633	365	60	28 05 30	3.005
148	2014/12/3 7：00	2.650	1.414	−1	−1	632	364	60	28 05 01	3.004
149	2014/12/3 16：30	2.647	1.410	−3	−4	629	360	60	28 02 36	2.999
150	2014/12/4 7：00	2.649	1.407	2	−3	631	357	60	27 58 29	2.999
151	2014/12/4 16：30	2.647	1.405	−2	−2	629	355	60	27 57 32	2.997
152	2014/12/5 7：00	2.645	1.403	−2	−2	627	353	60	27 56 35	2.994
153	2014/12/5 16：30	2.644	1.400	−1	−3	626	350	60	27 54 05	2.992
154	2014/12/6 7：00	2.644	1.401	0	1	626	351	60	27 55 05	2.992
155	2014/12/6 16：30	2.641	1.399	−3	−2	623	349	60	27 54 40	2.989
156	2014/12/7 7：00	2.639	1.397	−2	−2	621	347	60	27 53 43	2.986
157	2014/12/7 16：30	2.637	1.394	−2	−3	619	344	59	27 51 44	2.983
158	2014/12/8 7：00	2.636	1.391	−1	−3	618	341	59	27 49 13	2.980
159	2014/12/8 16：30	2.634	1.388	−2	−3	616	338	59	27 47 14	2.977

续表

次数	观测日期	倾斜分量		倾斜分量本次变化量		倾斜分量累积变化量		倾斜度	倾斜方向（北偏东）。′″	倾斜量（m）
		纵向（m）	横向（m）	纵向（mm）	横向（mm）	纵向（mm）	横向（mm）	（‰）		
160	2014/12/9 7：00	2.632	1.384	−2	−4	614	334	59	27 44 13	2.974
161	2014/12/9 16：30	2.631	1.382	−1	−2	613	332	59	27 42 43	2.972
162	2014/12/10 7：00	2.630	1.384	−1	2	612	334	59	27 45 18	2.972
163	2014/12/10 16：30	2.629	1.381	−1	−3	611	331	59	27 42 46	2.970
164	2014/12/11 7：00	2.628	1.378	−1	−3	610	328	59	27 40 13	2.967
165	2014/12/11 16：30	2.626	1.375	−2	−3	608	325	59	27 38 13	2.964
166	2014/12/12 7：00	2.624	1.374	−2	−1	606	324	59	27 38 16	2.962
167	2014/12/12 16：30	2.622	1.370	−2	−4	604	320	59	27 35 14	2.958
168	2014/12/13 7：00	2.620	1.369	−2	−1	602	319	59	27 35 17	2.956
169	2014/12/13 16：30	2.615	1.367	−5	−2	597	317	59	27 35 54	2.951
170	2014/12/14 7：00	2.614	1.364	−1	−3	596	314	59	27 33 21	2.948
171	2014/12/14 16：30	2.612	1.362	−2	−2	594	312	59	27 32 22	2.946
172	2014/12/15 7：00	2.611	1.364	−1	2	593	314	59	27 34 58	2.946
173	2014/12/15 16：30	2.610	1.364	−1	0	592	314	59	27 35 31	2.945
174	2014/12/16 7：00	2.612	1.365	2	1	594	315	59	27 35 28	2.947
175	2014/12/16 16：30	2.614	1.366	2	1	596	316	59	27 35 25	2.949
176	2014/12/17 7：00	2.616	1.366	2	0	598	316	59	27 34 20	2.951
177	2014/12/17 16：30	2.617	1.366	1	0	599	316	59	27 33 48	2.952
178	2014/12/18 7：00	2.618	1.368	1	2	600	318	59	27 35 19	2.954
179	2014/12/18 16：30	2.616	1.367	−2	−1	598	317	59	27 35 22	2.952
180	2014/12/19 7：00	2.616	1.368	0	1	598	318	59	27 36 24	2.952
181	2014/12/19 16：30	2.613	1.364	−3	−4	595	314	59	27 33 53	2.948
182	2014/12/20 7：00	2.610	1.361	−3	−3	592	311	59	27 32 24	2.944
183	2014/12/20 16：30	2.608	1.359	−2	−2	590	309	59	27 31 25	2.941
184	2014/12/21 7：00	2.607	1.359	−1	0	589	309	59	27 31 57	2.940
185	2014/12/21 16：30	2.605	1.355	−2	−4	587	305	59	27 28 53	2.936
186	2014/12/22 7：00	2.599	1.353	−6	−2	581	303	58	27 30 03	2.930
187	2014/12/22 16：30	2.590	1.346	−9	−7	572	296	58	27 27 38	2.919
188	2014/12/23 7：00	2.578	1.338	−12	−8	560	288	58	27 25 47	2.905
189	2014/12/23 16：30	2.566	1.329	−12	−9	548	279	58	27 22 51	2.890
190	2014/12/24 7：00	2.551	1.323	−15	−6	533	273	57	27 24 44	2.874
191	2014/12/24 16：30	2.546	1.318	−5	−5	528	268	57	27 22 10	2.867

续表

次数	观测日期	倾斜分量		倾斜分量本次变化量		倾斜分量累积变化量		倾斜度	倾斜方向（北偏东）	倾斜量
		纵向（m）	横向（m）	纵向（mm）	横向（mm）	纵向（mm）	横向（mm）	（‰）	° ′ ″	（m）
192	2014/12/25 7：00	2.538	1.316	−8	−2	520	266	57	27 24 27	2.859
193	2014/12/25 16：30	2.532	1.315	−6	−1	514	265	57	27 26 43	2.853
194	2014/12/26 7：00	2.525	1.314	−7	−1	507	264	57	27 29 32	2.846
195	2014/12/26 16：30	2.521	1.315	−4	1	503	265	57	27 32 51	2.843
196	2014/12/27 7：00	2.518	1.314	−3	−1	500	264	57	27 33 27	2.840
197	2014/12/27 16：30	2.516	1.311	−2	−3	498	261	57	27 31 21	2.837
198	2014/12/28 7：00	2.513	1.312	−3	1	495	262	57	27 34 06	2.835
199	2014/12/28 16:30	2.510	1.311	−3	−1	492	261	56	27 34 43	2.832
200	2014/12/29 7:00	2.508	1.310	−2	−1	490	260	56	27 34 46	2.830
201	2014/12/29 16：30	2.507	1.308	−1	−2	489	258	56	27 33 10	2.828
202	2014/12/30 7：00	2.504	1.311	−3	3	486	261	56	27 38 05	2.826
203	2014/12/30 16：30	2.502	1.309	−2	−2	484	259	56	27 37 04	2.824
204	2014/12/31 7：00	2.497	1.310	−5	1	479	260	56	27 40 58	2.820
205	2014/12/31 16：30	2.495	1.307	−2	−3	477	257	56	27 38 52	2.817
206	2015/1/1 7：00	2.492	1.303	−3	−4	474	253	56	27 36 14	2.812
207	2015/1/1 16：30	2.485	1.298	−7	−5	467	248	56	27 34 47	2.804
208	2015/1/2 7：00	2.478	1.290	−7	−8	460	240	56	27 30 02	2.794
209	2015/1/2 16：30	2.474	1.289	−4	−1	456	239	56	27 31 13	2.790
210	2015/1/3 7：00	2.473	1.286	−1	−3	455	236	56	27 28 31	2.787
211	2015/1/3 16：30	2.470	1.285	−3	−1	452	235	56	27 29 07	2.784
212	2015/1/4 7：00	2.468	1.283	−2	−2	450	233	55	27 28 04	2.782
213	2015/1/4 16：30	2.467	1.282	−1	−1	449	232	55	27 27 33	2.780
214	2015/1/5 7：00	2.465	1.281	−2	−1	447	231	55	27 27 35	2.778
215	2015/1/5 16：30	2.466	1.280	1	−1	448	230	55	27 25 55	2.778
216	2015/1/6 7：00	2.464	1.278	−2	−2	446	228	55	27 24 52	2.776
217	2015/1/6 16：30	2.463	1.280	−1	2	445	230	55	27 27 38	2.776
218	2015/1/7 7：00	2.460	1.279	−3	−1	442	229	55	27 28 15	2.773
219	2015/1/7 16：30	2.462	1.277	2	−2	444	227	55	27 24 54	2.773
220	2015/1/8 7：00	2.459	1.277	−3	0	441	227	55	27 26 37	2.771
221	2015/1/8 16：30	2.460	1.276	1	−1	442	226	55	27 24 57	2.771
222	2015/1/9 7：00	2.458	1.274	−2	−2	440	224	55	27 23 53	2.769
223	2015/1/9 16：30	2.459	1.273	1	−1	441	223	55	27 22 13	2.769

续表

次数	观测日期	倾斜分量		倾斜分量本次变化量		倾斜分量累积变化量		倾斜度	倾斜方向（北偏东）	倾斜量
		纵向（m）	横向（m）	纵向（mm）	横向（mm）	纵向（mm）	横向（mm）	（‰）	°′″	（m）
224	2015/1/10 7：00	2.459	1.272	0	−1	441	222	55	27 21 06	2.769
225	2015/1/10 16：30	2.459	1.271	0	−1	441	221	55	27 20 00	2.768
226	2015/1/11 7：00	2.458	1.270	−1	−1	440	220	55	27 19 28	2.767
227	2015/1/11 16：30	2.459	1.270	1	0	441	220	55	27 18 54	2.768
228	2015/1/12 7：00	2.458	1.268	−1	−2	440	218	55	27 17 16	2.766
229	2015/1/12 16：30	2.458	1.269	0	1	440	219	55	27 18 22	2.766
230	2015/1/13 7：00	2.457	1.269	−1	0	439	219	55	27 18 56	2.765
231	2015/1/13 16：30	2.458	1.268	1	−1	440	218	55	27 17 16	2.766
232	2015/1/14 7：00	2.459	1.268	1	0	441	218	55	27 16 42	2.767
233	2015/1/14 16：30	2.459	1.269	0	1	441	219	55	27 17 48	2.767
234	2015/1/15 7：00	2.458	1.269	−1	0	440	219	55	27 18 22	2.766
235	2015/1/15 16：30	2.457	1.269	−1	0	439	219	55	27 18 56	2.765
236	2015/1/16 7：00	2.458	1.269	1	0	440	219	55	27 18 22	2.766
237	2015/1/16 16：30	2.457	1.269	−1	0	439	219	55	27 18 56	2.765
238	2015/1/17 7：00	2.456	1.268	−1	−1	438	218	55	27 18 24	2.764
239	2015/1/17 16：30	2.457	1.268	1	0	439	218	55	27 17 50	2.765
240	2015/1/18 7：00	2.457	1.269	0	1	439	219	55	27 18 56	2.765
241	2015/1/18 16：30	2.458	1.269	1	0	440	219	55	27 18 22	2.766
242	2015/1/19 7：00	2.459	1.268	1	−1	441	218	55	27 16 42	2.767
243	2015/1/19 16：30	2.459	1.267	0	−1	441	217	55	27 15 35	2.766
244	2015/1/20 7：00	2.459	1.266	0	−1	441	216	55	27 14 29	2.766
245	2015/1/20 16：30	2.460	1.267	1	1	442	217	55	27 15 01	2.767
246	2015/1/21 7：00	2.459	1.267	−1	0	441	217	55	27 15 35	2.766
247	2015/1/21 16：30	2.459	1.268	0	1	441	218	55	27 16 42	2.767
248	2015/1/22 7：00	2.458	1.268	−1	0	440	218	55	27 17 16	2.766
249	2015/1/22 16：30	2.459	1.267	1	−1	441	217	55	27 15 35	2.766
250	2015/1/23 7：00	2.458	1.267	−1	0	440	217	55	27 16 09	2.765
251	2015/1/23 16：30	2.460	1.268	2	1	442	218	55	27 16 07	2.768
252	2015/1/24 7：00	2.459	1.267	−1	−1	441	217	55	27 15 35	2.766
253	2015/1/24 16：30	2.458	1.268	−1	1	440	218	55	27 17 16	2.766
254	2015/1/25 7：00	2.457	1.268	−1	0	439	218	55	27 17 50	2.765
255	2015/1/25 16：30	2.458	1.267	1	−1	440	217	55	27 16 09	2.765

续表

次数	观测日期	倾斜分量		倾斜分量本次变化量		倾斜分量累积变化量		倾斜度	倾斜方向（北偏东）	倾斜量（m）
		纵向（m）	横向（m）	纵向（mm）	横向（mm）	纵向（mm）	横向（mm）	（‰）	°′″	
256	2015/1/26 7：00	2.458	1.266	0	−1	440	216	55	27 15 03	2.765
257	2015/1/26 16：30	2.459	1.266	1	0	441	216	55	27 14 29	2.766
258	2015/1/27 7：00	2.459	1.267	0	1	441	217	55	27 15 35	2.766
259	2015/1/27 16：30	2.460	1.267	1	0	442	217	55	27 15 01	2.767
260	2015/1/28 7：00	2.460	1.268	0	1	442	218	55	27 16 07	2.768
261	2015/1/28 16：30	2.459	1.268	−1	0	441	218	55	27 16 42	2.767
262	2015/1/29 7：00	2.459	1.269	0	1	441	219	55	27 17 48	2.767
263	2015/1/29 16：30	2.460	1.270	1	1	442	220	55	27 18 20	2.768
264	2015/1/30 7：00	2.460	1.269	0	−1	442	219	55	27 17 14	2.768
265	2015/1/30 16：30	2.459	1.268	−1	−1	441	218	55	27 16 42	2.767
266	2015/1/31 7：00	2.459	1.269	0	1	441	219	55	27 17 48	2.767
267	2015/2/9	2.461	1.266	2	−3	443	216	55	27 13 21	2.768
268	2015/2/16	2.460	1.268	−1	2	442	218	55	27 16 07	2.768
269	2015/2/25	2.462	1.267	2	−1	444	217	55	27 13 53	2.769
270	2015/3/4	2.464	1.268	2	1	446	218	55	27 13 51	2.771
271	2015/3/11	2.466	1.268	2	0	448	218	55	27 12 43	2.773
272	2015/3/18	2.463	1.267	−3	−1	445	217	55	27 13 19	2.770
273	2015/3/25	2.403	1.242	−60	−25	385	192	54	27 19 56	2.705
274	2015/4/1	2.378	1.234	−25	−8	360	184	53	27 25 33	2.679
275	2015/4/8	2.371	1.234	−7	0	353	184	53	27 29 42	2.673
276	2015/4/15	2.357	1.229	−14	−5	339	179	53	27 32 19	2.658
277	2015/4/22	2.331	1.223	−26	−6	313	173	52	27 41 04	2.632
278	2015/4/29	2.264	1.192	−67	−31	246	142	51	27 46 01	2.559
279	2015/5/6	2.207	1.149	−57	−43	189	99	50	27 30 08	2.488
280	2015/5/13	2.129	1.042	−78	−107	111	−8	47	26 04 43	2.370
281	2015/5/20	2.089	1.010	−40	−32	71	−40	46	25 48 11	2.320
282	2015/5/31	2.052	0.970	−37	−40	34	−80	45	25 18 02	2.270
283	2015/6/6	2.050	0.962	−2	−8	32	−88	45	25 08 21	2.264
284	2015/6/13	2.034	0.947	−16	−15	16	−103	45	24 57 58	2.244
285	2015/6/19	1.986	0.933	−48	−14	−32	−117	44	25 09 49	2.194
286	2015/6/27	1.905	0.864	−81	−69	−113	−186	42	24 23 47	2.092
287	2015/7/4	1.830	0.834	−75	−30	−188	−216	40	24 30 02	2.011

续表

| 次数 | 观测日期 | 倾斜分量 | | 倾斜分量本次变化量 | | 倾斜分量累积变化量 | | 倾斜度 | 倾斜方向（北偏东） | 倾斜量 |
		纵向（m）	横向（m）	纵向（mm）	横向（mm）	纵向（mm）	横向（mm）	（‰）	°′″	（m）
288	2015/7/11	1.763	0.801	−67	−33	−255	−249	39	24 26 03	1.936
289	2015/7/18	1.736	0.796	−27	−5	−282	−254	38	24 37 58	1.910
290	2015/7/23	1.727	0.792	−9	−4	−291	−258	38	24 38 10	1.900
291	2015/8/2	1.713	0.778	−14	−14	−305	−272	38	24 25 35	1.881
292	2015/8/7	1.706	0.774	−7	−4	−312	−276	37	24 24 12	1.873
293	2015/8/15	1.694	0.765	−12	−9	−324	−285	37	24 18 13	1.859
294	2015/8/22	1.681	0.757	−13	−8	−337	−293	37	24 14 36	1.844
295	2015/8/28	1.643	0.742	−38	−15	−375	−308	36	24 18 16	1.803
296	2015/9/6	1.625	0.726	−18	−16	−393	−324	35	24 04 25	1.780
297	2015/9/12	1.618	0.721	−7	−5	−400	−329	35	24 01 06	1.771
298	2015/9/19	1.628	0.726	10	5	−390	−324	36	24 02 03	1.783
299	2015/9/25	1.639	0.704	11	−22	−379	−346	36	23 14 42	1.784
300	2015/9/30	1.639	0.700	0	−4	−379	−350	36	23 07 37	1.782
301	2015/10/10	1.613	0.697	−26	−3	−405	−353	35	23 22 11	1.757
302	2015/10/17	1.585	0.694	−28	−3	−433	−356	34	23 38 47	1.730
303	2015/10/26	1.486	0.663	−99	−31	−532	−387	32	24 02 41	1.627
304	2015/10/31	1.457	0.619	−29	−44	−561	−431	32	23 01 05	1.583
305	2015/11/6	1.397	0.632	−60	13	−621	−418	31	24 20 31	1.533
306	2015/11/14	1.343	0.655	−54	23	−675	−395	30	25 59 57	1.494
307	2015/11/20	1.308	0.674	−35	19	−710	−376	29	27 15 42	1.471
308	2015/11/27	1.240	0.677	−68	3	−778	−373	28	28 37 59	1.413
309	2015/12/5	1.219	0.675	−21	−2	−799	−375	28	28 58 29	1.393
310	2015/12/11	1.209	0.670	−10	−5	−809	−380	28	28 59 39	1.382
311	2015/12/17	1.195	0.679	−14	9	−823	−371	27	29 36 19	1.374
312	2015/12/25	1.185	0.681	−10	2	−833	−369	27	29 53 07	1.367
313	2015/12/31	1.179	0.680	−6	−1	−839	−370	27	29 58 29	1.361
314	2016/1/8	1.174	0.685	−5	5	−844	−365	27	30 15 45	1.359
315	2016/1/15	1.159	0.681	−15	−4	−859	−369	27	30 26 15	1.344
316	2016/1/25	1.164	0.680	5	−1	−854	−370	27	30 17 35	1.348
317	2016/1/29	1.167	0.675	3	−5	−851	−375	27	30 02 43	1.348
318	2016/2/4	1.169	0.674	2	−1	−849	−376	27	29 57 58	1.349
319	2016/2/18	1.173	0.672	4	−2	−845	−378	27	29 48 29	1.352

次数	观测日期	倾斜分量		倾斜分量本次变化量		倾斜分量累积变化量		倾斜度（‰）	倾斜方向（北偏东）。' "	倾斜量（m）
		纵向（m）	横向（m）	纵向（mm）	横向（mm）	纵向（mm）	横向（mm）			
320	2016/2/26	1.174	0.674	1	2	−844	−376	27	29 51 37	1.354
321	2016/3/4	1.177	0.670	3	−4	−841	−380	27	29 39 02	1.354
322	2016/3/11	1.178	0.672	1	2	−840	−378	27	29 42 11	1.356
323	2016/3/18	1.180	0.672	2	0	−838	−378	27	29 39 40	1.358
324	2016/3/25	1.181	0.671	1	−1	−837	−379	27	29 36 13	1.358
325	2016/4/1	1.152	0.667	−29	−4	−866	−383	27	30 04 14	1.331
326	2016/4/8	1.099	0.644	−53	−23	−919	−406	25	30 22 11	1.274
327	2016/4/15	1.065	0.635	−34	−9	−953	−415	25	30 48 19	1.240
328	2016/4/22	1.049	0.630	−16	−5	−969	−420	24	30 59 16	1.224
329	2016/4/29	1.019	0.615	−30	−15	−999	−435	24	31 06 45	1.190
330	2016/5/6	0.974	0.588	−45	−27	−1044	−462	23	31 07 09	1.138
331	2016/5/13	0.924	0.558	−50	−30	−1094	−492	22	31 07 39	1.079
332	2016/5/20	0.887	0.550	−37	−8	−1131	−500	21	31 48 06	1.044
333	2016/5/27	0.852	0.546	−35	−4	−1166	−504	20	32 39 13	1.012
334	2016/6/3	0.835	0.536	−17	−10	−1183	−514	20	32 41 49	0.992
335	2016/6/12	0.821	0.520	−14	−16	−1197	−530	19	32 20 57	0.972
336	2016/6/18	0.810	0.519	−11	−1	−1208	−531	19	32 38 58	0.962
337	2016/6/24	0.808	0.506	−2	−13	−1210	−544	19	32 03 23	0.953
338	2016/7/1	0.812	0.512	4	6	−1206	−538	19	32 13 59	0.960
339	2016/7/8	0.807	0.516	−5	4	−1211	−534	19	32 35 12	0.958
340	2016/7/15	0.808	0.515	1	−1	−1210	−535	19	32 30 45	0.958
341	2016/7/22	0.787	0.524	−21	9	−1231	−526	19	33 39 23	0.945
342	2016/7/29	0.768	0.502	−19	−22	−1250	−548	18	33 10 14	0.918
343	2016/8/5	0.749	0.496	−19	−6	−1269	−554	18	33 30 47	0.898
344	2016/8/12	0.744	0.493	−5	−3	−1274	−557	18	33 31 47	0.893
345	2016/8/19	0.753	0.491	9	−2	−1265	−559	18	33 06 24	0.899
346	2016/8/25	0.745	0.516	−8	25	−1273	−534	18	34 42 26	0.906
347	2016/9/2	0.709	0.519	−36	3	−1309	−531	18	36 12 17	0.879
348	2016/9/9	0.693	0.512	−16	−7	−1325	−538	17	36 27 27	0.862
349	2016/9/18	0.677	0.513	−16	1	−1341	−537	17	37 09 12	0.849
350	2016/9/23	0.632	0.504	−45	−9	−1386	−546	16	38 34 17	0.808
351	2016/9/30	0.596	0.509	−36	5	−1422	−541	16	40 29 54	0.783

续表

次数	观测日期	倾斜分量		倾斜分量本次变化量		倾斜分量累积变化量		倾斜度	倾斜方向（北偏东）°′″	倾斜量（m）
		纵向（m）	横向（m）	纵向（mm）	横向（mm）	纵向（mm）	横向（mm）	（‰）		
352	2016/10/8	0.557	0.506	−39	−3	−1461	−544	15	42 15 12	0.753
353	2016/10/14	0.551	0.502	−6	−4	−1467	−548	15	42 20 09	0.745
354	2016/10/22	0.523	0.507	−28	5	−1495	−543	15	44 06 36	0.728
355	2016/10/28	0.504	0.522	−19	15	−1514	−528	14	46 00 18	0.726
356	2016/11/4	0.500	0.517	−4	−5	−1518	−533	14	45 57 28	0.719
357	2016/11/11	0.504	0.545	4	28	−1514	−505	15	47 14 18	0.742
358	2016/11/18	0.515	0.544	11	−1	−1503	−506	15	46 34 07	0.749
359	2016/11/25	0.571	0.587	56	43	−1447	−463	16	45 47 30	0.819
360	2016/12/1	0.584	0.602	13	15	−1434	−448	17	45 52 10	0.839
361	2016/12/9	0.634	0.625	50	23	−1384	−425	18	44 35 26	0.890
362	2016/12/16	0.681	0.658	47	33	−1337	−392	19	44 00 57	0.947
363	2016/12/23	0.691	0.655	10	−3	−1327	−395	19	43 28 05	0.952
364	2016/12/30	0.693	0.664	2	9	−1325	−386	19	43 46 33	0.960
365	2017/1/7	0.697	0.669	4	5	−1321	−381	19	43 49 33	0.966
366	2017/1/12	0.700	0.664	3	−5	−1318	−386	19	43 29 17	0.965
367	2017/1/19	0.704	0.671	4	7	−1314	−379	19	43 37 31	0.973
368	2017/1/24	0.709	0.672	5	1	−1309	−378	19	43 27 55	0.977
369	2017/2/8	0.707	0.675	−2	3	−1311	−375	19	43 40 25	0.977
370	2017/2/16	0.709	0.675	2	0	−1309	−375	20	43 35 34	0.979
371	2017/2/22	0.710	0.676	1	1	−1308	−374	20	43 35 41	0.980
372	2017/2/28	0.714	0.676	4	0	−1304	−374	20	43 26 03	0.983
373	2017/3/7	0.705	0.679	−9	3	−1313	−371	20	43 55 26	0.979
374	2017/3/13	0.706	0.682	1	3	−1312	−368	20	44 00 34	0.982
375	2017/3/20	0.713	0.676	7	−6	−1305	−374	20	43 28 27	0.983
376	2017/3/27	0.726	0.676	13	0	−1292	−374	20	42 57 27	0.992
377	2017/4/1	0.717	0.680	−9	4	−1301	−370	20	43 28 58	0.988
378	2017/4/6	0.710	0.682	−7	2	−1308	−368	20	43 50 52	0.984
379	2017/4/13	0.696	0.689	−14	7	−1322	−361	20	44 42 38	0.979
380	2017/4/20	0.685	0.698	−11	9	−1333	−352	19	45 32 19	0.978
381	2017/4/27	0.657	0.688	−28	−10	−1361	−362	19	46 19 13	0.951
382	2017/5/5	0.632	0.688	−25	0	−1386	−362	19	47 25 45	0.934
383	2017/5/11	0.624	0.677	−8	−11	−1394	−373	18	47 19 58	0.921

次数	观测日期	倾斜分量		倾斜分量本次变化量		倾斜分量累积变化量		倾斜度（‰）	倾斜方向（北偏东）°′″	倾斜量（m）
		纵向（m）	横向（m）	纵向（mm）	横向（mm）	纵向（mm）	横向（mm）			
384	2017/5/18	0.621	0.675	−3	−2	−1397	−375	18	47 23 09	0.917
385	2017/5/25	0.598	0.663	−23	−12	−1420	−387	18	47 57 03	0.893
386	2017/6/1	0.538	0.652	−60	−11	−1480	−398	17	50 28 20	0.845
387	2017/6/8	0.494	0.615	−44	−37	−1524	−435	16	51 13 36	0.789
388	2017/6/17	0.463	0.604	−31	−11	−1555	−446	15	52 31 40	0.761
389	2017/6/22	0.456	0.594	−7	−10	−1562	−456	15	52 29 15	0.749
390	2017/6/29	0.428	0.583	−28	−11	−1590	−467	14	53 42 59	0.723
391	2017/7/6	0.387	0.574	−41	−9	−1631	−476	14	56 00 41	0.692
392	2017/7/13	0.353	0.547	−34	−27	−1665	−503	13	57 09 51	0.651
393	2017/7/20	0.345	0.540	−8	−7	−1673	−510	13	57 25 33	0.641
394	2017/7/27	0.325	0.541	−20	1	−1693	−509	13	59 00 18	0.631
395	2017/8/3	0.318	0.542	−7	1	−1700	−508	13	59 35 57	0.628
396	2017/8/10	0.320	0.536	2	−6	−1698	−514	12	59 09 44	0.624
397	2017/8/17	0.317	0.536	−3	0	−1701	−514	12	59 23 57	0.623
398	2017/8/24	0.309	0.535	−8	−1	−1709	−515	12	59 59 26	0.618
399	2017/8/31	0.304	0.539	−5	4	−1714	−511	12	60 34 36	0.619
400	2017/9/7	0.310	0.538	6	−1	−1708	−512	12	60 02 57	0.621
401	2017/9/14	0.307	0.537	−3	−1	−1711	−513	12	60 14 37	0.619
402	2017/9/21	0.310	0.542	3	5	−1708	−508	12	60 13 56	0.624
403	2017/9/28	0.306	0.537	−4	−5	−1712	−513	12	60 19 27	0.618
404	2017/10/9	0.298	0.542	−8	5	−1720	−508	12	61 11 50	0.619
405	2017/10/14	0.295	0.543	−3	1	−1723	−507	12	61 29 09	0.618
406	2017/10/19	0.298	0.540	3	−3	−1720	−510	12	61 06 28	0.617
407	2017/10/26	0.297	0.538	−1	−2	−1721	−512	12	61 05 58	0.615
408	2017/11/10	0.293	0.541	−4	3	−1725	−509	12	61 33 38	0.615
409	2017/11/23	0.291	0.541	−2	0	−1727	−509	12	61 43 28	0.614
410	2017/12/7	0.289	0.542	−2	1	−1729	−508	12	61 55 59	0.614
411	2017/12/25	0.290	0.542	1	0	−1728	−508	12	61 51 03	0.615
412	2018/1/11	0.284	0.544	−6	2	−1734	−506	12	62 25 58	0.614

第6章　合阳大象寺塔纠偏与加固维修工程

6.1　概况

施工时间：2018 年 8 月 ~ 2019 年 10 月

设计负责人：陈一凡、贾彪

施工单位：陕西普宁工程结构特种技术有限公司

项目负责：陈一凡

项目经理：陈哲

技术负责：贾彪

6.1.1　地理位置与历史沿革

大象寺塔（图 6.1）位于陕西省合阳县城东南侧约 7km 远的平政乡安阳村农田内。地理坐标东经：110° 11′ 39.5″，北纬：35° 11′ 47.9″，海拔 714m。

大象寺塔所在的合阳县，地处陕西关中平原东北部，东临黄河与山西省临猗县相望，西隔大峪河与澄城县毗邻，北依梁山与黄龙县、韩城市相连，南至铁镰山与大荔县、澄城县接壤，距西安市 160 公里。

图 6.1　合阳大象寺塔

合阳县域平均海拔 721m，年平均气温 11.5℃，降雨量为 553mm。四季分明，昼夜温差大，降雨主要集中在夏季。

合阳夏称"有莘国"，魏文侯十七年（前 429 年）于合水（亦称洽水，清初断流）北岸筑城，取名"合阳城"。西汉景帝二年（前 155 年）改合为"郃"，始设"郃阳县"。历史上郃阳曾几易隶属关系，1964 年 9 月国务院更改生僻地名，改"郃"为"合"，称合阳县，隶属渭南地区；1995 年，渭南撤地建市，合阳属渭南市。

合阳县发现仰韶文化（新石器时代）遗址 80 余处，为伏羲氏、帝喾—高辛氏活动地区之一，是商元圣伊尹、周武王生母太姒故里。周文王曾"造舟为梁",迎亲于此。春秋时,孔子高徒子夏设教西河。汉代《曹全碑》,被誉为书法瑰宝。宋代力荐"三苏"的雷简夫、明末清初名闻海内的诗人康太乙(康乃心),均为合阳县人。

陕西是中国历史文化大省,在东方文明的发展史上写下了浓墨重彩的一笔。有学者认为:"八百里秦川是《诗经》的发祥地,洽川是其中最为璀璨的一颗明珠。这里有着丰富的先秦文化遗迹,这里到处弥漫着《诗经》文化的气息。""关关雎鸠,在河之洲。窈窕淑女,君子好逑。"描绘的正是洽川昔日浪漫美好的情景。

关中素有"佛教第二故乡"之称,留下了非常丰富的文化遗产。合阳古镇历史悠久,高塔立地顶天,合阳人引以为自豪的"四镇八塔,七十二个圪垯",大象寺塔即为"八塔"之一。大象寺塔是佛教在陕西关中传播发展的历史见证。

据明嘉靖二十年(1541年)本《合阳县志》卷上"寺观"部分载以及清乾隆三十四年(1769年)所修《合阳县全志》记载,"距城七里曰杨家洼,有大象寺。"

据"四有档案"记载,大象寺塔原位于大象寺(又名大云禅院)院内,抗日战争时期为修河防工事拆掉寺院内其他建筑,独留此塔。随时代变迁,寺院旧址变为耕种农田。

2013年,大象寺塔被公布为第七批全国重点文物保护单位。序号:1421;编号:7-1421-3-719;名称:大象寺塔;时代:宋。

6.1.2 建筑形制

大象寺塔为13层密檐式实心砖塔,残高约28m,由青砖黄泥砌筑而成。平面呈方形,底边长4.80m,塔体每层均出檐,逐层递减内缩(图6.2)。塔刹缺失,塔顶1/3已毁。塔体

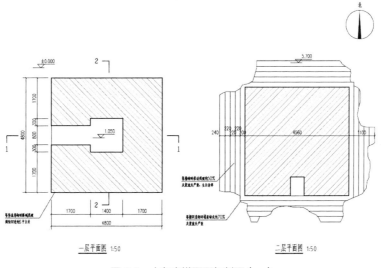

图6.2 大象寺塔平面与剖面(一)

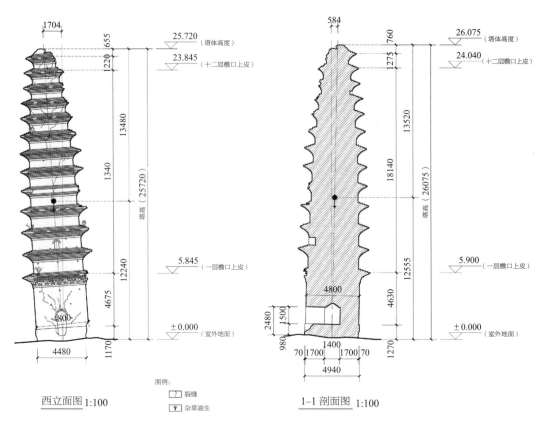

图 6.2　大象寺塔平面与剖面（二）

一层西向有券洞，券洞门宽 0.8m，高 1.5m。券洞内有边长 1.4m 方形塔室，青砖叠涩穹顶高 1.85m。塔室原供奉佛像已毁无存，局部残留佛像背光依稀可见（图 6.3）。当地村民或言，塔室穹顶以上仍为中空，人可从穹顶孔洞进入塔内上层。

第一层塔檐下普柏枋上设有砖雕单跳四铺作斗拱，仿木结构，悬空出挑，有承重作用，为其他同类建筑中所罕见。一层塔檐头为仿木构双排椽头与瓦，塔身二层以上各层叠涩出檐，饰菱角牙子，塔檐头为仿木构单排椽头与瓦。

大象寺塔虽历漫漫岁月破坏，然原貌未有大的改变，系关中地区现存标准宋塔之一，为宋塔研究提供了可信的实物佐证。大象寺塔砌砖结构致密，其抗风化与抗冻融的能力，为类似建筑所罕见。大象寺塔建塔至今屡经华县大地震等自然灾害，塔经受住了灾难性地震的考验，足见其结构合理科学，建筑技术高超。大象寺塔的建造技术充分体现出古代建筑科学发展的水平，为我们灾害防御和技术史的研究提供了宝贵的实物资料和记录。表 6.1 给出塔几何尺寸调查。

塔檐

塔顶

塔底一层及券洞

塔室穹顶

图 6.3　大象寺塔塔檐与塔室

几何尺寸调查表（单位：mm）　　　　　　　　　　　　　　表 6.1

层数	层高	边长	墙厚	券洞宽	券洞高	出檐宽
13	1280	2000	—	—	—	1015
12	1350	2470	—	—	—	935
11	1350	2780	—	150（东立面）	300（东立面）	1000
10	1350	3220	—	—	—	1010
9	1560	3480	—	—	—	1010
8	1550	3740	—	—	—	1015
7	1620	4010	—	400（西立面）	460（西立面）	925
6	1700	4140	—	—	—	925
5	1760	4230	—	—	—	1055
4	1900	4380	—	—	—	1040
3	1970	4500	—	400（西立面）	700（西立面）	1010
2	2060	4560	—	600（南立面）	810（南立面）	1100
1	5780	4800	1700	—	—	—

注：自室外台阶顶面算，塔体总高 28m，自重约 7952.4kN。塔体重心距室外地面高约 12.9m，大致位于五层檐口下 0.5m 处。

6.2 大象寺塔地质环境 ❶

6.2.1 大象寺塔区域地质概况

根据机械工业勘察设计研究院有限公司 2015 年 11 月提出的《合阳大象寺塔抢修加固工程——岩土工程勘察报告书》，合阳县大地构造位于祁吕贺山字形构造前弧东翼，新华夏系第三沉降带陕甘宁盆地南缘及汾渭地堑中部东缘。境内以张扭性断裂为主，地质构造形态总体呈一向北西倾斜的单斜构造，产状平缓，倾角一般 5°～10°，沿倾向和走向均发育有次一级褶曲，伴有北东向及东西向断裂构造。该县褶曲和断裂两种构造形式中，断裂构造占主要地位，尤以高角度正断层发育，逆断层较少。较大褶曲多属地层走向转弯而显示的宽缓倾伏背、向斜。县境内地层总体呈一向北西倾斜的单斜构造，产状平缓，倾角一般 5°～10°，局部发育一些舒缓褶皱，其中以金水沟背斜和徐水沟向斜规模较大。此外，还有北东、北东东及北西方向的褶皱，但规模较小，两翼产状也较平缓。小褶曲均为长圆形短轴背、向斜或对称波状褶曲，幅度一般 20m 左右，两翼平缓。

县境内断层以北东、北东东向张扭性高角度正断层为主，东西向压性逆断层仅见一条，见图 6.4。

大象寺塔周边的主要断裂为 F9 合阳—杨东河正断层、F15 坊镇正断层和 F16 贺家庄正断层。

F9 合阳—杨东河正断层：在徐水沟杨家河附近，下盘为石千峰组一、二段，上盘为石千峰组第三段，断层带不明显。该断层的西南段构成南蔡洼地的南界，上新统顶面埋深达约 260m；另外，由于受该断层影响，县城北上新

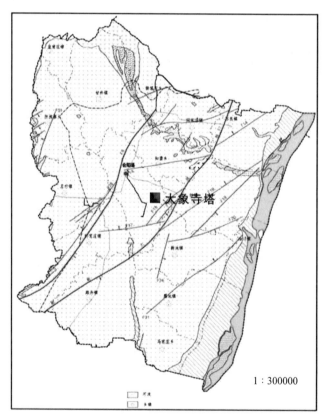

图 6.4 合阳县区域构造图

❶ 机械工业勘察设计研究院有限公司 . 合阳大象寺塔抢修加固工程——岩土工程勘察报告书 [R]. 2015.1.

统砂岩多破碎成小块，下更新统地层中常见裂隙面具明显擦痕，说明该断层在下更新世及以后仍有活动。

6.2.2 大象寺塔周边场地（图6.5）

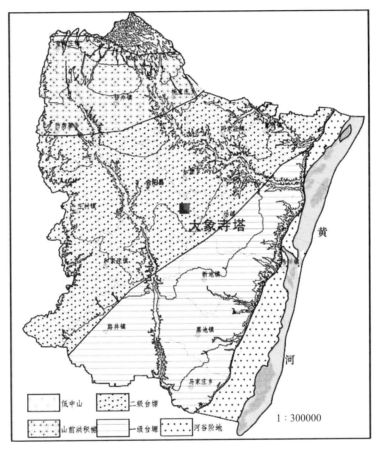

图6.5 大象寺塔周边地形地貌

大象寺塔区域地貌单元属二级黄土台塬地，塔周围地形呈缓坡形，略高于周边，排水较通畅，塔北侧7~8m为一处深6~7m的深沟，沟宽约26m，坡角约80°~85°，近直立，深沟内为柏油道路。根据黄土地区边坡工程经验，参考相关技术规范，分析本处边坡在目前状态下（不考虑水作用）基本处于稳定状态，但在连阴雨、强降雨或排水不畅的情况下，边坡存在发生部分崩塌的隐患，进而可能威胁到坡上大象寺塔的稳定。

大象寺塔附近为合阳县秦晋矿业开发有限责任公司平政煤矿，该煤矿于2013年建设投产，分为南北两个工业区。南工业区距大象寺塔较近，位于大象寺塔东侧约800m，大象寺塔北侧的柏油路通向平政煤矿南工业区。北工业区位于大象寺塔东北侧约1300m。根据秦晋公司提供的《井上下对照图》：以大象寺塔为中心半径 170m 范围内留有保安煤柱，其由东向西通向大象寺塔方向的两条采煤巷道也已经封闭，如该煤矿按照《井上下对照图》进行工作面推进，按照相关规范和工程经验，则大象寺塔不受附近采空区及其引起的地面塌陷的影响。

根据区域资料，本场地地下水位埋藏较深，在勘探深度（25m）内未见地下水。

6.3　大象寺塔基础及地基特点

6.3.1　基础组成与地基处理情况

大象寺塔一层下有长宽各 4.8m 的方形基座，基座一般高约 1.05m，由 13 层（皮）砖组成。由于大象寺塔整体倾斜，基座的沉降与之相应，在倾斜的东北方向，基座出露地面仅剩 11 层砖；而在塔基南侧，基座则出露地面 14 ~ 16 层砖。

经探槽开挖可以判定塔基础构造非常简单，仅简单外放 4 层砌砖，其中上面 3 层砌筑方式与塔基座基本一致，平铺放置；最下 1 层砖则立起排列（图 6.6），基础埋深约 0.40m。

探槽揭露基础底面以下有 1.9m（西侧探槽）到 2.4m（东南侧探槽）的夯填土，该部分外放约 0.9m；塔基周边外围夯填土又向外放了 1.0 ~ 1.1m，深度 1.0m 左右。夯填土普遍呈坚硬状态，含有大量青瓦、青砖碎块，少量白灰，有明显的夯筑痕迹，几乎不见孔隙；夯填土之下为原状黄土层。

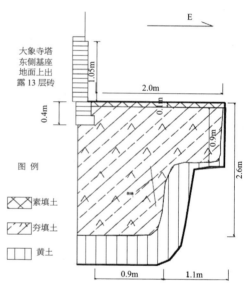

图 6.6　大象寺塔基座与基础构造

6.3.2　塔基下地层结构及其物理力学性质

1）地层结构（图 6.7）

钻探深度（25.00m）范围内的土层除素填土①层（主要由粉质黏土组成，松散，不均匀，大部分区域为近期填土、耕土）及夯填土外均为黄土、古土壤层互现，自上而下分层描述如下：

填土 Q_3^{ml} ①：该层分为素填土和夯填土，在大象寺塔周围 2m 范围内以夯填土为主，其余地段主要为素填土。素填土：黄褐色，稍湿，土质不均，以粉质黏土为主，含少量砖渣、灰渣、植物根系等。夯填土①₁：褐黄色，坚硬、土体密实，土质不均，以粉质黏土为主，

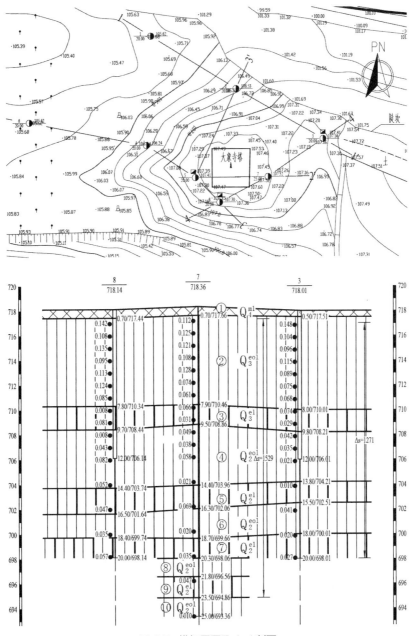

图 6.7 勘探平面及 4-4 剖面

含有较多青瓦、青砖碎块,塔基之下夯填土 1.9～2.4m 厚;塔基周边夯填土向外放 1.6～1.8m,深度 1.0m 左右。素填土一般厚度 0.50～0.70m,层底相对高程 104.92～106.82m。

黄土(粉质黏土)② Q_3^{eol}:褐黄～黄褐色,坚硬,稍湿。土质均匀,孔隙发育,含少量蜗牛壳碎片,含零星钙质结核,局部富集结核。湿陷系数平均值 $\bar{\delta}_s = 0.106$,具强烈湿陷性;压缩系数平均值 $\bar{a}_{1-2} = 0.19\text{MPa}^{-1}$,属中压缩性土。层厚 5.80～7.50m,层底深度 6.40～8.00m,

层底相对高程98.83～99.64m。

古土壤（粉质黏土）③Q_3^{el}：黄褐～浅红褐色，坚硬，稍湿。可见大孔、针孔，具团块状结构，含菌丝状白色钙质条纹及少量钙质结核，底部钙质结核稍多。湿陷系数平均值$\overline{\delta}_s$=0.063，具中等湿陷性，局部湿陷性强烈；压缩系数平均值$\overline{a}_{1\text{-}2}$=0.13MPa^{-1}，属中压缩性土。层厚1.20～2.10m，层底深度7.80～9.80m，层底相对高程97.36～98.02m。

黄土（粉质黏土）④Q_2^{eol}：褐黄色，局部黄褐色，硬塑，稍湿。土质均匀，可见大孔，针孔发育，含少量蜗牛壳碎片、钙质结核。湿陷系数平均值$\overline{\delta}_s$=0.048，具中等湿陷性，局部湿陷性强烈；压缩系数平均值$\overline{a}_{1\text{-}2}$=0.13MPa^{-1}，属中等压缩性土。层厚4.00～5.20m，层底深度13.00～14.50m，层底相对高程92.62～93.36m。

古土壤（粉质黏土）⑤Q_2^{el}：红褐色，坚硬，稍湿。具有大孔、虫孔，针孔发育，团块状结构，含菌丝状白色钙质条纹及少量钙质结核，偶见蜗牛壳。湿陷系数平均值$\overline{\delta}_s$=0.049，具中等湿陷性，局部湿陷性强烈；压缩系数平均值$\overline{a}_{1\text{-}2}$=0.12MPa^{-1}，属中压缩性土。层厚1.50～2.10m，层底深度14.50～16.50m，层底相对高程90.80～91.66m。

黄土（粉质黏土）⑥Q_2^{eol}：褐黄色，坚硬，稍湿。土质均匀，孔隙发育，含少量钙质条纹及结核，偶见少量蜗牛壳碎片。湿陷系数平均值$\overline{\delta}_s$=0.040，具中等湿陷性，局部湿陷性轻微；压缩系数平均值$\overline{a}_{1\text{-}2}$=0.14MPa^{-1}，属中压缩性土。层厚1.90～2.60m，层底深度16.50～18.70m，层底相对高程88.62～89.16m。

古土壤（粉质黏土）⑦Q_2^{el}：红褐色，硬塑，稍湿。具大孔、针孔，团块状结构，含钙质条纹，少量钙质结核。湿陷系数平均值$\overline{\delta}_s$=0.038，具中等湿陷性，局部湿陷性轻微；压缩系数平均值$\overline{a}_{1\text{-}2}$=0.12MPa^{-1}，属中压缩性土。层厚1.00～2.50m，层底深度18.30～20.30m，层底相对高程86.62～87.84m。

黄土（粉质黏土）⑧Q_2^{eol}：褐黄色，坚硬，稍湿。土质均匀，孔隙发育，含少量钙质条纹及结核，偶见少量蜗牛壳碎片。湿陷系数平均值$\overline{\delta}_s$=0.029，具轻微湿陷性，局部湿陷性中等；压缩系数平均值$\overline{a}_{1\text{-}2}$=0.15MPa^{-1}，属中压缩性土。7#钻孔揭露层厚1.50m，层底深度21.80m，层底相对高程85.72m。

古土壤和黄土（粉质黏土）⑨Q_2^{eol+el}：上部为古土壤，红褐色，坚硬，稍湿。具团块状结构，含钙质条纹，少量钙质结核。下部为黄土，褐黄～黄褐色，坚硬，稍湿。土质均匀，孔隙发育，含少量钙质条纹及结核，偶见少量蜗牛壳碎片。该层湿陷系数平均值$\overline{\delta}_s$=0.029，具轻微湿陷性；压缩系数平均值$\overline{a}_{1\text{-}2}$=0.15MPa^{-1}，属中压缩性土。该层勘察未钻穿，最大揭露厚度3.20m，最大钻探深度25.00m，最低钻至相对高程82.52m。

2）地基土一般物理力学性质

勘察取土样121件，常规物理力学性质指标试验结果分层统计见表6.2。

表 6.2

地基土常规物理力学性质指标统计表

土层	值别	含水率 w %	重度 γ kN/m³	干重度 γ_d kN/m³	饱和度 S_r %	孔隙比 e	液限 w_L %	塑限 w_p %	塑性指数 I_p %	液性指数 I_L	湿陷系数 δ_s	压缩系数 a_{1-2} MPa⁻¹	压缩模量 Es_{1-2} MPa	压缩系数 a_{2-3} MPa⁻¹	压缩模量 Es_{2-3} MPa	压缩模量 Es_{3-4} MPa	自重湿陷系数 δ_{zs}	湿陷起始压力 kPa
② 黄土	最大值	14.1	14.5	13.1	31	1.348	30.4	18.5	11.9	<0	0.148	0.57	21.5				0.058	69
	最小值	6.9	12.7	11.6	16	1.058	27.8	17.2	10.6	<0	0.063	0.09	3.4				0.003	34
	平均值	9.7	13.5	12.2	22	1.213	29.2	17.9	11.3	<0	0.106	0.19	13.1				0.024	49
	标准差	1.40	0.46	0.39	3.4	0.0733	0.70	0.35	0.36	0.120	0.0216	0.107	4.28				0.0145	9.3
	变异系数	0.14	0.03	0.03	0.16	0.063	0.02	0.02	0.03			0.56	0.33				0.61	0.19
	统计频数	46	49	48	47	49	49	49	49	46	49	47	47				20	20
③ 古土壤	最大值	10.5	15.4	14.2	35	1.124	30.4	18.5	11.9	<0	0.087	0.19	21.5	0.15	23.3		0.059	200
	最小值	8.0	14.1	12.8	20	0.913	29.0	17.8	11.2	<0	0.029	0.08	7.9	0.09	13.1		0.003	71
	平均值	9.4	14.7	13.4	26	1.024	29.8	18.2	11.6	<0	0.063	0.13	15.3	0.12	17.5		0.034	111
	标准差	0.73	0.47	0.44	3.6	0.0634	0.46	0.21	0.25	0.061	0.0205	0.034	4.17	0.021	3.16		0.0197	50.1
	变异系数	0.08	0.03	0.03	0.14	0.06	0.02	0.01	0.02			0.26	0.07	0.17	018		0.58	0.45
	统计频数	11	11	11	11	11	12	12	12	11	11	11	12	11	11		6	6
④ 黄土	最大值	11.6	15.8	14.5	33	1.143	29.4	18.0	11.4	<0	0.091	0.19	21.5				0.063	185
	最小值	6.4	13.8	12.6	17	0.871	27.7	17.2	10.5	<0	0.005	0.08	10.3				0.021	80
	平均值	8.9	14.6	13.4	24	1.022	28.6	17.6	11.0	<0	0.048	0.13	15.8				0.043	114
	标准差	1.62	0.43	0.40	4.3	0.0610	0.56	0.28	0.28	0.149	0.0227	0.030	3.20				0.0128	29.6
	变异系数	0.18	0.03	0.03	0.18	0.06	0.02	0.02	0.03			0.23	0.20				0.30	0.26
	统计频数	28	26	26	27	26	27	27	27	28	28	27	27				10	10
⑤ 古土壤	最大值	11.8	16.4	14.8	35	1.090	30.4	18.5	11.9	<0	0.089	0.14	18.4	0.12	20.3		0.077	265
	最小值	9.0	14.2	13.0	24	0.838	28.8	17.7	11.1	<0	0.022	0.11	14.4	0.10	17.0		0.010	119
	平均值	10.2	15.2	13.8	29	0.967	29.7	18.1	11.5	<0	0.049	0.12	15.9	0.11	18.3		0.042	173

续表

土层	值别	含水率 w %	重度 γ kN/m³	干重度 γ_d kN/m³	饱和度 S_r %	孔隙比 e	液限 w_L %	塑限 w_P %	塑性指数 I_p %	液性指数 I_L	湿陷系数 δ_s	压缩系数 $a_{1\text{-}2}$ MPa^{-1}	压缩模量 $E_{s1\text{-}2}$ MPa	压缩系数 $a_{2\text{-}3}$ MPa^{-1}	压缩模量 $E_{s2\text{-}3}$ MPa	压缩模量 $E_{s3\text{-}4}$ MPa	自重湿陷系数 δ_{zs}	湿陷起始压力 kPa
⑤ 古土壤	标准差	1.01	0.80	0.65	4.9	0.0880	0.66	0.32	0.35	0.082	0.0221	0.011	1.44	0.008	1.27			
	变异系数	0.10	0.05	0.05	0.17	0.09	0.02	0.02	0.03			0.09	0.09	0.07	0.07			
	统计频数	8	8	8	8	8	8	8	8	8	8	7	7	7	7		3	3
⑥ 黄土	最大值	13.0	15.7	14.4	40	1.052	30.1	18.3	11.8	<0	0.070	0.17	17.3	0.14	20.4		0.070	196
	最小值	9.6	14.7	13.2	26	0.879	29.4	18.0	11.4	<0	0.020	0.11	11.9	0.10	14.5		0.036	151
	平均值	10.6	15.0	13.7	31	0.983	29.7	18.2	11.5	<0	0.040	0.14	14.9	0.11	17.7		0.049	168
	标准差	1.15	0.36	0.45	5.6	0.0642	0.28	0.12	0.16	0.098	0.0170	0.023	2.25	0.017	2.33			
	变异系数	0.11	0.02	0.03	0.18	0.07	0.01	0.01	0.01			0.17	0.15	0.15	0.13			
	统计频数	7	7	8	8	8	8	8	8	7	8	8	8	8	8		3	3
⑦ 古土壤	最大值	12.6	16.5	14.9	37	0.953	30.4	18.5	11.9	<0	0.068	0.15	19.3	0.13	21.4	17.6	0.065	260
	最小值	9.6	15.4	13.9	30	0.815	29.1	17.9	11.2	<0	0.010	0.10	12.9	0.09	14.9	17.6	0.020	177
	平均值	11.0	15.8	14.3	33	0.902	30.0	18.3	11.7	<0	0.038	0.12	15.7	0.11	18.1	17.6	0.043	221
	标准差	0.86	0.35	0.37	2.1	0.0478	0.44	0.21	0.24	0.072	0.0203	0.019	2.32	0.015	2.28			
	变异系数	0.08	0.02	0.03	0.06	0.05	0.01	0.01	0.02			0.15	0.15	0.14	0.13			
	统计频数	9	9	9	9	9	8	8	8	9	9	9	9	9	9	1	4	4
⑧ 黄土	最大值	15.3	15.7	13.6	42	1.025	30.0	18.3	11.7	<0	0.038	0.16	14.5	0.13	18.1			
	最小值	11.1	15.0	13.4	30	0.990	29.1	17.9	11.2	<0	0.015	0.14	12.5	0.11	15.4			
	平均值	13.8	15.4	13.5	37	1.006	29.6	18.1	11.5	<0	0.029	0.15	13.4	0.12	16.5			
	统计频数	4	4	4	4	4	4	4	4	4	4	4	4	4	4		4	4
⑨ 古土壤和黄土	平均值	13.1	16.1	14.2	39	0.914	30.4	18.5	11.9	<0	0.029	0.16	12.7	0.36	12.0	14.2		
	统计频数	2	2	2	2	2	2	2	2	2	2	2	2	2	2	2		

3）场地的湿陷类型及地基湿陷等级

根据勘察结果，地基土的湿陷性试验及自重湿陷量计算结果见表 6.3a，该场地为自重湿陷性黄土场地。

自重湿陷量计算表　　　　　　表 6.3a

探井编号	计算起始深度（m）	计算终止深度（m）	自重湿陷量计算值（mm）	判定标准	场地湿陷类型
3	2.50	20.00	541	>70mm	自重
5	1.50	20.00	1128	>70mm	自重
8	2.50	20.00	804	>70mm	自重

按《湿陷性黄土地区建筑规范》GB 50025—2004 的有关规定，结合大象寺塔实际情况，各勘探点湿陷量计算值从地面下 1m 处起算，累计至各勘探点孔底为止，各勘探孔的湿陷量计算值及湿陷等级建议见表 6.3b。

湿陷量计算值及地基湿陷等级评价表　　　　　　表 6.3b

建筑物	起算位置（m）	勘探点编号	计算起始深度（m）	计算终止深度（m）	湿陷量计算值（mm）	湿陷等级	湿陷等级建议
大象寺塔	各勘探点孔口地面下 1m 处	1	1.00	20.00	1292	Ⅳ级（很严重）	Ⅳ级（很严重）
		2	1.00	20.00	1799		
		3	1.00	20.00	1271		
		4	1.00	20.00	1525		
		5	1.00	20.00	1957		
		6	1.00	20.00	1279		
		7	1.00	20.00	1665		
		8	1.00	20.00	1641		

4）黄土的湿陷起始压力

为评价地基土的湿陷起始压力，勘察选取土样进行了双线法黄土湿陷起始压力试验，湿陷起始压力 p_{sh} 随相对标高变化曲线见图 6.8。

5）直接剪切（固快）试验

为提供基坑开挖、边坡支护设计所需有关土层的抗剪强度参数，勘察采取 60 件不扰动土试样进行了直剪（固结快剪）试验，试验指标（粘聚力 c 和内摩擦角 φ）分层统计结果见表 6.4。

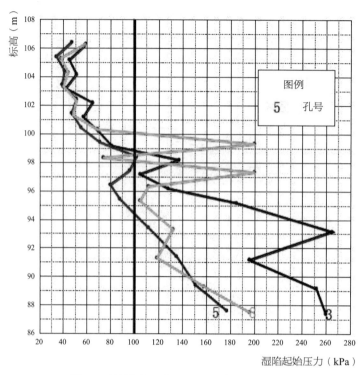

图 6.8 湿陷起始压力 psh 随相对标高变化曲线

直剪（固快）试验成果统计表　　　　　　　　　　　　　　　　　　表 6.4

土层	粘聚力 c（kPa）								内摩擦角 φ（°）							
	最大值	最小值	平均值	标准差	变异系数	标准值	建议值	统计频数	最大值	最小值	平均值	标准差	变异系数	标准值	建议值	统计频数
夯筑土①₁							20								20.0	
黄土②	24.0	11.0	18.0	3.49	0.19	16.8	15	26	28.3	23.9	26.1	1.19	0.05	25.7	25.0	26
古土壤③	35.0	20.0	27.7	5.79	0.21	22.9	21	6	26.2	23.9	25.2	0.93	0.04	24.4	24.0	6
黄土④	36.0	16.0	24.2	6.12	0.25	21.1	20	13	27.4	22.9	25.5	1.40	0.05	24.8	24.0	13
古土壤⑤	35.0	18.0	25.8				23	35.0	27.0	23.4	25.1				24.0	5
黄土⑥	23.0	20.0	21.3				20	23.0	26.5	24.5	25.3				24.0	3
古土壤⑦	33.0	24.0	28.0				24	33.0	26.8	23.3	24.6				23.5	4
黄土⑧	22.0	21.0	21.5				21	22.0	25.3	25.2	25.3				24.0	2

6.3.3　塔下地基土物理力学性质分析

经过对勘察取样试验资料分析，绘制了各勘探点土样土工试验结果随相对标高变化曲线见图 6.9a～6.9d。可知，大象寺塔周围地基土的孔隙比较大、而干重度、含水量较低；地基土的状态基本处于坚硬状态，与此同时各勘探点地基土的湿陷系数都很大，场地地基土属于自重湿陷性黄土，地基湿陷等级为Ⅳ（很严重）级，因此当本场地地基土受水浸湿后，在水的作用下，土体发生湿陷的可能性很大。

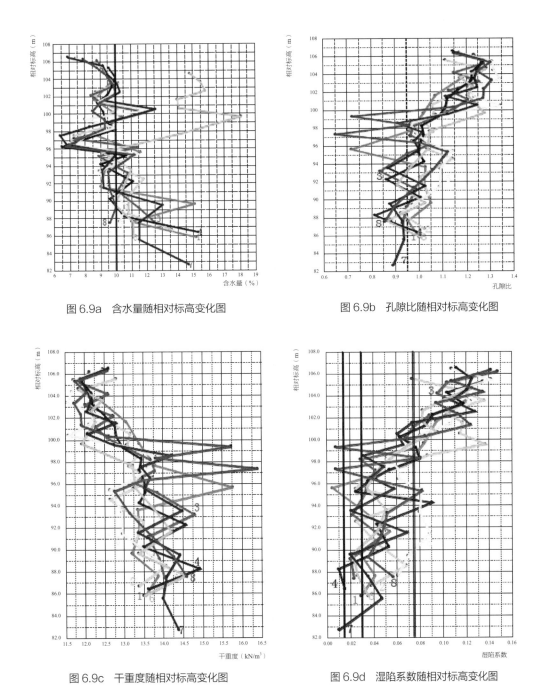

图 6.9a 含水量随相对标高变化图

图 6.9b 孔隙比随相对标高变化图

图 6.9c 干重度随相对标高变化图

图 6.9d 湿陷系数随相对标高变化图

根据室内试验结果及场地周围已有勘察资料，综合分析确定的各层土地基承载力特征值 f_{ak} 及各层土压缩模量 E_s 值建议按表 6.5 采用。

地基土承载力特征值 f_{ak} 及压缩模量 E_s 建议表 表 6.5

指标 \ 层名及层号	夯填土 ①₁	黄土 ②	古土壤 ③	黄土 ④	古土壤 ⑤	黄土 ⑥	古土壤 ⑦	黄土 ⑧	古土壤及黄土 ⑨
f_{ak}（kPa）	200	150	170	160	180	170	180	180	190
压缩模量 E_s（MPa）	15.0	8.0	11.0	10.0	11.0	10.0	12.0	10.0	12.0

6.4 现状主要病害

6.4.1 塔体严重倾斜

大象寺塔何时倾斜，无可考。依据机械工业勘察设计研究院 2016 年 5 月 24 日测量结果，以大象寺塔北面墙法线方向为假北，塔向北偏东 20° 44′ 24.5″ 倾斜，垂直方向倾斜 4° 37′ 42″，塔顶中心偏差 2.262m（图 6.10）。

已如第 2 章 "表 2.4 倾斜古塔稳定性计算" 所示，大象寺塔的倾斜已届其稳定临界状态！

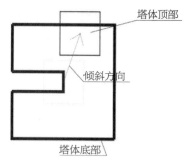

图 6.10 大象寺塔倾斜严重

6.4.2 塔体裂缝及风化剥落情况

大象寺塔历经千年风雨，加之塔体长期处于倾斜状态以及历史上的人为破坏，塔体已出现数条结构性裂缝，塔体一层表面塔砖及塔檐风化剥落现象非常严重，塔顶已无存。塔体四面残损情况简述如下：

①西立面：第一层有一拱券门洞入口，拱券上方及两侧发育有多条裂缝，呈倒八字形分布，缝宽约为 2 ~ 15mm；塔身第五层至塔顶，大致均布有 5 条倾斜裂缝。裂缝与地面夹角约 45°，向北倾斜分布，裂缝宽约 20 ~ 40mm，最大宽度可达 50mm，越靠近塔顶裂缝宽度越明显增大（图 6.11a）。

②南立面：南立面第一层砌砖从地面起 1m 范围严重掏蚀剥落，剥落深度约 300mm。第二层、第七层开有券洞，第七层券洞局部坍塌。第四层向上开始出现大量裂缝并呈倒八字分布，裂缝多集中于塔身上 1/3 区域，裂缝与地面夹角多为 45°，裂缝宽约 20 ~ 40mm，最大缝宽 60mm，越靠近塔顶裂缝宽度越大（图 6.11b）。第一层、第五层塔檐 80% 坍塌，第四层塔檐 70% 破损，角檐破损尤为严重。

③东立面：东立面第一层竖向裂缝分布较多，缝宽约 5 ~ 20mm，其中一条竖向裂缝贯通塔身第一层。第五层以上至塔顶，有 6 条倾斜裂缝，向北倾斜分布，与地面夹角约

45°~60°，缝宽约 20~30mm。裂缝越靠近塔顶，其宽度越大。

④北立面：北立面第一层竖向裂缝分布较多，但缝宽普遍不大，并且延伸较短。其余各层勘察未发现较大裂缝，裂缝亦未呈明显规律出现。但塔檐破损，翼角坍塌，角梁糟朽外露。

从塔体四立面破损情况来看，塔身南立面的裂缝、砌体风化、塌落、塔檐破损、翼角残缺情况最为严重，其次是塔身西立面，再次是塔身东立面，之后是塔身北立面。很显然，塔体的斜裂缝开展及破损情况与塔体倾斜产生的弯曲拉压应力是呼应的。

图 6.11a　大象寺塔塔体西侧（镜头向东）　　图 6.11b　大象寺塔塔体南侧（镜头向北）

6.4.3　塔顶风化残损情况

大象寺塔地处旷野高地，千年的风雨剥蚀及地震破坏使得塔刹已荡然无存，残塔顶部约3层灰浆几乎流失殆尽，基本为干砖堆磊散摆（图 6.12）。

图 6.12　大象寺塔塔顶

6.4.4 塔基探槽开挖情况

为了解塔体基础及地基情况，在塔基西侧和东南角各开挖一个探槽，东侧为探槽 1，西侧为探槽 2，位置如图 6.13。塔体基础及地基构造已如前述，下面介绍塔下地基的裂缝情况。

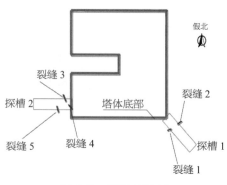

图 6.13 探槽平面布置

探槽 1：探槽长约 2.2m，深约 2.8m，宽约 0.7m。探槽开挖过程在东西侧壁发现两条裂缝，其中裂缝 1 发育于西侧地面下 1m 处，向下延伸 0.8m，裂缝上部呈 Y 字形，与地面夹角约 70°，裂缝宽度约 20 ~ 60mm，最宽处 90mm，上宽下窄，其产状倾向南偏东方向；裂缝 2 发育于东侧地面下 1.1m 处，向下延伸 0.7m，与地面夹角约 75°，裂缝宽度约 20 ~ 40mm，最宽处 70mm，上宽下窄，其产状倾向南东方向；裂缝 1，裂缝 2 推测基本贯通为一条，缝中充填有虚土和砖瓦碎渣（图 6.14a、b）。

探槽 2：探槽长约 2.1m，深约 2.3m，宽约 0.7m。开挖过程在南北侧壁上发现两条裂缝，塔基下发现一条裂缝，其中裂缝 3 发育于探槽北侧地面下 0.3m 处，距塔基仅 0.3m，近垂直方向，走向北西 - 南东，向下延伸 0.8m，裂缝宽度约 20 ~ 50mm，最宽处 70mm，主缝西侧有一组小裂缝，破碎带宽约 100mm；裂缝 4 发育于塔基下方，距塔南侧砖墙约 650mm，向下延伸 0.9m，与地面夹角约 80°，裂缝宽度约 20 ~ 40mm，最宽处 60mm，其产状倾向北东方向；裂缝 3，裂缝 4 本为一条贯通裂缝，缝中充填有虚土和砖瓦碎渣；裂缝 5 发育于探槽南侧地面下 0.7m 处，西距塔基 0.6m，与地面夹角约 70°，产状向西偏南向下延伸 1m，裂缝宽度约 20 ~ 40mm，最宽处 60mm，破碎带宽约 100mm（图 6.14c、d）。

探槽所揭露的地基多条裂缝，可以认为是地基承载力不足，以致剪切变形过大，在地基土含水率比较小的情况下，形成的剪拉破坏现象。

6.4.5 塔体倾斜及残损的原因

由上述可知，大象寺塔的主要病害可归结为两类：①倾斜严重；②塔体破损严重。塔体倾斜导致的不均衡应力是塔体及地基出现裂缝的主要诱发因素，而塔体破损与塔体倾斜的叠合效应，则构成塔体稳定性不足的所有要素。

大象寺塔地基处理比较简单，且不均匀。从探槽揭露的情况来看，大象寺塔东、西两侧的地基处理厚度并不一致，东侧为 2.4m，西侧为 1.9m。另一方面，大象寺塔塔体高近 30m，地基压应力很大；且塔下地基为自重湿陷性黄土，湿陷等层为Ⅳ级（很严重）。在长

图 6.14a 探槽 1 裂缝 1（镜头向西南）

图 6.14b 裂缝 2（镜头向东北）

图 6.14c 探槽 2 裂缝 3（镜头向北）

图 6.14d 裂缝 4（镜头向东）

久的岁月中，随环境发生变化，塔体发生不均匀沉降及倾斜难以避免。

据现代地质学家研究分析，号称"八百里秦川"的关中平原，处在渭河地堑之上，地下断裂带多，活动性大，历来是我国地震最频繁剧烈的地区之一。明嘉靖三十四年（1556 年 1 月 23 日），陕西华县发生的 8.3 级大地震，极震区地震烈度 11 度，地震重灾区面积达 28 万 km²，分布在陕西、山西、河南、甘肃等省区，地震波及大半个中国。

受汾渭地震带及周边强震影响，关中历次大震均波及合阳。在地震惯性力作用下，塔体结构会产生比较大的弯剪应力，促成塔体交叉斜裂缝的产生；塔地基不仅会产生更大的不均衡应力，其内部结构也会发生一定的变化，加重塔体的不均匀沉降及倾斜。塔体倾斜、塔体裂缝及塔顶残损主要应当是华县大地震所致。

塔初始倾斜后，造成塔体的初始偏心荷载及对地基的不均匀压力，随着时间的推移，地基在受力不均的情况下，产生不均匀蠕动变形，从而引起塔体进一步倾斜。随着倾斜角度增大，塔身重心继续偏移，倾覆弯矩增大，偏心荷载越发严重，塔体倾斜及裂缝就进一步发展，造成恶性循环。

大象寺塔在战争年代已历兵燹（bīng xiǎn，因战乱而造成的焚烧破坏等灾害。）破坏，寺院毁坏后，塔长期无人管理及维护，亦是塔体严重毁坏的因素之一。

6.5 数值分析

为准确把握大象寺塔的病害成因及其力学特点，根据测绘数据，建立有限元模型对大象寺塔依据现状倾斜状态（4.63º）进行了数值模拟分析。材料参数依据塔体动力测试结果反演推出。

6.5.1 半地基模型

为不致使得计算过程过于冗繁，取半地基模型，即只考虑塔下压力核范围的压实土体，不考虑核外土体的作用，对大象寺塔进行了静力荷载作用下的力学状态分析及模态分析。压力核简化取为正六面体，底面 6 维约束，侧面 3 维约束，压力核土体模量大致为塔体的 1/4。图 6.15、图 6.16 显示静力分析结果，图 6.17 给出模态分析结果。可以看出，塔体底部在现状倾斜状态下的拉压应力已足够大，而塔体的振动模态则清晰地揭示了塔体开裂破损的内在机理！

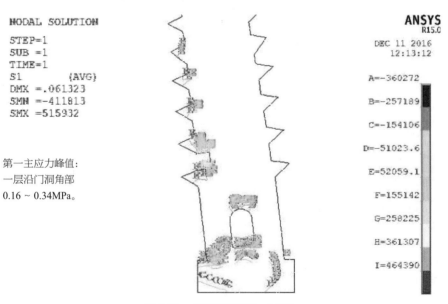

图 6.15 静载作用下第一主应力

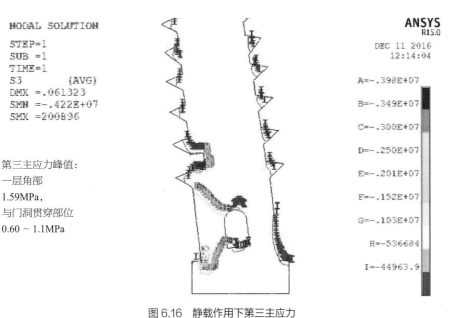

图 6.16 静载作用下第三主应力

6.5.2 塔底嵌固模型

为要探讨塔下地基对于塔体力学状态的影响程度，不考虑塔与地基的共同作用，对塔基底部取 6 维约束，对塔体进行了模态分析（图 6.18）。对照图 6.17 可以看出，不考虑塔与地基的共同作用，塔在地震作用下的振动主要以弯曲变形为主，即砌体材料主要以拉压受力为主；考虑塔与地基的共同作用后，塔在地震作用下的振动趋向于以剪弯变形为主，也就是说砌体材料主要以剪切受力为主，这种受力状态更容易使塔体开裂。

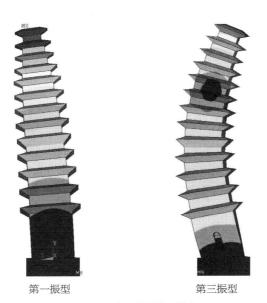

第一振型　　　　　第三振型

图 6.17 考虑地基模型模态

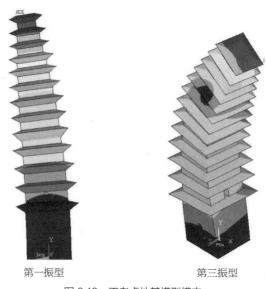

第一振型   第三振型

图 6.18   不考虑地基模型模态

6.6   纠偏加固与维修

6.6.1   加固维修的基本思路

由于大象寺塔倾斜及破损均比较严重，采取现状整修的可能性不大，任何的维修添加措施，均可能成为压倒塔体的"最后一棵稻草"！为要"真实、完整地保护文物古迹在历史过程中形成的价值及其体现这种价值的状态"❶，必须先实施纠偏方可采取进一步的加固与维修措施。

鉴于大象寺塔破损严重的现实，实施纠偏前，必须进行可靠的塔体预加固！这也是大象寺塔纠偏维修工程与前述几例类似工程区别的关键所在。

图 6.19 ~ 图 6.22 给出大象寺塔纠偏方案的主要环节。

与前几例塔纠偏工程类似，塔体加固须在纠偏前完成，基础加固的圈梁则须视塔体力学状态的许可程度，择机实施之。

图 6.19   大象寺塔纠偏预加固方案

---

❶ 国际古迹遗址理事会中国国家委员会制定，中华人民共和国国家文物局推荐 . 中国文物古迹保护准则 . 2015.

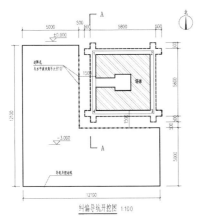

纠偏导坑开挖图 1:100

纠偏基本思路:

1. 塔体纠偏采取抽土迫降法,迫降抽土的孔位、孔径、倾斜角度、浓度均应根据塔体地基土层物理、力学性能及塔体倾斜程度,经分析计算后分不同批次实施。

2. 塔体迫降速度应严格控制,日沉降量不得大于10mm。

3. 如图所示开挖导坑,在塔体西、南侧塔底下约1.5m处同排间隔开孔掏土。

4. 孔径50～60mm,孔间净距100～500mm,孔与水平面的夹角控制10°左右。

5. 开孔最大深度不得穿透塔体中线600mm为宜。

6. 成孔深度随塔体重心回移而逐渐缩短。

7. 塔体开始缓慢向西北倾斜等趋于稳定后,沿原孔位继续开孔掏土。如此反复操作直至塔体4号点高于2号点的竖直距离大于100mm。

8. 塔体纠偏中应对塔体应力、应变状态、变位、裂缝变化、倾角变化等力学参数应进行严密监测与监控,同时做好应急措施。

图 6.20 大象寺塔纠偏导坑布置

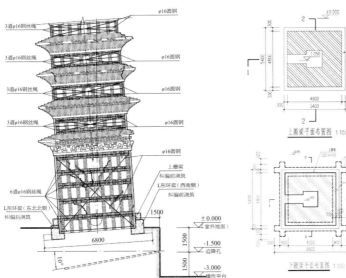

图 6.21 大象寺塔纠偏抽土布孔

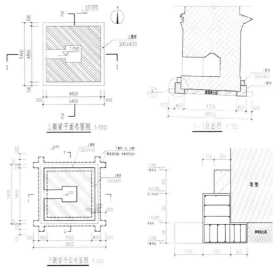

图 6.22 大象寺塔纠偏基础加固

第7章 开封延庆观玉皇阁整体抬升保护工程

7.1 概况

施工时间：2009年1月～2010年12月

设计负责人：陈平、张卫喜、陈一凡

施工单位：陕西普宁工程结构特种技术有限公司

项目负责：陈平

项目经理：张卫喜

技术负责：陈平

7.1.1 地理位置与历史沿革

开封市位于河南省东部，是我国著名的古都之一。北临黄河约10km，地处黄河冲积扇。延庆观位于开封市西南隅（图7.1），始建于金代，初名"重阳观"，元代名"朝元宫"，明洪武六年（公元1373年）改称延庆观，其斋堂也改名玉皇阁，现观内其他建筑不存，独玉皇阁保存完好（图7.2）。1988年国务院公布开封延庆观玉皇阁为国家重点文物保护单位（归入宋东京城遗址，编号：218；分类号：38）。

图7.1 延庆观位于开封市西南隅

开封延庆观为纪念道教 全真教派创始人王喆（zhé，字知明，号重阳子）而建，在中国道教史上占有特殊地位，被誉为中原第一道观。

王喆，北宋政和二年（1112年）人，原名中孚，字允卿，后改名为巨雄，字德威，陕西咸阳大魏村人、性豪爽尚文，四十岁左右，自称遇到仙人吕洞宾化身，得仙术之道，更名为喆，字知明，号重阳子。金大定三年（1163年）前往山东胶东一带传道，得马钰、孙不二、谭处端、郝大通、刘处玄、王处一、丘处机七弟子（后称全真七子），创立全真教。其教旨以"澄心定意、抱元守一、存种固气"为"真功"，以"济贫拔苦，先人后己，与物无私"为"真行"，功行俱全，故名全真。主张儒、释、道三教合一，以《孝经》《心经》《老子》为经典。时人称其教为"其逊让似儒，其勤苦似墨，其慈爱似佛"。金大定九年（1169年），王喆率马钰、谭处端、刘处玄、丘处机四弟子西归，途经汴京，住太宁坊王家饭店（今延庆观一带）传教，不久升霞（卒）于此，年五十八岁，其弟子将其葬于陕西户县。王喆卒后不久其门生就在其升霞之地—太宁坊王家饭店修建了一座重阳观以作纪念。其时，金统治者罢除了一切不利统治的活动，全真教布道传教因此转入地下活动，重阳观亦失修，以至废毁于金末。

图7.2 玉皇阁保存完好

元太祖十四年（1219年），王喆的弟子丘处机被成吉思汗诏见，封为国师，赐号"长春真人"，并授命掌管全国道教。其后，道教大为流行。元太宗五年（1233年），蒙古占领汴京后，丘处机命郝大通之徒栖云真人王志谨主持重阳观，并进行重修。据《程雪楼集》第十八《徐真人道行碑》记载："师讳志根，梁之扶沟人，弱冠为道士，学于王真人志谨。初，重阳入梁（开封）主（住）太宁坊王氏，尝曰：吾后必宅是。金亡，其地为虚，后六十四年，志谨即为之宫广袤七里，赐名朝元。工未竟，而传之师（指徐志根），师躬畚锸（běn chā，泛指挖运泥土的用具），率夫役，勤于而劳心，克溃于成，壮丽甲四方"。经二代人约三十余年的奋斗，始建成这座规模雄伟的"朝元宫"矗立于中原大地，气压四方。元至正十八年（1358 年）红巾军首领刘福通率起义军攻取汴梁，朝元宫毁于战火，仅存一斋堂（即今之玉皇阁）。

明初，一度"为宝泉局铸钱之所"，后移于蔡河湾，而斋堂悉已颓废。洪武六年（1373 年）恢复道观，改名延庆观，设"遵纪司"于内。

崇祯十五年（1642 年）被黄水淹没。清康熙七年（1668 年）县人赵足行等倡约信善男女捐资重修延庆观。道光二十一年（1841 年）黄河决水，涌入城，延庆观又一次被淹。道光二十七年（1847 年）再度重修。

延庆观在开封老百姓心目中占有极重要的地位，老百姓为了祈求上苍庇佑开封不再患水灾，每年能有一个好的收成，五谷丰登之后人们都会来到这里朝拜它。逢农历初一、十五，这里香火都很旺盛。或言开封某些耄耋老人在家失眠难以入睡，然拿一些简单铺盖睡于延庆观门前，恒有满意效果。

7.1.2 建筑形制

玉皇阁采用砖墙穹顶结构（图 7.2、图 7.3），高 18.17m，2 层，外观 3 层。第一层平面方形，周长 9.70m，依靠底层四隅的三角形穹隅，第二、第三层由方变为八角形（图 7.4）。穹顶下缘用一圈斗拱作为装饰。阁的外观全部木构化，第二层外墙用八个琉璃瓦悬山顶环绕，形成造型丰富而有新意的装饰屋顶，平座及二、三层墙面的柱子、阑额、斗拱等构件都用砖雕镶贴，屋顶用琉璃瓦铺盖。

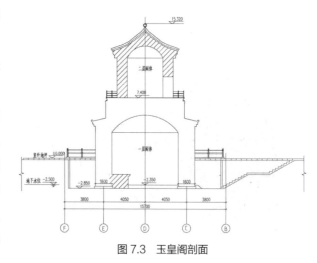

图 7.3 玉皇阁剖面

玉皇阁是一座保存完好的无梁式仿木砖石古建筑，是我国北方游牧民族蒙古包穹顶式建筑与中原楼阁式建筑巧妙结合的产物，具有极高的文物价值和科学、艺术价值，是研究西域

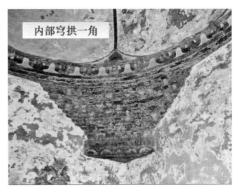

图7.4　玉皇阁内部穹顶

伊斯兰教建筑形制与风格对中土建筑影响及元明中国砖石拱顶建筑嬗变的重要实物。❶

　　元代的穹顶在伊斯兰教建筑中使用较为普遍，但在道教建筑中则极为罕见。在使用了外来的穹顶技术后，又加以彻底地木构化，使之具有浓厚的中国传统木构建筑的风貌，这是此阁最有意义的一种探索。❷

7.1.3　主要病害

　　玉皇阁建筑在近 800 年的历程中，屡历黄河泛滥之灾❸，随着黄河泥沙不断淤积，玉皇阁原地表已低于现地表近 3m，其地基及基础常年浸于水下，承载力明显下降，致使阁体因不均匀沉降产生明显的倾斜、开裂，且裂隙日渐加大。地下水携带有害盐类上升并侵蚀阁体及砖雕构件，加之冻融作用的影响，阁体酥碱现象日甚。为缓解病害，同时使其艺术形象得到完整展示，1984 年，文管部门沿阁体周围下挖长宽约 13.5m，深约 3.0m 的基坑，将玉皇阁整体暴露（图 7.2、图 7.3）。

　　由于玉皇阁南距包公湖不足 200m，水源丰富，地下水位较高，管理部门不得不持续降水解决 3.0m 深基坑长期浸水问题，排水又携带地基，粉砂持续流出地基承载力下降，加剧了阁体的倾斜、开裂，其中部分裂缝从墙基延伸至穹隆约 1000mm 处，尚处于发展中（图 7.5、图 7.6）。

图7.5　抽水井与地面不均匀沉降

❶　常青. 元明中国砖石拱顶建筑的嬗变 [J]. 自然科学史研究.1993，2：192-200.

❷　潘谷西. 中国古代建筑史（第四卷）[M]. 北京：中国建筑工业出版社，2001.

❸　水利部黄河水利委员会. 黄河水利史述要 [M]. 郑州：黄河水利出版社，1982.

由于裂缝的发展，阁体西南角穹窿承重横梁断裂，部分石质构件开裂，部分非结构构件（装饰、雕刻等）也受损严重。

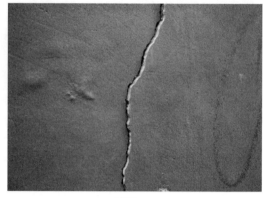

南侧   西侧

图 7.6　玉皇阁墙体开裂

由于底层墙体长年接近地下水位，处于饱和状态，盐分持续迁移，灰浆严重风化，墙体酥碱严重，其抗压 - 抗剪能力亦明显降低。

可以看出，由于种种病害的影响，玉皇阁建筑的结构安全裕度已明显不足，对于文物及游人均产生了严重的安全隐患！

7.2　地质条件、结构特点及整体顶升保护思路

7.2.1　地质与水文资料

根据黄委会勘测规划设计研究院地质总队 2004 年 1 月提供的《开封延庆观玉皇阁整体顶升工程岩土工程勘察报告》，场地 30m 勘探深度内所揭示的土层均由第四系堆积物组成。在垂直方向 30m 范围内分布 3 套地层，地表 0 ~ 2.2m 左右为第四系全新统人工堆积物地层（Q_4^{ml}），2.2 ~ 8.5m 左右为第四系全新统冲积堆积物地层（Q_4^{ml}），8.5 ~ 30.0m 为第四系全新统冲积物地层（Q_4^{al}）。按地层的成因类型、岩性及工程地质特性可将其划分为 8 个工程地质单元层：

第①层杂填土（Q_4^{ml}）：场区普遍分布，表层为地坪及灰土薄层，以下为杂填土，由砖块、瓦片、灰渣、粉土、粉黏、黏土等建筑垃圾组成。灰褐或灰黑色，松散 ~ 稍密状。该层厚度 2.10 ~ 2.20m，层底标高 67.70 ~ 67.90m。

第②层杂填土（Q_4^{al}）：灰褐、褐黄、灰色，颜色较杂，湿，稍密状，以粉土为主，夹粉质黏土、黏土薄层或团块，含砖渣、瓦片、小钙质结核，摇震反应无。该层在场地分布连续，厚度 2.80 ~ 3.00m，层底埋深 5.00 ~ 5.20m。

第③层粉土（Q_4^{al}）：场区普遍分布，灰～灰褐色，湿，稍密状，以粉土为主，含粉砂薄层及砖块、灰渣、灰色有机质，局部含贝壳类物质，砖块分布不均，摇震反应中等，干强度、韧性低。该层厚 3.20～3.50m，层底埋深 8.20～8.60m。

第④层粉土（Q_4^{al}）：浅黄～灰黄色，湿，中密状，摇震反应无，干强度，韧性低，夹稍密状粉砂薄层或砂质粉土。该层分布连续，厚度 3.20～3.80m，层底埋深 11.80～12.00m。

第⑤层粉土（Q_4^{al}）：暗黄～灰黄色，湿，中密状，摇震反应轻微，干强度、韧性低，夹浅黄色粉砂及粉质黏土薄层。厚度 4.50～4.70m，层底埋深 16.30～16.50m。

第⑥层粉土（Q_4^{al}）：该层在场区普遍分布，浅黄～暗黄色，湿，中密，稍具黏性，摇震反应无，干强度，韧性低。该层厚度 1.70～1.90m，层底埋深 18.10～18.30m。

第⑦层砂质粉土（Q_4^{al}）：该层在场区普遍分布，浅黄～暗黄色，湿，密实状，摇震反应无，干强度、韧性低，含砂粒，手捏砂感较强。厚度 1.70～2.30m，底层埋深 20.00～20.50m。

第⑧层细砂（Q_4^{al}）：场区普遍分布，灰黄～暗黄色，饱和，中密状，矿物成分为石英、长石、云母、级配良好。该层厚度较大，未揭穿，揭露最大厚度 10.00m。

场地内地下含水层主要为粉土层，属弱透水层，地下水类型为孔隙潜水，其补给来源主要为大气降水及地下水径补给。补给方向大致为西南向东北方向，勘察期间地下水位埋深为 2.4～2.6m。历史资料表明，历史最高水位，地下水深埋约 2.0m。历史水位标高约 68m，主要埋藏于第②、③、④、⑤等层粉土层中，第⑧层细砂为中等透水层，场地内潜水主要受季节和人为活动影响，年变化幅度 0.5m 左右。

各层土物理力学指标见表 7.1。

7.2.2 结构特点

中国砖石古建筑多直接坐落于经过简单处理的地基之上。其地基处理方法通常有三：①原土夯筑使之密实；②添加碎砖瓦石骨料改善其土质；③异地运来良土换之。其中当以其二最为常用，《营造法式·壕寨制度》详细规范了具体操作程序。至明一代，灰土技术始推广，清方成熟。承重墙体直接作用于简易处理的地基之上，加之砖石结构本身变形能力差、材料呈脆性的弱点，使之对地基承载力不足或支持不对称等因素引起的不均匀沉降极为敏感，构成中国古建筑砖石结构病害的主要成因。此后的施工过程揭露，玉皇阁墙体直接坐于深约 1.5m，宽略大于墙体的碎砖三合土基础上（图 7.7）。

图 7.7 玉皇阁碎砖三合土基础

表 7.1

各层土物理力学性质指标

工程名称：开封市延庆观玉皇阁整体顶升工程

层号	岩土名称	统计	含水量 w/%	比重 G_s	重度 γ/(kN/m³)	干重度 $γ_d$/(kN/m³)	孔隙比 e_0	饱和度 S_r/%	液限 w_L/%	塑限 w_P/%	塑性指数 I_P	液性指数 I_L	剪切试验 q c/kPa	剪切试验 q φ/°	剪切试验 UU c/KPa	剪切试验 UU φ/°	压缩试验天然 a_{1-2}/MPa⁻¹	压缩试验天然 E_s/MPa	腐蚀深度 <0.005 mm
1	杂填土	最小值 ~ 最大值	27.8~32.2	2.70~2.72	18.4~19.3	14.2~15.1	0.793~0.913	88~100	31.5~42.3	21.8~26.4	8.3~15.9	0.19~0.87			10~10	15.0~15.0			0.36~0.47	3.91~5.16	
		数据个数	4	4	4	4	4	4	4	4	4	4			3	3	4	4	2
		平均值	29.4	2.71	19.0	14.7	0.841	94	34.9	24.2	10.7	0.55			10	15.0	0.42	4.50	23.0
		标准差																	
		变异系数																	
2	杂填土	最小值 ~ 最大值	23.1~40.5	2.70~2.73	17.8~20.7	13.1~16.8	0.606~1.081	89~100	23.7~44.6	19.5~21.5	4.2~19.1	0.44~1.44			8~10	12.0~15.0	0.29~0.60	3.47~6.38	
		数据个数	6	6	6	6	6	6	6	5	6	6	1	1	4	4	6	6	5
		平均值	30.3	2.71	19.1	14.7	0.904	95	31.5	20.7	9.4	0.93	19	3.0	9	14.3	0.41	4.80	9.1
		标准差	6.8	0.01	1.0	1.4	0.188	5	8.8		6.2	0.33					0.13	1.11	
		变异系数	0.22	0.00	0.05	0.10	0.22	0.05	0.28		0.66	0.36					0.31	0.23	
3	粉土	最小值 ~ 最大值	19.9~27.7	2.69~2.70	19.2~20.6	15.0~16.7	0.613~0.996	87~100	21.1~28.7	14.7~22.2	6.4~6.5	0.85~0.88			7~9				3.98~10.56
		数据个数	9	9	9	9	9	9	7	7	6	6	1	1			9	8	10
		平均值	24.0	2.70	19.8	16.0	0.900	94	25.2	19.0	6.5	0.86	20	31.0	9	15.3	0.30	5.64	6.3
		标准差	2.5	0.01	0.5	0.7	0.073	4	2.9	2.7	0.1	0.01			1	0.5	0.11	2.06	
		变异系数	0.10	0.00	0.03	0.04	0.11	0.04	0.11	0.14	0.01	0.02			0.12	0.03	0.36	0.37	

续表

层号	岩土名称	统计项	含水量 w/%	比重 G_s	重度 γ/(kN/m³)	干重度 γ_d/(kN/m³)	孔隙比 e_0	饱和度 S_r/%	液限 w_L/%	塑限 w_P/%	塑性指数 I_P	液性指数 I_L	剪切试验 q c/kPa	剪切试验 q φ/°	剪切试验 UU c/KPa	剪切试验 UU φ/°	压缩试验(天然) $a_{1\text{-}2}$/MPa^{-1}	压缩试验(天然) E_s/MPa	腐蚀深度 <0.005 mm
4	粉土	最小值~最大值	18.8~22.0	2.68~2.70	20.5~21.4	17.0~18.0	0.501~0.881	92~100	19.1~21.6	12.1~13.0	7.0~8.6	0.67~0.99	15~30	24.0~38.0			0.08~0.14		1.38~19.65
		数据个数	6	6	6	6	6	6	6	6	6	6	6	6			4	5	10
		平均值	21.0	2.69	20.9	17.4	0.754	97	20.4	12.6	7.8	0.83	18	24			0.12	11.61	6.9
		标准差	2.0	0.01	0.45	0.5	0.073	4	2.1	2.7	0.1	0.01							
		变异系数	0.10	0.00	0.03	0.04	0.11	0.04	0.11	0.14	0.01	0.02							
5	粉土	最小值~最大值	16.4~20.6	2.69~2.71	19.8~21.5	16.5~18.1	0.489~0.838	85~100	17.5~23.0	11.2~15.8	6.3~8.9	0.60~0.88	14~33	21.5~30.0			0.10~0.24	6.23~10.76	
		数据个数	9	9	9	9	9	9	8	8	8	8	8	8			9	8	12
		平均值	20.2	2.70	20.8	17.5	0.754	93	20.5	13.2	7.3	0.76	15	20			0.18	8.38	8.1
		标准差	1.4	0.01	0.5	0.6	0.052	5	1.6	1.3	0.9	0.11	7	2.9			0.05	1.66	
		变异系数	0.08	0.00	0.03	0.03	0.10	0.06	0.08	0.10	0.12	0.15	0.28	0.11			0.26	0.20	
6	粉土	最小值~最大值	17.3~22.7	2.70~2.70	19.9~21.3	16.8~18.2	0.487~0.861	83~96	19.7~22.4	11.1~13.9	6.7~9.0	0.46~0.81	3~26	20.0~23.5			0.13~0.28	5.72~11.44	3~12.2
		数据个数	6	6	6	6	6	6	6	6	6	6	6	5			6	6	
		平均值	20.7	2.70	20.5	17.3	0.759	88	20.7	12.8	7.9	0.67	17	21.1			0.19		
		标准差	0.7		0.5	0.5	0.046	5	1.0	1.1	0.9	0.13	8	0.91			0.06	2.39	
		变异系数	0.04		0.02	0.03	0.08	0.05	0.05	0.09	0.11	0.19	0.47				0.32	0.27	

续表

层号	岩土名称	项目	含水量 w/%	比重 G_s	重度 γ/(kN/m³)	干重度 γ_d/(kN/m³)	孔隙比 e_0	饱和度 S_r/%	液限 w_L/%	塑限 w_P/%	塑性指数 I_P	液性指数 I_L	剪切试验 q c/kPa	剪切试验 q φ/°	剪切试验 UU c/kPa	剪切试验 UU φ/°	压缩试验 天然 a_{1-2}/MPa^{-1}	压缩试验 天然 E_s/MPa	腐蚀深度/mm (<0.005)
7	砂质粉土	最小值~最大值	17.4~21.5	2.69~2.71	19.8~21.0	16.3~17.5	0.549~0.651	81~99	19.5~23.0	12.5~15.9	7.0~8.1	0.75~0.91	2~10	12.0~26.0			0.12~0.26	5.96~9.02	
		数据个数	6	6	6	6	6	6	6	6	6	5	6	6			6	5	3
		平均值	20.5	2.70	20.2	16.9	0.600	89	21.9	14.5	7.4	0.82	5	22			0.20	7.56	7.8
		标准差	1.5	0.01	0.4	0.5	0.040	6	1.4	1.4	0.5		10	5.7			0.05		
		变异系数	0.08	0.00	0.02	0.03	0.07	0.06	0.06	0.10	0.07		0.58	0.26			0.24		
8	细砂	最小值~最大值																	
		数据个数	1	1	1	1	1	1					1	1			1	1	5
		平均值	21.9	2.67	19.6	16.1	0.661	89					0	30			0.08	20.76	2.5
		标准差																	
		变异系数																	

玉皇阁方底穹顶，由方形到圆形再到八角形这样的转换设置必然造成结构受力复杂，传力不明确。穹拱底部还会产生较大的水平推力，阁体底部墙体除承受上部传来的压力外，还要承受水平推力产生的剪力（图7.8）。

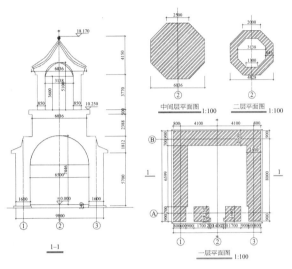

图 7.8 玉皇阁结构体系

玉皇阁砌体以黄泥为粘接材料，经历800余年的风雨剥蚀，块材之间的粘结力已基本丧失殆尽，其抗剪强度较低。砌体受地下水和不均匀沉降的影响已出现较严重的酥碱、开裂，穹底部分承重石梁已断裂。结构整体性差、材料强度低是制约玉皇阁整体顶升方案成功实施的主要因素（图7.9）。

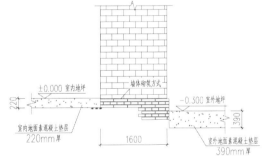

图 7.9 玉皇阁墙体构造

7.2.3 整体顶升保护思路

为彻底根除病害，2004年国家文物局批准了有关方面组织完成的开封延庆观玉皇阁现状勘察暨整体顶升保护方案。该方案基本特征：在阁底部墙体下横向顶入混凝土箱形梁，穿筋制作预应力托盘，以托盘周边机械静压桩（400mm×400mm）为支点，以抬轿子原理整体抬升玉皇阁。由于种种原因，原方案未予实施。以现有认识水平及技术条件看，该方案有几点缺陷：

①原方案阁内外以钢筋混凝土框架配合穹顶喷射混凝土进行预加固，对文物本体干扰大，难以做到可逆；

②以托盘抬升玉皇阁，构造复杂，传力不直接，降低结构安全性与耐久性；

③作为整体抬升支撑点的机械静压桩施工需要重型设备，受场地限制，难以实现；

④为展示开封地理环境的历史变迁，有关方面拟于阁下建地下室展厅，原方案桩位布置，难以满足平面布置要求。

2009年实施顶升前，结合现场施工环境、地质条件、水文资料及近年同类工程施工经验、新的计算手段与施工技术等条件，陕西普宁工程结构特种技术有限公司对原方案进行了实质性的优化调整，基本思路（图7.10）：

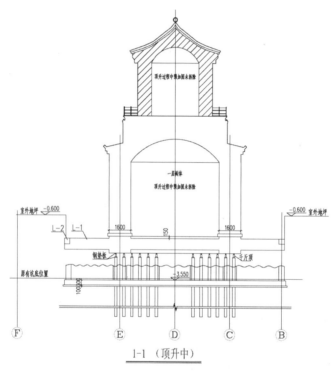

图7.10 玉皇阁整体顶升基本思路

①采用深层旋喷桩在玉皇阁周边形成一道止水帷幕，采用轻型井点降水为施工提供基本操作环境；

②以木板、型钢及螺杆对上部结构外部实施可逆性预加固，上部结构内部则以满堂脚手架支撑；

③采用人工挖土掘进顶管施工技术在阁体底部砌体下沿墙体纵向顶入预制好的混凝土箱形截面梁，使箱梁和浇筑后芯梁形成阁体刚性基础；

④采用坑式静压桩借助阁体重力在阁体下方逐个压入80根钢桩，使之承载力达到设计要求的2倍以上；

⑤利用设置于钢桩和箱梁之间的 40 对千斤顶，同步顶升，逐渐完成上部结构整体顶升；

⑥对阁体施工过程进行应力与变形全程监控，预备多种预案，随时根据现场情况进行调整，保证施工过程精确到位。

7.3 结构预加固与止水降水

7.3.1 结构预加固 ❶

结合结构病害调查及其成因的分析，设计前采用有限元法建立空间模型（图 7.11）对其结构受力进行分析，其结果表明：阁体结构自重约 10270kN，一层穹拱及以上结构重量为 5970kN，一层穹拱及其上部结构对每一面墙体的压力为 1490kN、对每一面墙体的水平推力为 827kN，一层穹拱底部平面砌体层间剪应力约 0.063MPa。二层穹拱自重 384kN，其对八角形墙体每面的水平推力为 10.4kN。

结构预加固设计的主要目的是通过增加本体刚度，增强其整体性，最大限度地降低箱梁顶进施工和阁体顶升过程对地基产生较大扰动时产生的不均匀沉降的危害。其基本原则是：最大限度的防止因不均匀沉降引起穹拱底部产生水平位移，从而危及穹拱稳定；其次，防止底部墙体因灰浆强度过低，受到层间较大的剪切作用后引起墙体侧向移动；此外，局部应力集中问题也应值得注意，穹拱转化为方形时角度转化石梁处有明显的拉应力集中（已有两个断裂），门窗洞口拱顶处应力集中现象也比较显著。图 7.12 给出了结构加固南立面和局部节点。

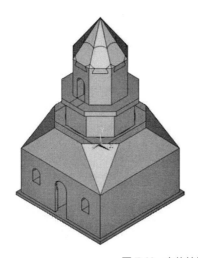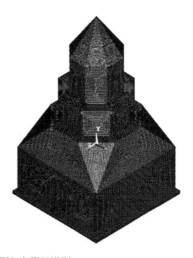

图 7.11 主体结构几何模型和有限元模型

---

❶ 张卫喜 . 古建筑砖石结构基础托换应用技术研究 [D]. 西安建筑科技大学博士学位论文，2010.

图 7.12 预加固立面图及节点做法

7.3.2 止水帷幕与降水

玉皇阁南距包公湖不足 200m，水源丰富，本工程托换与顶升施工均在地下水位以下操作，降水压力较大。

经过比选，采用深层旋喷桩竖向止水帷幕与轻型井点降水技术：在距玉皇阁外沿 6.0m 处，做封闭水泥深层搅拌桩止水帷幕，在止水帷幕内设置轻型井点分两次降水（图 7.13）。箱梁顶进之前为第一次降水，开挖深度为箱梁底部（约现有基坑下 1.5m）。箱梁就位，待芯部混凝土强度达到设计要求后，进行二次降水。二次降水满足托换桩导坑开挖深度（约 1.8m）即可。降水过程中随时进行沉降观测，确认无安全隐患后进行下一步降水。施工时应尽量减少降雨带来的影响。

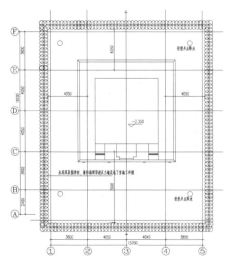

图 7.13 旋喷桩及井点布置平面图

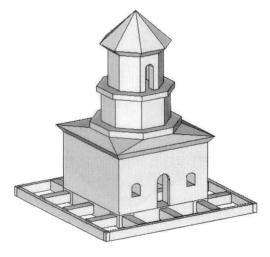

图 7.14 基础托换仿真模型

深层旋喷桩深 13m（该处土层渗透系数为 4.1e-4cm/s），可有效阻止外部水源渗入。受工艺限制，深层旋喷桩的施工愈深入地面，其质量愈不易保证，本工程采用双排布置，桩体直径 500mm，间距 350mm，行间距亦为 350mm，止水帷幕有效厚度不小于 700mm。旋喷桩可使水、土与水泥形成接近于混凝土的柱体，其密实度及固结强度较高，亦可作为施工时基坑的支护桩和箱梁顶进时的反力墙。

旋喷桩施工的关键措施包括：①成桩直径和桩长不得小于设计值；②桩位偏差不得大于 50mm；③桩身垂直度偏差不得超过 1%；④额定水泥浆量在桩身长度范围内要均匀分布，水泥浆旋喷要充分、均匀、密实。

由于深层旋喷桩可有效起到"帷幕"作用，经过计算，结合工程施工工艺和环境要求，在止水帷幕四角各设置一个直径为 300mm，深 5000mm 的轻型井点，井点的距离不大于 5000mm，可满足工程施工时降水的需要。

7.4 顶管托换与整体顶升

7.4.1 顶管法托换基础

前已述及，玉皇阁墙体直接坐于深约 1.5m，宽略大于墙体的碎砖三合土基础上。由于整体性较差，整体顶升设备无法直接作用于既有基础，通过适当的托换技术，构筑合适的基础是阁体整体顶升的必要前提（图 7.14）。顶管技术应用于古建筑砖石结构基础托换，其基本施工原理是：人首先在顶管（箱梁）前端掘土，利用千斤顶从顶进工作坑将箱梁按设计高程逐节顶入土层，逐渐托换原有基础（图 7.15）；其后，以托换完成的箱梁为过渡性构件，在箱梁内部绑扎钢筋、浇筑混凝土，使箱梁内部贯通的"芯梁"形成连通的、具有足够刚度的上部结构的基础。这一技术最大限度降低了对于古建筑砖石结构本身的直接影响，在不干

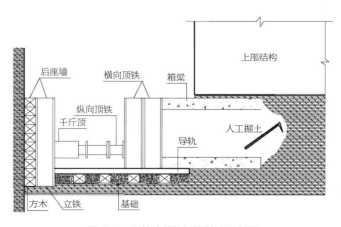

图 7.15 顶管法整体托换基础示意图

扰上部结构的前提下，较好的通过"无损"托换，改善了建筑物自身的力学性能。

较之传统顶管技术，对于矩形管顶管技术应用于砖石结构基础托换的显著特点在于：①顶进管道的截面形状为箱形截面梁，而非常见的圆管；②箱梁直接在建筑物下顶进，箱梁与上部结构之间土体较薄，可不计土拱效应❶，认为上部结构直接作用于箱梁顶面；③因箱梁顶进产生的土体的沉降与滑移变形，是上部结构衍生应力的主要原因，对上部结构安全有直接和重要影响，是施工过程必须控制的重要指标；④箱梁多经过回填土或夯土，地质条件比较单一，但土层沿厚度差异往往较大，箱梁四周与土体界面作用更为复杂。

（1）箱梁设计

手掘式顶管施工技术应用于基础托换，人在箱梁内部边掘土边运输，箱梁沿墙体纵向在原基础下依次按顺序在千斤顶水平作用下顶进。参考玉皇阁底层墙体的厚度，考虑掘土人员施工空间及安全要求等因素，预制混凝土箱梁主要尺寸取为 1600mm×1200mm×1300mm×180mm（长×宽×高×壁厚），操作孔洞尺寸为 1240mm×840mm（宽×高）。

箱梁顶进完成后，浇筑芯梁与中间"十"字梁。芯梁与外部"田"字大梁同时浇灌混凝土，保证了新基础的整体性良好。

（2）箱梁顶进设计

①顶进力计算

根据有关文献的经验公式❷，顶进力为初始顶进力与各种阻力之和：

$$F=F_0+[(\pi B_c q+W)\mu'+\pi B_c C']L$$

式中：F——顶进力（kN）；

$\quad F_0$——初始顶进力（kN）；

$\quad B_c$——顶进管外径；

$\quad q$——顶进管周边的均布荷载（kPa）；

$\quad W$——每米顶进管的重力（kN/m）；

$\quad \mu'$——顶进与土之间的摩擦力（$\mu'=\tan\varphi/2$）；

$\quad C'$——顶进管与土之间的黏着力（kPa）；

$\quad L$——顶进长度（m）。

根据本工程的相关参数，可以计算出本工程的初始顶进力：

$$F_0=13.2\pi B_c N$$

式中：N——标准贯入值，本工程取值为 6。

上式中顶进管周边的均布荷载 q 的计算是关键：

❶ 安关峰，殷坤龙，唐辉明．顶管顶力计算公式辨析 [J]．岩土力学，2002，6：358-361．
❷ 余彬泉，陈传灿．顶管施工技术 [M]．人民交通出版社，1998．

164

$$q = W_e + p$$

式中：W_e——管顶上方土的垂直荷载（kPa），根据文献❶及有限元计算结果，本工程取 221kPa；p——地面动荷载（kPa），本工程不予考虑；

本工程采用手掘顶管施工，其初始顶进力 $F_0 = 497.4$kN，最大顶进力：$F_{max} = 2541.66$kN（最大顶进长度取 8.2m）。

②后座墙的计算

后座墙在顶进过程中承受全部的阻力，故应有足够的稳定性，文献❷给出了其承载力计算的经验公式：

$$F_c = K_r \times B_0 \times H \times (h + H/2) \gamma \times K_p$$

式中：F_c——后座墙的承载能力（kN）；

B_0——后座墙的宽度（m）；

H——后座墙的高度（m）；

h——后座墙顶至地面的高度（m）；

γ——土的容重（kN/m³）；

K_p——被动土压力系数，与土的内摩擦角 φ 有关，其计算式为：

$$K_p = \tan^2 (45° + \varphi/2)$$

K_r——后座墙的土坑系数，本工程考虑止水帷幕的贡献，取

$$K_r = 0.9 + 5h/H$$

根据本工程现场条件，代入相关参数，取后座墙宽度为 2.5m，后座墙高度为 2.5m，可满足最大顶进力要求。

（3）影响顶进施工的关键因素

受高地下水位的影响，玉皇阁地基具有高压缩性、低强度、低渗透性和触变性等软土的特点，土体结构极易受到扰动甚至破坏。箱梁顶进的关键性问题是控制开挖过程中对地应力的扰动以及由此引起的不均匀沉降。相对于原始状态，箱梁顶进时，每一步开挖会引起应力场的释放与扰动，直接影响到施工中应力场变异与地面沉降变化。因此，地基开挖过程中地应力的扰动对释放荷载及二次应力场的影响是设计的核心问题。

为了降低箱梁顶进施工对地应力的扰动，根据既往工程经验，重点从以下几个方面采取了工程措施：①制订箱梁定位和施工误差的监测系统；②顶进时严格控制每次开挖长度，防止因超挖引起不均匀沉降；③首节箱梁前端采用刃口设计，箱梁顶面及底面施加润滑剂，降低摩阻力，防止顶进过程中层间剪力引起墙体局部剪切破坏；④控制顶进的方向，降低其对

❶ 韩选江. 大型地下顶管施工技术原理及应用 [M]. 北京：中国建筑工业出版社，2008.
❷ 颜纯文，蒋国盛，叶建良. 非开挖铺设地下管线工程技术 [M]. 上海：上海科学技术出版社，2005.

侧边地基土的扰动；⑤连续顶进，防止因间歇引起二次顶进阻力增大。

（4）顶管法托换基础主要工艺：

①预制混凝土箱形截面梁。

②完成降水后，分别进行：a）开挖工作坑，铺设导轨基础、调整导轨；b）修整反力墙、铺设反力架；c）调整顶进系统协同工作性能。

③人在箱梁前端掘土，挖出一定空间后开启千斤顶将箱梁顶入，如此反复将箱梁逐节沿墙体纵向顶入承重墙体下。

④顶入全部箱梁后，阁体便坐落在箱梁上。此时铺设绑扎箱梁内芯梁钢筋并制作模板，采用高强免振混凝土浇筑，箱梁及钢筋混凝土芯梁便成为一个具有较大刚度的"托盘"。

这样，就使得原有结构坐落在一个钢筋混凝土刚性平台上，大大提高了结构抵抗不均匀沉降的能力，也提高了托换、纠偏、顶升、平移等施工的安全性。图7.16给出了矩形顶管基础托换技术流程图。图7.17为顶进系统实录。

玉皇阁东北角土质较软，东侧箱梁顶进完成后，北端箱梁12小时蠕变沉降5mm，采取了有效控制措施（图7.18）。

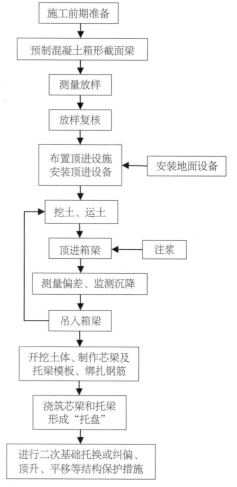

图 7.16 矩形顶管基础托换技术流程图

图 7.17 箱梁顶进系统

图 7.18 箱梁沉降控制措施

7.4.2 坑式静压桩预压托换

芯梁混凝土达到设计强度后，组合箱梁作为玉皇阁的刚性基础，可有效抵抗不均匀变形。此时在箱梁下部共设置 80 根钢管 $\phi194 \times 6$ 作为静压托换桩，以上部结构和箱梁作为反力装置，逐桩进行托换。图 7.19 为托换桩布置平面图。

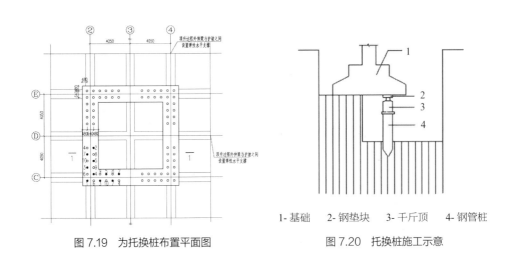

图 7.19 为托换桩布置平面图	1- 基础　　2- 钢垫块　　3- 千斤顶　　4- 钢管桩
	图 7.20 托换桩施工示意

坑式静压桩是将千斤顶顶升的原理和静力压桩技术融合为一体的一种桩基技术。静力压桩法施工是通过静力压桩机的压桩机构，以压桩机的自重和桩架上的配重作为反力将预制桩压入土中的一种沉桩工艺。与普通静压桩不同的是，坑式静压桩是在既建建筑的基础下挖出托换导坑，以上部建筑物的自重作为反力架，利用千斤顶将预制桩逐节压入土中（图 7.20）。坑式静压桩主要应用在对已有建筑的加固改造中，对于基础纠偏，基础补强，房屋增层，古建筑浸水保护，具有针对性强、操作简便、效果明显、反弹少等优点。

静压桩的桩体可以采用混凝土预制桩或钢管型材。与其他类型的桩比较，钢管桩的优点有：截裁随意，施工方便；总体强度大，有较高的抗压、抗拉和抗剪强度；挤土有限，对周边影响少，这些均有利于文物本体的安全。钢管静压桩托换的施工工艺流程为：操作坑开挖→托换桩定位→托换桩压入→预压托换→操作坑回填→顶升承台浇筑。

托换桩的设计依赖于如下几方面的条件：①工程地质条件（表1）；②上部结构的构造和受力特征；③托换桩施工工艺；④使用期间和周围环境的实际情况。

（1）托换桩设计

托换桩单桩设计承载力（R_k）按下式确定

$$R_k = m（F + G）/ n$$

式中：m——基础底面积托换率；

F——上部结构传至基础顶面的竖向力设计值；

G——基础自重设计值加基础上的土重标准值；

n——拟采用桩数，取80。

根据前文计算结果，本工程中取 $F=14400$kN，取 $G=1800$kN。可得到单桩设计承载力为203kN，实际取为300kN。

（2）终压控制标准问题

根据工程的性质和地质条件，终压标准可按压桩力、设计桩长，单项或两项同时控制，即：

$$\begin{cases} P_{ap} \geqslant P_{dp} \\ H_a \geqslant H_d \end{cases}$$

式中：P_{ap}——实际终止压力；P_{dp}——设计压桩终止控制力；H_a——实际桩长；H_d—设计桩长。

本工程以压桩力和进入桩端持力层第⑧层细砂层双控制法，作为终压控制标准。

（3）终止压桩力的估算

由于压桩过程是动摩擦，为满足静荷载承压时安全系数为2的要求，取压桩力为设计要求的单桩承载力标准值的1.5，即

$$P_{ab} \geqslant 1.5R_k$$

本工程托换时 P_{ab} 取500kN，桩体轴向应力212MPa，满足设计要求。

（4）压桩施工

为方便施工，本工程预压桩单节长度取1.5m及1.0m，桩节之间焊接连接。制作桩节时必须严格保证其断面水平平整度，以保证桩身的垂直度。实际施工中，可适当运用薄钢垫片调整桩身垂直度。

静压桩以上部结构荷载作反力，托换后桩顶均出现向上回弹现象，施工时应尽量使托换钢板垫片与基础底面全面接触，或适当增大桩的终止压力以尽可能减少回弹。

7.4.3 整体顶升的关键环节

（1）顶升荷载设计

托换完成后，上部结构自重，加之箱梁和预加固钢结构总荷载标准值为16200kN；采用手动同步顶升，动力系数取 k_d=1.2；基本风压取0.45kN/m^2（50年一遇），风荷载标准值取58kN；考虑到结构本身及地基的不均匀性，顶升负荷的不均匀系数取1.5。则顶升时单桩的最不利荷载可取为450kN。据此，顶升设备选用100t千斤顶，既可以满足安全储备的要求，2人或单人亦可方便装卸。

（2）整体顶升过程中结构稳定性问题

托换桩体深入细砂层，桩长较大，上层粉土对桩体的约束较弱；桩体上部搁置千斤顶及

垫块，箱梁对桩体的水平变位无法提供有效的侧向约束。建筑物整体顶升过程中，如何保证桩体及建筑物的稳定性，是确保整体顶升过程安全完成的关键环节。

玉皇阁整体顶升过程中的结构稳定性问题主要涉及两个方面的内容：托换桩体的群桩稳定（"漂移"或整体稳定）与托换桩体的单桩稳定（局部稳定）。整体稳定通过设置构造措施限制阁体上升过程中的侧移（或侧摆）的办法解决，局部稳定则通过以下三项措施保证：①取顶升主导桩节长 450mm；②尽可能限制垫块数量；③严格控制桩自由段长度 ≤ 1500mm。**❶**顶升施工中桩间应及时以角钢拉结并以早强混凝土浇筑加固。

玉皇阁整体顶升原理示如图 7.10，顶升过程实录示如图 7.21。顶升点直接布置于阁体墙下，采用坑式钢管静压桩，既做到传力直接，又免于使用重型压桩设备，也便于地下室布置，钢桩接桩程序也大大简化。

图 7.21　玉皇阁整体顶升实录

7.5　施工监测 ❷

7.5.1　基础托换过程主体结构沉降监测

箱梁顶进过程不可避免会对其周围土体产生施工扰动，使土体出现加载和卸载等复杂的力学行为，从而导致土体应力状态、结构组成、体积、孔隙水压力等发生变化。另外，由于阁体下地层结构差异明显，密实的夯土层下即为具有触变性质的湿润粉土，土体稍经扰动就会使其力学参数发生很大变化，且长期引起固结和次固结。这些因素都会引起土体变形和移动，导致阁体发生附加沉降，使阁体内产生附加应力而引起损伤，这是对阁体首当其冲的危害。此外，箱梁与土体间摩擦力产生的附加应力导致墙体沿灰缝的剪切破坏也值得关注。针对这些问题，本工程着重根据"抵"、"降"、"变"三字原则采取相应控制措施，详述如下：

❶ 陈平，刘凯等.开封玉皇阁整体顶升施工中单桩稳定性分析 [J].施工技术，2014，43（17）：18-20.
❷ 张卫喜.古建筑砖石结构基础托换应用技术研究 [D].西安建筑科技大学博士学位论文，2011.

①采用大型有限元计算程序对基础托换过程进行施工力学数值模拟，探寻箱梁顶进与上部阁体的相互作用规律，根据计算结果对阁体进行针对性的预加固，以增强阁体的整体性，提高其抵御施工扰动的能力。

②根据有关技术资料，引起阁体附加沉降的主要原因是施工引起的各种地层损失和箱梁周围受扰动土体的固结。针对地层损失引起的附加沉降，首先提高施工精度和质量，避免施工不当等造成的不必要地层损失；对于施工中不可避免的地层损失，采用同步注浆降低其影响。另外，针对顶进结束后受扰动土体中孔隙水压力消散产生的主固结和土体骨架蠕动产生的次固结造成的附加沉降，主要采取加快施工进度及箱梁底部压入钢管静压桩等措施降低其影响（图 7.18、图 7.22）。

图 7.22 抵抗附加沉降的应急措施

③为了防止施工中墙体沿灰缝的剪切破坏，顶进过程中适当控制箱梁顶部与阁体底部之间夹土的厚度，同时注浆也有减小顶进摩擦阻力的作用，这些措施都可以有效削弱摩擦力产生的附加应力从而保护墙体。

④顶进箱梁过程中，对阁体进行不间断的沉降和倾斜观测，对阁体既有裂缝进行严密观察，根据这些反馈信息不断调整施工方案与改进施工方法，尽一切可能最大限度降低施工对阁体的扰动。

图 7.23 ~ 图 7.24 分别给出了箱梁顶进顺序和沉降观测点布置示意图。箱梁顶进的顺序为东（由南向北）、北（由东向西）、西（由北向南）、南（由西向东），即始于东南角并逆时针，最后闭合西南角。每面墙体顶进行程 8100mm，总顶进行程 32400mm。沉降观测点分布于四面墙体，间距 1500mm，每面墙体分布 7 个测点。

以箱梁顶进过程前墙体的空间坐标为基准点，图 7.25 ~ 图 7.28 给出了实测的四组被托换墙体沉降与顶进行程之间的空间关系曲线。图中不考虑被托换墙体施工对其他墙体的影响，不计入其他墙体施工对被测试墙体的影响。

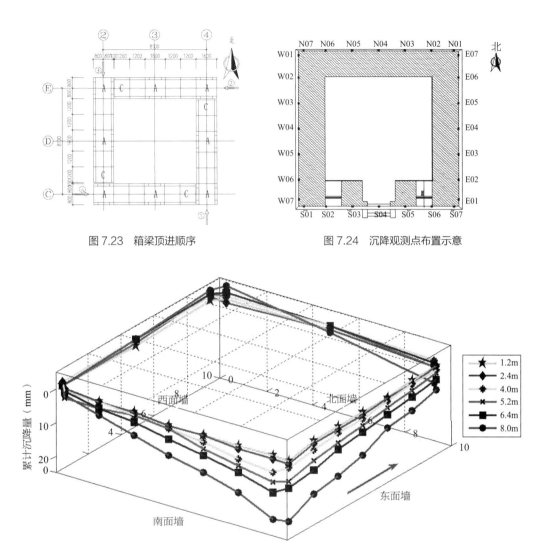

图 7.23　箱梁顶进顺序　　　　　　　　　图 7.24　沉降观测点布置示意

图 7.25　东侧墙体施工时各测点沉降与顶进行程关系

说明：①图例所示 1.2m，表示纪录沉降的顶进行程累计为 1.2m；

②箭头所示为顶进方向；

③控制点间距为 1500mm，线性插值；

④时间范围始于顶进开始 12 小时以内，终于沉降结束（连续 72 小时未产生沉降）。

　　箱梁顶进过程中，随着顶进行程的增加，土体被扰动的范围和程度也不断增加，上部结构受土体变形引起的沉降也随之变化。上部结构的沉降规律从宏观上反映了箱梁与土体之间作用、土体变形、土体与上部结构之间协同作用的复杂机理，其基本的规律可概括为：

　　① 箱梁顶进过程纵向最大沉降发生于顶进完成之时，位于初始顶进部位（接近工作坑一端），沉降曲线近似呈线性形态，沉降曲线的斜率随累计顶进行程的增加而增大。箱梁与土体之间的摩阻力和粘聚力，使得箱梁周围一定范围内的土体在箱梁顶进过程中受到往复的剪切作用，顶进过程被扰动的土体的范围随顶进行程的增加而增加，而愈接近初始顶进端（工

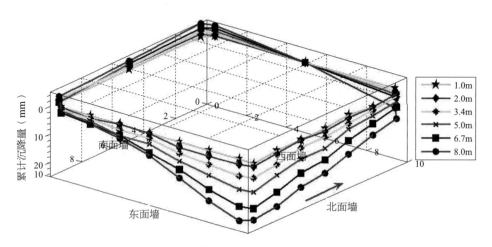

图 7.26　北侧墙体施工时各测点沉降与顶进行程关系

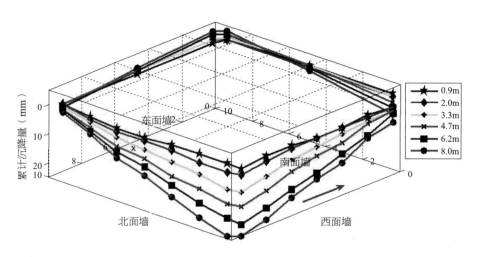

图 7.27　西侧墙体施工时各测点沉降与顶进行程关系

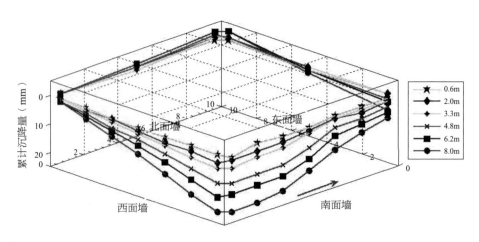

图 7.28　南侧墙体施工时各测点沉降与顶进行程关系

作坑）土体原有的结构性受到的破坏就愈加严重。箱梁顶进过程对周围土体的拖拽作用，愈接近初始顶进端使得土层损失愈大。沉降曲线的线形分布形态反映了土体受扰动后承载力随之变化，上部结构的荷载沿土体的纵向分布也随之变化的规律。

②箱梁顶进过程引起的横向沉降曲线呈线性分布，且其平均斜率大于纵向沉降曲线的斜率。随顶进行程的增加，土体在顶进初始端（工作坑）的最大沉降值随之增加，与顶进方向侧垂直的横向两侧边土体则因箱梁顶进引起的土体扰动而受到上部结构作用力二次分配的影响。差异沉降引起的上部结构倾向于初始顶进端（工作坑）的整体倾斜，使得上部结构对地基的作用产生变化，因之产生的土体的附加应力是土体变形，以及横向沉降的根本原因。

图 7.29 ~ 图 7.32 给出了箱梁顶进过程上部结构的空间沉降的变化过程，以未顶进施工为起点，当顶进结束后上部结构的差异沉降约为 10mm，远小于施工期间产生的最大差异沉降。

从上部结构沉降的空间形态来看，箱梁顶进施工过程土体的扰动范围和程度不断变化，而上部结构的沉降的变化则反映了土体受扰动后地基承载力降低，上部结构的作用力因之产生内力重分布的过程。

图 7.29 ~ 图 7.32 结果表明：

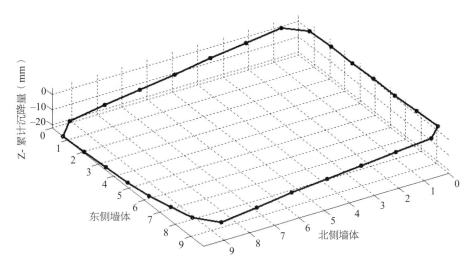

图 7.29 东侧墙体自南向北顶进完成后上部结构沉降空间曲线（始顶进）

①顶进过程中上部结构基本呈"刚体"转动形态，这显示出上部结构整体刚度对不均匀沉降的调整能力。

②最不利不均匀沉降发生于箱梁顶进施工过程中，而施工结束则处于差异沉降较小的状态。箱梁顶进施工的过程可理解为上部结构在其下土体扰动程度不断变化过程中其自身结构整体、构件之间、构件内部砌块和灰浆之间等不同层次产生复杂的应力重分布的过程。这一

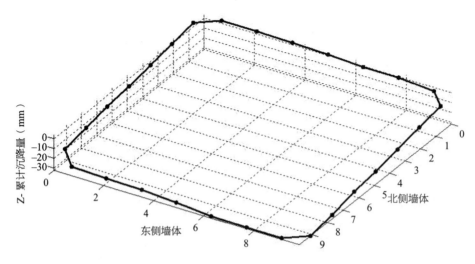

图 7.30　北侧墙体自东向西顶进完成后上部结构沉降空间曲线

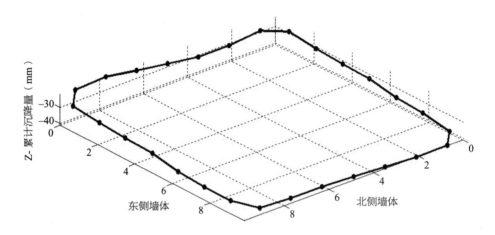

图 7.31　西侧墙体自北向南顶进完成后上部结构沉降空间曲线

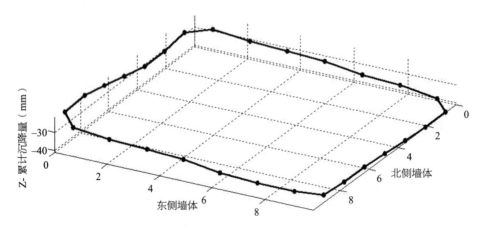

图 7.32　南侧墙体自西向东顶进完成后上部结构沉降空间曲线

过程体现了施工荷载对古建筑的作用历程。

③与未顶进施工状态相比，顶进结束后古建筑历经应力重分布的过程而重新处于新的应力状态，对顶进施工过程中古建筑最不利受力状态的评估或预测是采取加固保护措施的重要依据。

7.5.2　顶进施工过程箱梁应变动态变化的监测

不同于常规顶管工程管顶覆盖土层较厚，且大多无需严格控制顶管施工引起的沉降，手掘式顶管技术应用古建砖石结构基础托换中，箱梁顶部土体厚度一般较薄，近似于上部结构直接作用于箱梁顶面，因此对于土体的沉降必须严格控制，以防止上部结构因不均匀沉降产生破坏。

在箱梁顶进过程中，箱梁将同时在纵向和横向上受到荷载作用，荷载主要有上部结构自重、箱梁自重、土压力、水压力、顶推力、管壁摩阻力、顶进的端面阻力等。其中，顶进力是一种循环荷载，不断地变换，由零上升到最高值，又由最高值下降到零。因此箱梁的受力非常复杂，处于三向应力状态，了解箱梁的真实受力特性对于顶进施工、箱梁构件设计、沉降预测与控制、上部结构预加固、顶进力计算等，均具有实际意义与参考价值。这一机理与常规顶管技术具有相似之处。

对箱梁顶进施工过程中箱梁沿顶进行程分布的测试，是分析箱梁与土体之间作用机理和箱梁受力特征的基础性工作。将为进一步分析箱梁在前进过程应变的动态变化，以及某一特定行程下箱梁应变沿行程的静态分布提供依据。

测试的主要内容包括：①顶进施工过程箱梁在土体中前进过程应变的变化规律；②某一特定行程下箱梁应变沿行程的静态分布。

测试分两组进行，分别在西侧和南侧墙体基础托换施工过程进行原位测试。每组测试六个箱梁，每组累计总行程为8100mm，箱梁长度从首节计起，分别为1200mm、1200mm、1600mm、1200mm、1200mm、1600mm。混凝土电阻应变计布置于箱梁内部顶面（顶板底面），前四节箱梁每节在箱梁顶面形心位置布置一枚应变计，另有两枚应变计分布于两侧，与中心间距600mm。后两节箱梁每节以形心对称各布置两枚应变计。

应变计方向与顶进方向一致。顶进行程通过预先在箱梁顶面按照排定的顺序标注顶进的行程，以首节箱梁前端面为0点，尾箱梁后端为8100mm点，人工记录顶进行程并使之与实测的应变值一一对应。应变计布置方案见图7.33。

1）顶进过程箱梁应变变化曲线

为了排除首节箱梁迎面阻力较大的影响，选取了第二节箱梁和中间箱梁两组典型箱梁。图7.34表示第二节箱梁轴向应变沿顶进全程变化的两组典型曲线，上升段代表顶进初始，

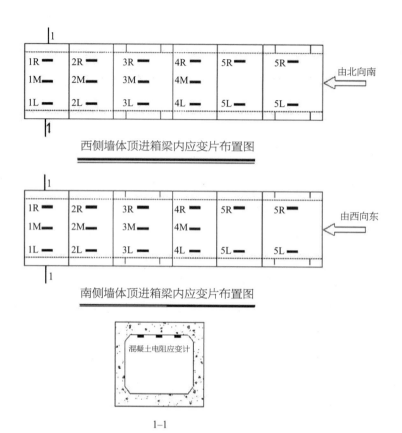

图 7.33　箱梁应变测试布置图

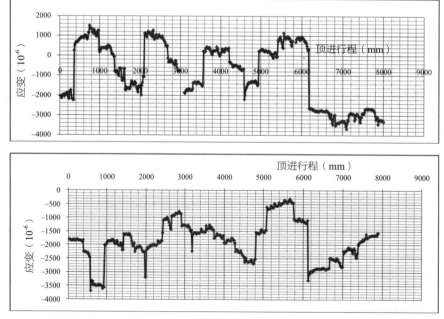

图 7.34　第二节箱梁轴向应变与顶进行程关系曲线

千斤顶顶进力小于最大静摩阻力，千斤顶做功部分转换为箱梁及周围土体的应变能，箱梁压缩应变急剧增大，当顶进力大于箱梁与土体最大静摩擦力时，箱梁相对土体运动，箱梁内部蓄积应变能达到最大值（曲线最高端），箱梁和土体之间的静摩擦力转换为滑动摩擦力，此时两者之间的总摩阻力有所下降，箱梁内部蓄积的弹性应变能部分释放，箱梁相对土体加速运动（阶跃）。

当单节箱梁顶进完成，顶进力完全卸载，准备安装后续箱梁，此时箱梁及土体释放绝大部分弹性应变能，箱梁产生回弹，相对土体反向运动，两者之间的摩擦力则约束箱梁回弹，产生负摩阻力。箱梁的应变随顶进行程的变化曲线印证了箱梁及其周围土体相互作用的机理。测试结果表明，箱梁顶进时因克服最大静摩擦力而产生的摩阻力约为滑动摩阻力的两倍（图中最小值与平稳顶进阶段均值的比值）。

应当指出的是，当箱梁在千斤顶作用下相对土体静止，处于静摩擦力作用状态时，千斤顶的作用力与箱梁和土体之间的摩阻力平衡，而此时箱梁尚未运动，迎面阻力可忽略不计。当顶进力克服最大静摩擦力箱梁相对土体运动时，顶进力与摩阻力、迎面阻力形成静力平衡，且较之前者要远低。

实测的箱梁应变与顶进行程之间的关系，揭示了箱梁顶进过程中并非相对土体平稳运动，而呈现"阶跃"式前行，这种"阶跃"现象当顶进行程较长时，愈为剧烈。

实测表明，愈接近箱梁入口处土体愈是受到箱梁侧壁的不断挤压、剪切，久之，与箱梁接触土体表面呈平整、硬塑状（图 7.35），箱梁与土体的摩擦系数也有较大的降低。随着千斤顶对箱梁的作用力缓慢增加，箱梁侧壁与土体的摩擦力随着增加，此时外力做功转化为箱梁、土体及上部结构的应变能，这一阶段可以测出上部结构的刚体位移增加较快。当外力作用大于最大摩擦力时，摩擦力瞬间降低，外力作用与摩擦力失去静力平衡条件，此时箱梁相对土体旋即"阶跃"前进 10 ~ 30mm，到达新的位置。

图 7.35 箱梁侧壁土体受挤压、剪切变形

这时，最大摩擦力又超过顶进力，箱梁达到新的"平衡状态"，上部结构则在这一变化瞬间释放部分应变能，可测得刚体位移有所减少，随之则在某一位置不断往复。顶进如此往复，至于正面阻力达到较大时，"阶跃"式前进停止。

应进一步指出的是，箱梁顶进过程中这种"阶跃"式前进现象，由于顶进作用力较大（1000kN 以上），一般会产生较大的瞬时高频震动效应，由于箱梁顶面距上部结构间距较小，应密切观察和对待这种重复震动对上部砌体产生的不利影响。

图 7.36 给出了中间箱梁顶进过程中应变随顶进行程的变化曲线，由于前两箱梁已经穿过土体，中节箱梁历经土体因受到前节箱梁的挤压、剪切作用，其结构性受到较大的破坏，且箱梁与土体之间形成了局部的空隙，这降低了后续箱梁与土体之间的摩阻力，图中所示箱梁克服最大静摩擦力的顶进力与平稳顶进阶段之差值较之前节箱梁明显降低，箱梁平稳顶进阶段应变值波动较缓，这一结果和箱梁顶进过程中运动的基本规律一致。

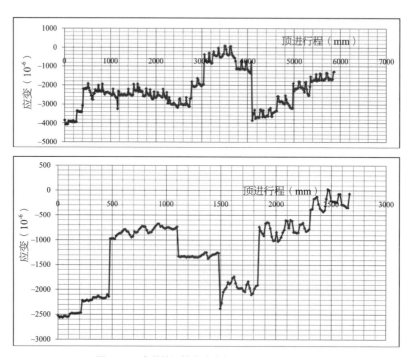

图 7.36 中节箱梁轴向应变与顶进行程关系曲线

初始顶进时，顶进力直线增加，摩阻力相应增大，正面阻力可忽略不计，此时箱梁静止，顶进力做功通过摩阻力转化为周围土体、箱梁及上部结构的弹性变形能，当顶进力接近最大摩阻力时，顶进力随摩阻力平稳缓慢增加，箱梁起始以平均 20 ~ 40mm/min 的速度顶进，继而速度保持在 40 ~ 60mm/min 顶进，正面阻力在这一过程约占总阻力的 5% ~ 20%。在顶进过程进入最后 100mm 范围时，正面阻力剧烈增加，顶进力相应增大迅急，顶进速度减缓到 10 ~ 25mm/min。顶进完成时，正面阻力可达到总阻力的 5% ~ 20%。

2）顶进行程箱梁应变分布曲线

图 7.37 ~ 图 7.39 给出了对三组箱梁拟合的不同顶进阶段实测的箱梁应变与顶进行程关系曲线，总体上较为吻合，反映了其基本规律具有一致性。箱梁顶进过程中某一静止时刻，箱梁受到千斤顶的顶进力、迎面阻力和摩阻力而处于平衡状态。实测结果表明，迎面阻力可近似为一恒定值，因此，箱梁的轴向压缩应变反映了顶进过程中摩阻力和迎面阻力沿行程分

布的基本规律。这对揭示箱梁与其周围土体的作用机理，进而探讨土体的扰动机理具有重要意义。

随着顶进行程的增加，顶进力相应增大，各节箱梁的轴向压缩应变均呈增大趋势。实测的顶进力和行程曲线拟合后可近似认为呈线性，这一规律反映了箱梁顶进过程中，当迎面阻力假定为恒定值时，箱梁的摩阻力之和随顶进行程呈线性增加。实测的结果表明随着顶进行程的增加，在不同的行程位置，箱梁之间摩阻力呈动态的变化趋势，这从宏观上反映了箱梁顶进过程中土体扰动的范围和程度不断变化，上部结构与地基之间的协同作用随之不断调整。

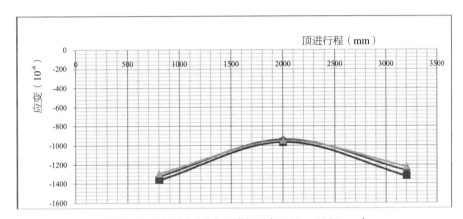

图 7.37　箱梁轴向应变与顶进行程（3200～4000mm）

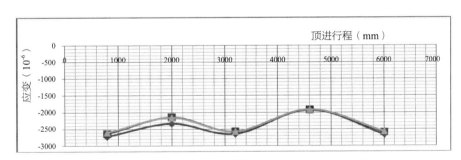

图 7.38　箱梁轴向应变与顶进行程（5800～7400mm）

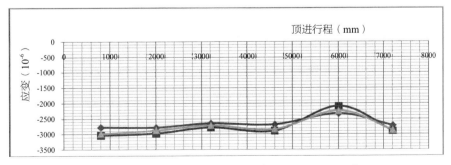

图 7.39　箱梁轴向应变与顶进行程（7200～8000mm）

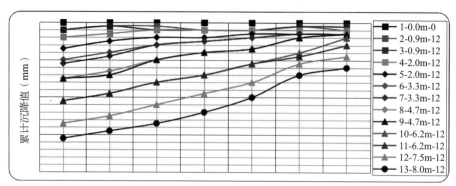

注：① 图中 4-2.0m-12 中 4 表示第 4 次观测，2.0m 表示顶进行程为 2.0m，12 表示距上次测量统计时间为 12 小时；
② 水平轴表示测点位置，0 点为顶进起始点；竖向轴为沉降量。

图 7.40 上部结构沉降与顶进行程关系曲线

①顶进初期，接近工作坑的土体受到较大的扰动，其距离较小，箱梁应变较小，可认为这主要是由于克服迎面阻力产生的压缩应变，顶进扰动的土体范围限于较小的一隅，上部结构刚度较大时，其他未被扰动的土体承担了较大的荷载，或可认为上部结构被扰动的一隅地基仅承受较之原有荷载偏小的作用。

图 7.40 给出了上部结构沉降与顶进行程关系曲线，当顶进行程小于 2000mm 时，上部结构的沉降曲线较为平缓，这表明顶进过程虽然已扰动土体，由于上部结构整体刚度的调整和土体的应力重分布，使得这部分土体承担的荷载部分转化到未扰动土体。

②随着顶进行程（3200～4000mm）增大，箱梁轴向压缩应变沿顶进行程呈"拱形"（图 7.39）。随顶进行程增加，沉降曲线在距离工作坑附近，斜率（绝对值）陡然增大，这反映了此时接近工作坑的尾节箱梁所受到的上部结构的压力随之增大，箱梁与土体之间的摩阻力因之增大，这一结果印证了手掘式顶管技术应用于砖石结构托换时，上部结构产生的压力对顶进力计算的重要影响。

顶进行程的增加，使得愈是接近工作坑，土体愈是受到往复的剪切、挤压作用，其扰动程度愈加剧烈，这一方面加剧了上部结构的沉降，但另一方面这种扰动破坏了土体原有的固结结构，使之粘聚力降低，并加剧土层损失，箱梁与土的摩阻力随之降低，并趋于平稳。

③当箱梁顶进临近终点时，整个墙体仅留有较短的基础未被托换，或仅留有较短的地基土尚未受到明显的扰动，这部分地基土较之顶进历经过的被扰动土体，其承载力和密实度等均要大许多。箱梁轴向应变在接近首节箱梁的第二节箱梁由于未扰动土体的嵌固效应，预留土体及上部结构在第二节箱梁形成拱效应，使得该节箱梁的轴向应变较小，而第三节箱梁及其后各节箱梁的应变则呈均匀状态，这表明了上部结构通过自身刚度的调整，原来受到扰动的土体受到上部结构的压力作用逐渐恢复到顶进施工以前，不断地在应力重分布中骨架结构

重组，空隙率降低，并因之沉降呈增大趋势，直至顶进结束。

上述对箱梁顶进过程中轴向应变分布规律及其机理的探讨表明顶进施工过程，箱梁所受摩阻力的变化受到上部结构与地基协同作用的影响，上部结构的压力对箱梁的摩阻构成重要的影响因素，上部结构的整体刚度则随着顶进行程的变化不断地调整对地基的压力分布。

同时，测试箱梁轴向应变的分布变化规律也表明了受扰动土体其原有结构受到的破坏愈是剧烈，则受上部结构压力而产生的沉降就愈大。

因此，上部结构的压力随顶进行程的重分布规律与上部结构的整体刚度、地基土的结构特性、顶进行程等因素密切相关。其随顶进行程增加分布的规律有待进一步的专门研究。然而，减小箱梁与周围土体的摩擦系数无疑是降低箱梁摩阻力比较可行的关键性措施，在箱梁顶面、底面和侧边预留注浆孔，或注浆槽，通过压力注浆，是降低箱梁与土体摩擦系数以及控制土体损失，降低上部结构沉降的有效措施之一。

7.6　几点体会

2010年1月17日15时5分，玉皇阁整体顶升工序顺利落幕。第一步，抬升阁体使东北角高出院落地面750mm；第二步，将阁体校正到顶箱梁前的水平状态；第三步，根据阁体倾斜情况，将西南角抬升（20mm），适度纠偏。玉皇阁西北角总抬升量3016mm。千斤顶最大出力600kN。

玉皇阁整体顶升保护工程综合运用了止水、降水、本体预加固、矩形顶管、坑式静压桩预压托换、整体顶升、应力监控等多项疑难土木工程技术，较彻底解决了因高水位、局部不良地质、地基支持不对称等引起的文物建筑结构病害。类似的文物保护工程实践在国内属第二例，而其难度及成功地运用坑式静压桩托换顶升技术则属首例。

玉皇阁整体顶升保护工程的顺利实施，为我国文物保护工程及土木工程中类似工程的实践积累了丰富的经验。具体到方案方面，下面几点值得汲取：

1. 类似于玉皇阁之类的砖石古建筑整体顶升保护工程，良好的结构预加固与箱梁顶进方案是项目成功的关键环节。本工程放弃原方案阁内外以钢筋混凝土框架配合穹顶喷射混凝土加固方法，改用型钢、钢索配以木板的结构预加固方案，施工方便、传力可靠、可逆性好，达到了有效的目的。

2. 本工程放弃原方案箱梁横向顶进方法，改用预制箱梁沿阁墙底部纵向顶进的方案，对阁体扰动小，便于控制差异沉降，也利于穿钢筋制作阁体刚性基础。在资金许可情况下，为便于控制箱梁顶进方向，顶进千斤顶宜于箱梁4角各设1台。

3. 本工程放弃原方案在阁下做预应力托盘, 在阁外以机械静压桩做支承的阁体顶升方法, 改用在阁下直接布置托换静压桩的顶升方案, 传力直接、操作简便、可靠性好, 取得了较好效果。

4. 本工程采用手动液压千斤顶作为顶升设备, 运行平稳、可控性好、成本相对较低, 也是同类工程可以借鉴的。

5. 本工程布桩方式、桩径、桩距、接桩长度等参数对类似工程均有参考价值。

第8章 西安大雁塔二层塔檐加固

8.1 概况

施工时间：2016 年 9 月 ~ 2016 年 10 月

设计负责人：陈一凡、贾彪

施工单位：陕西普宁工程结构特种技术有限公司

项目负责：陈平

项目经理：贾彪

技术负责：陈一凡

8.1.1 基本型制

西安大雁塔位于唐长安城内东南晋昌坊的慈恩寺（图 8.1）。高 64.517m，底层边长 25m，塔身呈方形角锥体，坐落在底面积 42.5m×48.5m，高 4.2m 的方形砖台上。青砖砌成

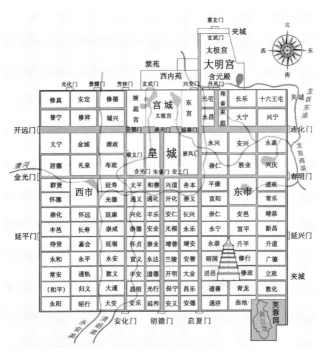

图 8.1 隋唐长安城

的塔身磨砖对缝，结构严整，外部由仿木结构形成开间，大小由下而上按比例递减。塔内有螺旋木梯可盘登而上，每层的四面各有一个拱券门洞，可以凭栏远眺。整个建筑气魄宏大，格调庄严古朴，造型简洁稳重，比例协调适度（图8.2）。

图8.2 西安大雁塔

大雁塔作为现存最早、规模最大的唐代四方楼阁式砖塔，是佛塔这种古印度佛寺的建筑形式随佛教传入中原地区，并融入华夏文化的典型物证，是凝聚了汉族劳动人民智慧结晶的标志性建筑。中华人民共和国成立后，大雁塔于1961年国务院颁布为第一批全国重点文物保护单位(编号63，分类号16)。1964年大雁塔经过一次整修，基本保持了原来的风貌。表8.1为大雁塔几何尺寸。

大雁塔几何尺寸调查（单位：m） 表8.1

层号	边长	层高	墙厚	层面积	塔心室	墙断面积	券洞宽	券洞高
七	11.60	5.20	4.22	134.56	3.17	124.5	1.4	2.3
六	13.92	6.40	4.80	193.77	4.32	175.1	1.5	2.4
五	16.23	6.70	5.78	263.41	4.67	241.6	1.5	2.5
四	18.20	6.65	6.50	331.24	5.20	304.2	1.7	2.6
三	20.33	7.15	7.49	413.31	5.35	384.7	1.8	2.6
二	22.69	7.37	8.31	514.84	6.07	478.0	1.85	2.7
一	25.20	10.36	9.15	635.04	6.90	587.4	1.9	2.7

8.1.2 大雁塔的历史变迁

唐贞观二十二年（648 年），太子李治（即后来的唐高宗）为报答其母文德皇后的恩典，"宜令所司，于京城内旧废寺，妙选一所，奉为文德圣皇后，即营僧寺。"有司仔细普查京城各处形胜，最后决定在宫城南晋昌里面对曲江池的"净觉故伽蓝"旧址（相传为隋代无漏寺旧址）营建新寺，同时正式赐新寺寺名为"大慈恩寺"。

贞观十九年（645 年），玄奘法师从天竺取经归来，带回大量佛舍利、八尊佛像及佛经657 部，先后在弘福寺、慈恩寺、玉华寺等处翻译佛经 74 部，共计 1335 卷，在中国佛教四大译家中译书最多，译文最精。大慈恩寺落成后，朝廷敬请玄奘任首任主持，玄奘以"恐人代不常，经本散失，兼防火难"并妥善安置经像舍利为由，拟于慈恩寺正门外造石塔一座，遂于唐永徽三年（652 年）三月附图表上奏。唐高宗由于玄奘所规划佛塔总高 30 丈，以工程浩大难以成就，又不愿法师辛劳为由，恩准朝廷资助在寺西院建 5 层砖塔。❶

按《大慈恩寺志》云："初，建塔奠基之日，玄奘法师曾自述诚愿，略述自己皈依佛门经过、赴印求法原因、太宗父子护法功德等，最后说：'但以生灵薄运，共失所天，惟恐三藏梵本零落忽诸，二圣天文寂寥无纪，所以敬崇此塔，拟安梵本；又树丰碑，镌斯序记，庶使巍峨永劫，愿千佛同观，氛氲圣迹，与二仪齐固'。"玄奘法师亲自主持建塔，历时两年建成。此即最早大雁塔。塔砖表土心，五层，高一百八十尺。玄奘将他从印度带回来的梵文经卷和佛像收藏于塔中。塔下层南外壁有两碑，左为太宗皇帝所撰《大唐三藏圣教序》，右为高宗皇帝在东宫时所撰《述三藏圣教序记》，皆为尚书右仆射河南公褚遂良书。该塔并未按当时流行的中国佛塔形式建造，而专门模仿印度窣堵坡形制。

这座砖表土芯佛塔，仅存在了四五十年，便"卉木钻出，渐以颓毁。""长安中（701 ~ 704年），更折改造，依东夏刹表旧式，特崇于前。"❷新塔与旧塔最明显的不同是，旧塔"砖表土心"，不能登攀，而新塔则砖表空心，塔室设梯，可以逐级登攀。新塔在形式上恢复了中国式楼阁塔的风格，塔体呈方锥形，平面呈正方形，造型雄浑、庄重、大气、简练、朴实。登临大雁塔的最高处，可向四周远眺，长安城四方风景尽收眼底。

此塔之所以命名为"雁塔"，说法不一。按玄奘《大唐西域记》卷九"揭陀国"条载：在因陀罗势罗娄河山中，飞雁坠寺充三净肉，小乘教徒为之悲感，幡然觉悟，皈依大乘，为坠雁建窣堵坡（塔），昭其遗烈。也许这一记事就是大雁塔名称的出处。不过，正式以"雁塔"称呼慈恩寺塔是唐代以后的事情，而最初给慈恩寺塔下定义的即是《游城南记》的作者北宋人张礼。

---

❶ 陈景富 . 大慈恩寺志 [M]. 西安：三秦出版社，2000.

❷ 宋敏求 . 长安志 [M]. 长安县志局民国 19 年版，卷 7，P8.

关于新塔的级数，史有六层、七层、九层、十层四说。六层说出于《长安志》，此《志》作者宋敏求所据乃唐人韦述《两京新记》。七层说见岑参诗《与高适薛据同登慈恩寺浮图》，中有"四角碍白日，七层摩苍穹"句。九层说出自李洞诗《秋日同觉公上人眺慈恩寺塔六韵》，中有"九级耸莲宫，晴登袖拂虹"句。十层说出自章八元诗《题慈恩寺塔》，中有"十层突兀在虚空，四十门开面面风"句。

宋人张礼《游城南记》撇开六层说不谈而认为：十层塔经过兵火之后，只剩下了七层。❶这一解释似不可靠。一是岑参登塔在天宝十一年（753年），章八元登塔在大历六年（771年）或后来再入京应科制时，显然晚于岑参，与火烧说矛盾；二是自武则天建塔至章八元登塔之间，京都无大战事，虽然有过小战事，但又与此塔无关，所谓兵火毁塔似属子虚乌有，空穴来风；从今塔的崇峙情况看，要在塔顶上再建三层塔身，亦难设想。

作者比较认同：章诗"十层"说可能是一种文学夸张，九级之"九"应是草写"七"字之讹，而六层、七层说两者都可以看作是正确的，只不过是从不同的角度去观察罢了。唐时，塔周围往往有回廊或副阶，副阶遮挡了第一级塔身，远看自然只有"六级"；仅数塔檐也可将原本七层指为六层。因此，七层说是真正的写实，是准确的。

唐末以后直到明之前，慈恩寺寺院屡屡遭受兵火，每次兵火，几乎都是殿宇焚毁，唯有大雁塔独存。几百年间，大雁塔及"大慈恩寺奄然于世，度过了其'住劫'中最艰难、最寂寞的时光。"❷

明代关中大地震，大雁塔塔顶震落，塔身震裂。明朝万历三十二年（1604年）在维持了唐代塔体的基本造型上，在其外表完整地砌上了600mm厚的包层，使其造型比以前更宽大，此即现今所见大雁塔造型。清同治年间，朝廷镇压陕西回民起义，在镇压与反镇压的战争中，大慈恩寺再度遭受战火，仍然是殿宇灰烬，唯大雁塔岿然独存，直到20世纪30年代慈恩寺才得重修。40年代，慈恩寺内驻军队，寺内殿堂残破，寺院外挖掘战壕。1949年以后，人民政府多次拨款整修慈恩寺及大雁塔。

值得指出的是，时至今日，关于大雁塔这座西安的历史性标志性建筑，不仅有关其层数、高度等方面的历史信息尚比较凌乱，即使关于其结构构造，目前也有不同认识。2006年有关方面委托某大学对大雁塔墙体进行了地质雷达扫描，结论是：底层1200厚砌砖内为土芯；其余层900厚砌砖内为土芯。这是一个非常值得关注的结论，如果其为真，大雁塔目前将存在严重的结构安全隐患！

❶ 张礼. 游城南记 [M]. 北宋哲宗元祐元年（1087年）.
❷ 陈景富. 大慈恩寺志 [M]. 西安：三秦出版社，2000.

8.2 大雁塔的历史地震

8.2.1 华县大地震对大雁塔影响最大

陕西省地震活动的主体——关中地区位于鄂尔多斯地块南缘，其地震构造复杂，活动断裂纵横交错，历史上也是强震多发的地区，而近代地震相对偏弱（图8.3、图8.4）。

大雁塔在漫长岁月中，经历仅陕西省境内6级以上地震7次之多，对其影响最大者乃华县大地震（也有资料称之为关中大地震）。

明嘉靖三十四年（1556年1月23日），陕西华县发生了一次8.3级大地震。经当代地震工作者研究，这次大地震的震源深度在地表以下20～40km，极震区地震烈度11度。[1]《明史》对这次地震记载为："（嘉靖）三十四年十二月壬寅，山西、陕西、河南同时地震，声如雷。渭南、华州、朝邑、三原、蒲州等处尤甚。或地裂泉涌，中有鱼物，或城郭房屋，陷入地中，或平地突成山阜，或一日数震，或累日震不止。河、渭大泛，华岳、终南山鸣，河清数日。官吏、军民压死八十三万有奇。"

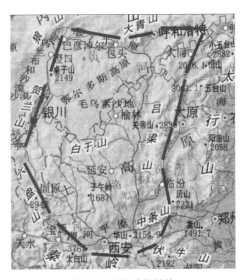

图8.3 鄂尔多斯地块

华县大地震是人类历史上损失最为惨重的一次地震灾难，西安位于极震区，"大明寺、华严寺、感灵寺、慈恩寺等庙宇倾毁，慈恩寺塔顶坠"（康熙《陕西通志》）。地震重灾区面积达28万km²，分布在陕西、山西、河南、甘肃等省区，地震波及大半个中国，有感范围

---

[1] 陕西省地震局.陕西省地震目录[M].北京：地震出版社，2005.

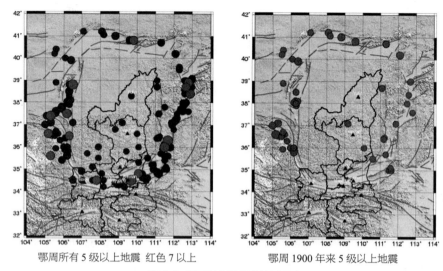

鄂周所有 5 级以上地震 红色 7 以上　　　鄂周 1900 年来 5 级以上地震

图 8.4　陕西及周边历史地震示意

远达福建、两广等地。

　　张铭洽的《长安史话》如是记载：华县、华阴、朝邑、三原一带平地上不但突起了许多连绵不断的沙岗土丘，而且裂开了许多纵横交错的长川巨壑。曾以产金闻名史书的渭南赤水山一夜之间陷入地中，神川塬上风景秀丽的五指山的五座山峰全部崩坠，滔滔渭河也向北改道四五里，从昔日的农田村舍上流过。在省城西安，不仅大批官署民房倒塌倾圮，一些著名的古建筑亦遭受到严重破坏。如以坚固异常著称的慈恩寺大雁塔在这次大地震中也"塔顶坠压使碑亭毁"，当时已历 840 多个春秋的荐福寺小雁塔最高两层均被震毁，塔身中裂为二，由原来 15 级的高塔变成了 13 级的危塔。一代巨刹华严寺所有高大辉煌的庙宇在地震中化为一片瓦砾。❶

　　据现代地质学家研究分析，号称"八百里秦川"的关中平原，处在渭河地堑之上，地下断裂带多，活动性大，历来是我国地震最频繁剧烈的地区之一。从公元前 11 世纪初周文王在位时期的岐山大地震算起，3000 多年间，关中共有 500 多次地震记录，其中破坏性大的地震达 60 次，西安有 100 多次地震记录。其中破坏性大的地震就有 18 次。而明代又是关中历史上的地震高潮期，历史上关中发生的 7 次 6 级以上大地震，就有 4 次集中发生在明朝中叶的 80 年间。除 1556 年华县大地震外，明代其余 3 次破坏性大的地震是：1487 年（明宪宗成化二十三年）7 月 22 日临潼 6.3 级地震，1501 年（明孝宗弘治十四年）农历正月初一朝邑 7.0 级地震，1568 年（明穆宗隆庆二年）4 月 19 日泾阳 6.8 级地震。据《陕西通志》记载，临潼大地震时"关中地裂，声如雷，山多崩圮，屋舍坏，男女死者千九百余人。"朝邑大地震时仅朝邑县"塌各卫门仓监及军民房屋共五千四百八十五间，压死大小男女一百七十名口，

---

❶　张铭洽 . 长安史话 [M]. 西安 : 陕西旅游出版社，1991.

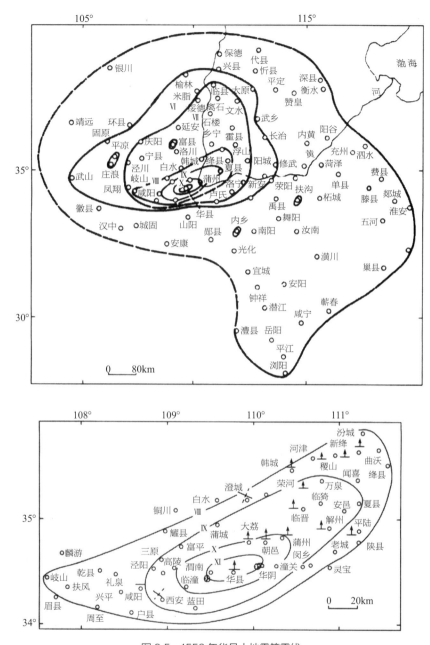

图 8.5　1556 年华县大地震等震线

伤者九十四名口"。泾阳大地震在华县大地震 12 年后爆发，震前一月间西安，临潼、凤翔以及汉中等地轻度地震接连发生，终于酿成大震，地震过后"泾阳、咸阳、高陵城无完室，人畜死伤甚众"。❶ 明朝中叶的 4 次地震同属华县大地震地震序列！ 1556 年华县 8.3 级特大地震以后，陕西境内 450 多年间无大震！

---

❶　张铭洽.长安史话 [M].1991.

8.2.2 华县大地震后的周边地震

华县大地震之后对关中地区影响最大的地震是 1920 年宁夏海原 9.5 级地震（图 8.6、图 8.7）。

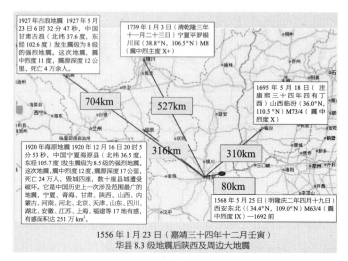

图 8.6 华县 8.3 级地震后陕西及周边大地震

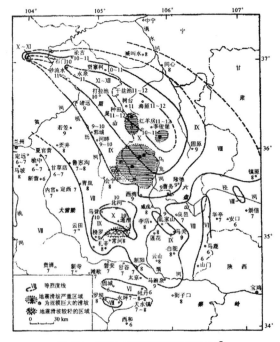

图 8.7 1920 年海原地震烈度分布❶

---

❶ 胡聿贤．地震工程学 [M]．北京：地震出版社，2006．

考察大雁塔比较明确的维修历史，明万历三十二年（1604 年）之 600mm 外包层维修，应当主要针对华县大地震破坏；民国二十年（1931 年）维修（图 8.8），应当主要针对海原地震破坏。可以找到证据，松潘地震及汶川地震（图 8.9、图 8.10）后，大雁塔也有小规模维修。

图 8.8　大雁塔民国 20 年维修题记

图 8.9　现代地震对大雁塔的影响

六层西券洞上部裂缝　　　　　　　　五、六层楼梯间裂缝

图 8.10　汶川地震对大雁塔造成的破坏

8.3 大雁塔塔檐结构病害

8.3.1 二层塔檐的结构病患

2016 年大雁塔塔檐防水养护过程中，借助搭建的养护脚手架近距离观测发现，其二层南侧塔檐约 15m（接近檐口总长度的 2/3）存在水平整体开裂变位现象，裂缝宽度 50 ~ 150mm（图 8.11、图 8.12）。开裂变位与东、西两面塔角基本呈对称状，距塔角 4 ~ 5m 开始逐步向外鼓起，在塔檐中部偏东（距东南角 8m 位置）达变形最大值，最大开裂变位 150mm。塔檐的开裂变位已经构成二层塔檐的正叠涩局部鼓起，由上至下延伸 300 ~ 500mm 不等，同时伴随有局部砖层下沉，沉降量 10 ~ 20mm。

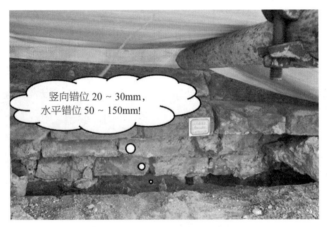

图 8.11　大雁塔二层塔檐的病害

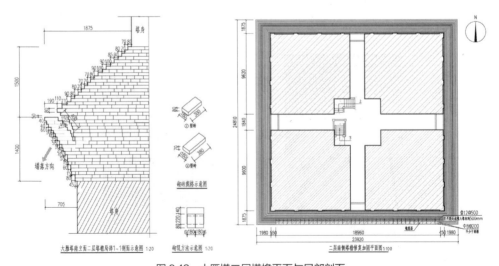

图 8.12　大雁塔二层塔檐平面与局部剖面

8.3.2 产生结构病患的原因

发现该问题后，相关主管部门非常重视，立即邀请相关专家进行现场勘察、分析及评估，并组织技术人员进行了险情局部测绘。各方初步认为大雁塔二层塔檐开裂变位的形成与以下几个方面原因有关：

1）地震影响

从前面的叙述可以看出，在大雁塔1300多年的岁月中，对其影响较大的地震主要有：①明中期的华县8.3级序列大地震；②1920年海原8.5级地震（距西安300km）；③1976年松潘7.2级序列地震（距西安530km）及2008年汶川8.0级地震（距西安590km）。

2）与大雁塔自身结构及其历史上的维修有关

现场观察二层南檐及其东檐存在明显的既往修整情况，比较明显的有：①明万历三十二年（1604年）之600mm外包层维修；②民国二十年（1931年）塔檐维修；③1986年二层南檐西侧维修。除了最后一次的塔檐局部修整采取了一定的技术措施外，其余各次维修仅对塔檐外部掉（断）落砖体进行了归安，外包砖块与内部残砖之间未采取良好咬合或拉结，仅在内外砖块之间简单以黄泥填充。在其后续数百年间地震累积效应（Shakedown）的影响下，维修补砌部分与原有砖体脱离自然难以避免。现场开窗观测部位剥离空腔体量与塔檐外鼓量基本一致。

大雁塔塔檐现状病害属结构性病害。考虑到大雁塔文物建筑与公共建筑的双重属性，也考虑到病害所处的敏感位置，现状病害对游人已构成严重安全隐患，组织技术力量制订并实施可靠有效的抢险加固方案势在必行。

8.4 大雁塔塔檐结构加固

8.4.1 大雁塔塔体构造调查

鉴于目前有关大雁塔塔体结构构造的信息比较混论，为慎重起见，参考泰塔经验，对大雁塔三层东侧外部从北往南第2开间塔壁及三层券洞内北侧塔壁中央进行了62mm孔取芯探查（芯径48mm），外部探孔深2100mm，券洞探孔深1500mm。探查结果：明代外包600mm可信，但探查深度内未见填土。明代及唐代塔体皆以砌砖以黄泥砌筑，砌砖质量良好，黄泥灰缝厚度10mm左右。同济大学地质雷达探测结果与实际大相径庭（图8.13、图8.14）。

本次取芯调查虽未能彻底穿透塔壁，但依据塔体平面布置、塔壁厚度及塔体在以往地震中的表现，基本可以推断：大雁塔塔壁乃全砖结构。

图 8.13 大雁塔塔体取芯调查

东侧外壁 340mm 深度芯样断面

东侧外壁 840mm 深度芯样断面

东侧外壁 1200mm 深度芯样断面

东侧外壁 1500mm 深度芯样断面

图 8.14 大雁塔塔体砌砖芯样

8.4.2　塔檐加固基本思路

基于大雁塔塔体结构构造及其病害特点，结合塔檐维修，以隐形圈梁加固是最可靠的选择。考虑到险情塔檐主要在南侧，其余三边情况尚可，为做到最小干预，确定以局部择砌性加固措施处理（图 8.15）：

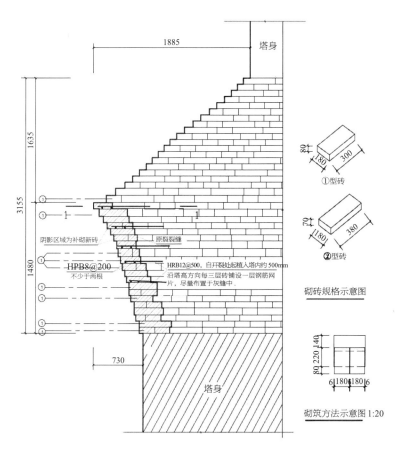

大雁塔南立面二层塔檐局部加固 2-2 剖面示意图　1:20

图 8.15　择砌加固塔檐

①逐层拆除外鼓部位塔檐砌砖至开裂处，清除粉尘，洇水湿透，更换风化、破碎的砌砖以备后用；②因现存二层西侧塔檐保存较好，制式较完整，恢复砌筑时参考西侧塔檐顺丁砖拉接的砌筑方法，自下至上分层恢复，接茬断面及补砌砖块应充分洇湿以增强粘接；③恢复砌砖每 3 皮敷设一道钢筋网片，钢筋网片的横向钢筋植入稳固砖体 500（图 8.16）；④恢复砌砖一般采用 M5 混合砂浆，钢筋网片处采用 M15 水泥砂浆；⑤每砌砖 3 皮后，待砂浆充分凝固后再继续砌筑。

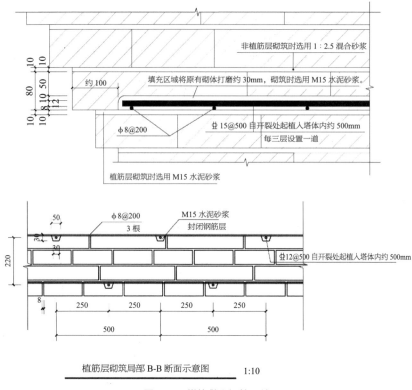

非植筋层砌筑时选用 1:2.5 混合砂浆

填充区域将原有砌体打磨约 30mm，砌筑时选用 M15 水泥砂浆。

φ8@200

Φ15@500 自开裂处起植入塔体内约 500mm
每三层设置一道

植筋层砌筑时选用 M15 水泥砂浆

φ8@200
3 根

M15 水泥砂浆
封闭钢筋层

Φ12@500 自开裂处植入塔体内约 500mm

植筋层砌筑局部 B-B 断面示意图　　1:10

图 8.16　塔檐敷设钢筋网片

8.4.3　塔檐加固实录

本次大雁塔南侧二层塔檐择砌加固过程揭露，大雁塔塔檐历史上至少有 3 次维修或重砌：明代万历三十二年包砌；民国二十年局部重砌；1986 年部分塔檐重砌。

唐代塔檐砌筑用砖及其砌筑方式相对统一，砖分为条砖及方砖两种规格，绳纹，塔檐叠涩皆用丁砖，总出挑 740mm，单层叠涩出挑 30 ~ 115mm，下小上大，填缝素土，无砂粒或白灰添加。明代塔檐砌筑用砖及其砌筑方式相对比较凌乱，砖分为条砖及方砖两种类型，绳纹，规格较多，塔檐叠涩丁顺砖混用，规律性不强，总出挑 640mm，单层叠涩出挑 10 ~ 60mm，下小上大，填缝土见少量白灰。民国以后塔檐砌筑用砖及其砌筑方式更加凌乱，砖分多种规格，无绳纹，塔檐叠涩丁顺砖无规律可循，灰浆逐渐采用灰土砂浆或混合砂浆。1986 年所砌二层南塔檐西侧砂浆中尚含有机质，怀疑系添加环氧。

此外，在塔檐叠涩开裂错位变形较为严重的二层及三层部位，发现有多处采用枊木加固现象；在 1986 年所砌二层南塔檐西侧的灰缝中尚存在扭转的扁铁加固措施。可惜这些添加的枊木或扁铁与唐代砌体的连接深度皆不超过 150mm，很难在大的地震中发挥作用。

依据陕西省文物保护研究院、陕西普宁工程结构特种技术有限公司 2016 年 12 月提出的《大雁塔塔檐养护工程技术报告》，大雁塔砌筑砖件内层绳纹砖的残留强度、烧结温度均高于外层后代砖，且内层绳纹砖的显微剖面照片显示内层绳纹砖存在明显揉制现象，应为手工制作。推断：内层绳纹砖的烧结温度约 700 ~ 800℃，外层砖烧结温度约 600 ~ 700℃。

　　2016 年大雁塔二层南侧塔檐抢险加固工程中，除了尽可能采用原有砖件外，尚使用了部分 360mm×360mm×70mm 新砖，灰缝 M5 混合砂浆，水硬性石灰勾缝。为了保存历史信息，本次塔檐加固维修中对于既有的朳木或扁铁皆予以保留。表 8.2 给出大雁塔塔檐历次维修用材及砌筑工艺的汇总情况。

图 8.17　唐代塔檐在地震中的破坏情况

大雁塔塔檐历次维修砌筑材料及工艺　　　　　　　　　表 8.2

时代	砖材			粘接材料		勾缝
	长（mm）	宽（mm）	厚（mm）	材质	厚度（mm）	
唐	360	180	70	纯黄土泥浆	3 ~ 4	纯淋灰浆勾缝
	360	360				
明	350	180	70	黄土泥浆 少量白灰	5 ~ 20	白灰浆勾缝
		185				
		190				
	350	350				
民国	380	185	65	灰土砂浆	5 ~ 20	1:4 白灰砂浆 勾缝
	355	185	80			
	390	190	70			
	380	380	65			
	355	355	80			

时代	砖材			粘接材料		勾缝
	长（mm）	宽（mm）	厚（mm）	材质	厚度（mm）	
1986 年	260	130	65	混合砂浆 含有机质		白灰或水泥砂浆勾缝
	290	120	60			
	350	350	65			
	240	115	55			
2016 年	原有砖件			M5 混合砂浆	6~8	水硬性石灰勾缝
	360	180	65			
	360	360	70			

图 8.17 所示唐代塔檐的破坏情况，图 8.15、图 8.18 ~ 图 8.19 给出各时期塔檐之间的关系，图 8.20 展示了明代、民国塔檐的砌筑方式，图 8.21 示本次加固维修更换后的外包层枊木，图 8.22 给出本次塔檐择砌植筋示意，图 8.23 为民国与本次维修砌砖题记，图 8.24 为本次二层南侧塔檐加固维修效果。

图 8.18 唐代、明代、民国塔檐之间的关系

图 8.19 唐砖与明砖之间的结合

图 8.20 明代、民国塔檐的砌筑方式

图 8.21 外包层原有枋木更换

图 8.22　塔檐择砌植筋示意

图 8.23　民国与本次维修砌砖题记

图 8.24　大雁塔二层南侧塔檐加固维修效果

8.5 本章小结

大雁塔是唐代著名高僧玄奘西行求法归来后，为保存从印度取回的经像舍利所建的佛塔，是丝绸之路文化的重要见证，是古都西安最重要的标志和象征。大雁塔自唐永徽三年（公元652年）建成后，经历了多次维修，历代的工程信息被完好保留了下来，是研究唐及以后建筑艺术与技术水平的重要实物资料。

2016年大雁塔塔檐保养工程的最大成果之一即是发现了其二层塔檐的结构隐患，该隐患乃由于"华县大地震"后维修补砌部分，在其后续数百年间地震累积效应（Shakedown）影响下与塔体原有砖体脱离，属结构性病害。

考虑到大雁塔文物建筑与公共建筑的双重属性，也考虑到病害所处的敏感位置，现状病害对游人已构成严重安全隐患，对之进行抢险加固处理是必要和及时的。本次采取的择砌性加固措施未必属于绝对的安全可靠方案，然在大雁塔目前状况下，其应当属于比较恰当的一种加固措施，至少干预较小，亦可保证大雁塔加固部位在未来常遇地震及非本区域特大地震作用下，安全无虞！

本次塔檐加固的附带成果是对大雁塔的前世今生有了比较深入的了解，具体到结构构造方面，主要体现在：①确认大雁塔明代曾经外包600mm；②基本可以确认大雁塔属全砖结构。这一点对于评估大雁塔既有结构病害的危害程度及评估大雁塔对未来地震的抵抗能力是必不可少的！

值得指出的是，大雁塔目前发现的结构隐患，除了南侧二层塔檐的开裂变位以外，其五层外部东侧北端部位尚发现塔壁存在外鼓现象，外鼓错位最大处约35mm，联系到大雁塔存在外包层的结构特点，毋庸置疑，其对于塔体及游人的安全危险性是不可小视的！鉴于问题的复杂性，本次加固对之暂未予处理！

第9章 西安小雁塔的震害与加固

9.1 概况

西安小雁塔（图9.1）位于唐长安城安仁坊西北隅（今西安市友谊西路南侧），因寺名又称荐福寺塔。荐福寺创建于公元684年，系唐高宗死后百日，为其献福而建，初称献福寺，公元698年改名荐福寺。荐福寺是我国另一位伟大的翻译家义净法师的译经处。

图9.1 西安小雁塔

据《长安志》载："（开化坊）次南安仁门，西北隅荐福寺浮屠院。院门北开，正与寺门隔街相对，景龙中（707～709年）宫人率钱所立。" ❶

据现存碑文记载，荐福寺曾屡遭战火。现存殿宇为明正统以后重建。小雁塔用青砖砌成，塔身略呈炮弹形，挺拔秀丽，原15层。明成化二十三年（1487年）及嘉靖三十四年（1556年）地震使塔身中裂，现残高43.20m。1961年中华人民共和国国务院公布为全国第一批重点文物保护单位（编号64，分类号17）。

---

❶ 宋敏求. 长安志 [M]. 长安县志局民国19年版，卷7.

小雁塔是唐代密檐式塔的代表作。塔平面正方形，底层边长 11.38m。坐于底边长 23.38m、高3.2m的方形砖台之上。塔底层较高，二层以上高度与宽度逐层递减，每层叠涩出檐，檐下各砌有两层菱角牙子。塔底层南北有券门，其上各层南北均有券窗。塔结构单壁中空，设有木构楼层，有木梯及砖阶盘旋而上。

底层南北券门以青石做成门楣、门框，其上布满唐代蔓草图案线刻，刻工精细，线条流畅。门楣上的天人供养图像，更是弥足珍贵。塔上有自唐以后历代题刻多处。

9.2 小雁塔的"神化"传说

小雁塔矗立于三秦大地已逾 1300 年，以其挺拔秀丽的身姿以及优秀的抗震性能获得了无限的崇拜与"神化"传说。

1551 年 9 月，一位名叫王鹤的小京官回乡途中夜宿小雁塔。听了湛馨和尚讲的"神合"故事后，惊异万分，在北门楣上题记："明成化末，长安地震，塔自顶至足，中裂尺许，明彻若窗牖，行人往往见之。正德末，地再震，塔一夕如故，若有神比合之者。"（图 9.2）

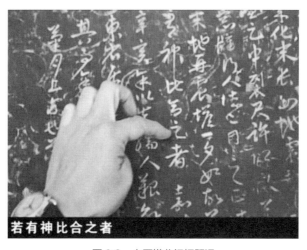

图 9.2 小雁塔北门楣题记

在民间还流传着：嘉靖三十四年（1556 年），"地震，塔裂为二"；1563 年，又"复震，塔合无痕"。清康熙三十年（1691 年）塔再次震裂，六十年（1721 年）地震，又复合。民间有谚语"动乱之年塔缝开，大治之年塔缝合"。

为纪念小雁塔 1300 年诞辰，西安某媒体 2006 年 12 月以"安坐'大锅'上，小雁塔成'不倒翁'"为题撰文：小雁塔塔基四周直径约 70m 的地下，由外圈至塔基中心处的夯土逐渐加深，约至 30m 处而后以青石垒底基数层，再以条砖砌出塔之身基，出地 3m 为台基，其正上为座塔。

从台基纵剖面看，整个夯基类似一个半弧形的"大锅"，塔就坐落在"大锅"中心（图9.3），"锅体"与大地呈似分离状态。地震时，塔的垂直压力和水平震动产生应力分散效应，使塔的重力均匀分散，地震产生的能量得以化解和转移。

小雁塔是"神合"还是"人合"？"不倒翁"之说有无科学依据？学界各说不一。本章结合现有探勘资料，通过对相关文献的整理与研究，运用地震工程学原理对相关疑问作出比较科学的分析与解释。

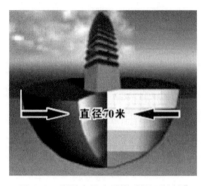

图9.3 传说中的小雁塔"锅形地基"

9.3 现有的探勘资料

中华人民共和国成立后，经过几年准备，1964年4月开始整修小雁塔，1965年9月竣工。塔体整修中，保持其残缺的原貌，采取弥合裂缝、加固塔身等措施，在塔二、五、七、九、十一各层檐下加钢板腰箍。此外还整修了塔的基座、塔顶的排水设施，并安装了避雷设施。荐福寺殿宇建筑部分也已修葺。结合小雁塔整修，对塔基座和塔内地坪进行了发掘清理，对塔周围也进行了部分钻探。[❶]

2003年，为配合西安博物院建设，中国社会科学院考古研究所和西安市文物保护考古所对小雁塔塔周围场地进行了部分勘探，还对地宫进行了考察。[❷]

虽然从考古学角度看2003年探勘资料有诸多新的发现，但从工程学角度看，二者并无太大差异。本节主要以1964年探勘资料展开讨论。

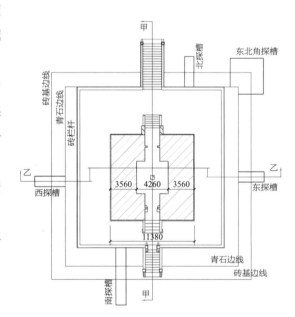

塔基座现状平面图

图9.4 探槽平面分布

9.3.1 塔周夯土

塔周（现有基座的四周及东北角）挖5个探槽（图9.4），塔基座周围约30m内

---

❶ 西安市文物管理委员会 . 小雁塔基础发掘清理说明 .1964.

❷ 张全民，龚国强 . 关于小雁塔塔基考古的收获 [G]. 西安小雁塔抗震与保护国际学术研讨会论文汇编，2011.

地下为夯土，靠近塔基夯土深度约 2.35～3.60m，最远处夯土深度约 1.40～1.70m（图9.5）。

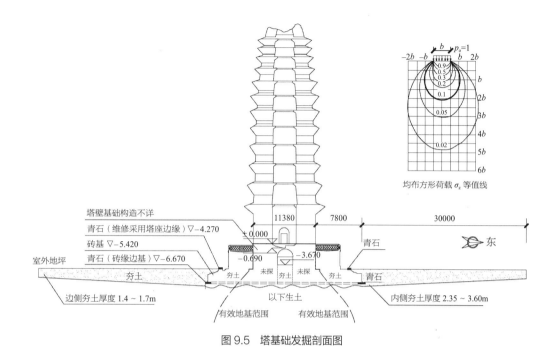

图9.5 塔基础发掘剖面图

9.3.2 塔基座部分

发掘清理结果表明，现有塔基座下的砖砌基础边沿距塔身均为7.80m左右，不少砖块历经各代已被挖取，砖基保留的程度各面不尽相同。

东南两面所缺不多，西面约缺1/3，北面仅保留4皮砖，约缺4/5。砖基的下部采用青石条铺设，东、西两面均为一层，南、北面及东北角则为两层，石面的高低基本相同。

从砖基向内约1.80m处有规格较整齐的青石，青石的正面平整光滑，上面光滑部分约宽150mm，再往内皆为毛面，可认为唐代原有基座是砌在青石毛面上的，光滑处则是露明部分。从青石下面的砌砖来看青石的位置已经过移动，砌块比较凌乱，且有些部分填以素土。西面中段的一块青石向左旋转了90°，错将侧面放到了正面，如加以纠正则与邻石之间将有100mm宽的缝隙，如果认为这是建塔时的施工错误，这种可能性较小。按照现有青石的排列来看，仅在北面两角缺少数块，其他部分亦缺不多，清理者认为如果已经过移动，则历代修整后向内收敛或保留原位置的可能较大，而没有向外扩放的可能性。

9.3.3 小雁塔地宫

从塔内靠近南边门洞处的现有水泥地坪下挖约800mm，发现长方形砖砌竖穴一个，上面覆盖清代石碑三块（①顺治辛丑年重修白衣阁记；②乾隆乙酉陕甘乡试题名碑；③同治二年五月墓碑）。揭去石碑，竖穴下部东西两侧墙面 1.60m 以下为水磨砖砌（唐砖），南边墙面较粗糙，并经后人挖凿留有残迹。向北通过门洞进入一个正方形券洞，券洞内地坪（唐砖）北面大多为方砖铺面，南面及竖穴下均为条砖。洞内墙面及拱券砖面都是磨砖对缝，非常细致。

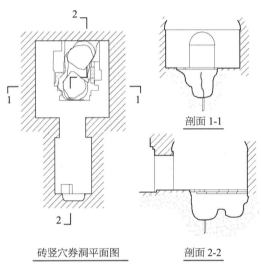

剖面 1-1

剖面 2-2

砖竖穴券洞平面图

图 9.6　地宫平面及剖面图

　　券洞侧墙在 1.325m 处开始起拱，拱全高 28 皮砖共 1.455m，起拱处的墙面向内收缩略呈弧形。券洞内部完好无缺，仅在拱顶的南侧被人为破坏，上有直径 260mm 垂直砖洞一个，采用半截砖临时砌筑。这个砖洞的顶端距水泥地面仅 300mm，也是修缮发掘最先发现的部分。

9.3.4　塔下地基构造 ❶

　　1964 年小雁塔基础发掘清理说明：在券洞（地宫后室）的中间及北部挖深约 1.00m 深坑，发现地宫地面砖下存在夯土，钻探至距洞内地面 3.35m 处才发现生土。

　　上述记载至少说明，小雁塔塔室部分的地基构造是清楚的：取小雁塔现有塔室地面相对标高为 ±0.000，则可以确定地宫面积标高为 –3.670m，其下生土顶面标高为 –7.02m。也说明，从现有塔室地面以下 7.02m 以内为夯土，其下为天然地基。注意到塔室位于塔底平面的中央，且宽度仅占塔底层高度的 4260/19380=37%，塔壁处地基处理深度（目前尚不清楚）大于或小于该标高的可能性不大。参考后期对于塔周地层的钻探结果，可以确定：小雁塔地基处理的深度就在相对标高 –7.02 处，大约在现有地面以下 2～3m 处。

---

❶　西安市文物管理委员会．小雁塔基础发掘清理说明．1964.

9.4 几点分析与看法

9.4.1 "半球"说证据不足

上述探勘资料显示,推断小雁塔地基为一半球体或"大锅",目前尚无据可依。资料说明,小雁塔塔下及四周较大范围内场地虽经人工夯实处理,但最深处仅3.60m。塔基座正下方目前尚未探明,即使人工处理,也难以形成"直径约70m"的半球。类似资料显示,唐塔地基一般不会处理很深。❶

根据土力学压力泡的概念(图9.7)❷,在均布荷载作用的方形基础下,地基主要受力区($\sigma_z=0.1P$)的平面及深度范围约2倍基础宽度。所以无论塔周夯土范围有多大,其作为塔地基的有效范围实际是有限的。其余夯土充其量可看作塔周场地平整!

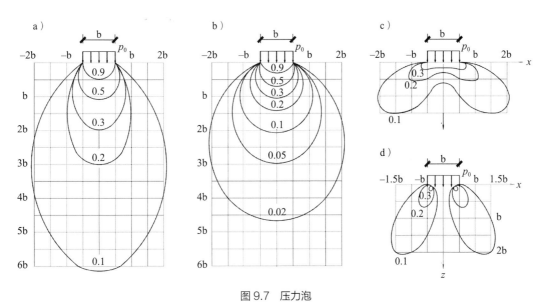

图9.7　压力泡
a)均布条形荷载 σ_z 等值线;b)均布方形荷载 σ_z 等值线;
c)均布条形荷载 σ_x 等值线;d)均布方形荷载 τ_{xz} 等值线;

9.4.2 "不倒翁"说不尽合理

既然"半球"说证据不足,"不倒翁"原理自不存在。事实上,即使塔坐在"半球"上,也不可能与大地呈"似分离状态"。"半球"与大地之间不存在软流层!

地震对建筑物的影响是由于地壳突然破裂产生的地震波使地面剧烈晃动(主要是水平振

---

❶ 陈平等. 眉县净光寺塔纠偏工程 [J]. 西安建筑科技大学学报, 2003, 1: 44-47.

❷ 殷永安. 土力学及基础工程 [M]. 北京: 中央广播电视大学出版社, 1986.

动），建筑物由于惯性作用必然产生与地面运动相反方向的弯曲变形（倾倒），当弯曲变形在建筑物内部产生的应力达到材料强度时，则必然产生裂缝，甚至坍塌。这种现象类似于站立于汽车上的人，当汽车突然前行时，会突然向后摔倒一样（图9.8）。

图9.8 惯性力示意

从力学观点看，物体形成"不倒翁"机理须具备三个条件（图9.9）：①重心较低；②摆动时重心会抬高；③物体上下为一整体，不会因为侧摆产生拉应力而分离。很显然，三个条件小雁塔无一具备！难道小雁塔侧摆时会带动其周围地基与基础一起倾斜？

另一个值得注意的问题是，如果承认"不倒翁"抗震原理，则无法解释"地震中裂"的震害现象！

当然，摒弃力学概念，从小雁塔千年不圮的角度，将之喻为"不倒翁"，这种崇拜心理是可以理解的。

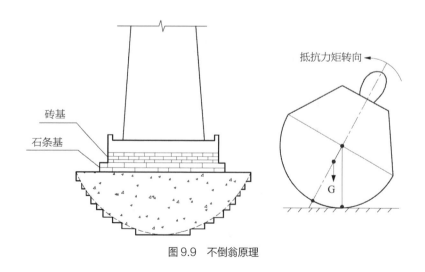

图9.9 不倒翁原理

9.4.3 所谓"三裂三合"

从 1964 年小雁塔整修前的录像资料可以看出（图 9.10），小雁塔在历史上南北开裂是客观存在的，开裂相当严重，除一、二层外，上部基本通裂。这种开裂符合开洞塔的受力特点与震害表现 ❶，因为中轴面上开洞，造成抗剪承载力不足，在侧向地震力作用下，开裂一般不可避免。

根据王鹤碑文记载及《陕西省地震目录》❷，小雁塔初裂于明成化二十三年七月二十二日（1487 年 8 月 10 日）6.3 级临潼地震是基本可信的。但碑文关于小雁塔"自顶至足，中裂尺许"的说法不足为信。

根据小雁塔的结构特点（图 9.11），在地震惯性力作用下，塔中裂当始于下部约 1/3 高度处，随地震持续或强度增加，裂缝将向上下两侧发展，向上发展要快于向下发展。事实上，即使至 1964 年，小雁塔也未"中裂至足"，一、二层基本完好。以小雁塔的结构特点及建造工艺看，6.3 级地震也难以对小雁塔造成"中裂尺许"的破坏！

图 9.10　1964 年的小雁塔

图 9.11　小雁塔的振动特点

---

❶ 陈平等 . 西安大雁塔抗震能力研究 [J]. 建筑结构学报，1999, 1.
❷ 陕西省地震局 . 陕西省地震目录 [M]. 北京：地震出版社，2005.

至于王鹤碑文"正德末年（1521年），地再震，塔一夕如故"，则完全不可信。

查《陕西省地震目录》，自明成化二十三年（1487年）后至正德末年（1521年），西安附近发生2次较强地震：1501.1.19，陕西朝邑（今属大荔县）7级地震；1506.3.19，陕西合阳5.3级地震。正德末（1521年），未记录地震。1521年最近2次地震：1520.7.16，陕西华县、华阴及山西蒲州地震；1523.6.24，大荔地震。后2次地震均小于4级，其影响似乎不足以撼动小雁塔使之"神合"。

考虑到小雁塔以青砖与黄泥砌筑，各层间尚有木构件连接，开裂较大时券洞顶砌块必然掉落，裂隙间也会充填碎块，即使"人合"也很难做到"如故"！

事实上，"神合"说恰好间接证明：小雁塔至王鹤书写碑文的1551年，塔身开裂并不严重！

由1900年及1964年拍摄的小雁塔残状可以看到，四层以上至十二层，随着拱券破损的逐渐加重，券顶上部也存在不同程度的坍落，而且能够保存下来的塔身砖块除了中心部分局部倾斜外，其余部分仍然保持在水平状态。

可以清楚地看到，并没有如王鹤所言"自顶至足，中裂尺许"，这显然是对当时情况的一种夸张。

民国二十三年（1932年）四月十八日，前教育总长傅增湘在《秦游日录》也表达了类似的看法："余临视之，裂缝约三分之二，宽尺许，中可度鸟。屡阅近世人记载，皆见其裂，未见其合，则亦齐东之语耳。…余谓既裂之后，岂可复合？"

原陕西社科院宗教所所长王亚荣观点：小雁塔尽管由比较高超的工艺所建，但由于设计上每一层的窗都处在同一直线上，使得整体的应力机制有了缺陷，所以年久之后遇地震而开裂。至于数十年之后肯定地说某年裂、某年合，甚至"一夕如故"，"复合无痕"等等，其史料的可靠性值得怀疑。❶

从上面分析不难看出，王鹤碑文记载，有可信之处，但也有夸大与不实处。其余"二裂二合"的传说更有牵强处，不再赘述。

9.4.4 华县大地震对小雁塔影响最大

小雁塔在漫长岁月中，首次破坏于1487年，对其影响最大者仍是明嘉靖三十四年（1556年1月23日）在陕西华县发生的8.3级大地震（也有资料称之为关中大地震）。

有关华县大地震的历史资料见大雁塔相关章节。前已述及，华县大地震是人类历史上损失最为惨重的一次地震灾难，西安位于极震区，有足够理由推断，1964年所见小雁塔的破坏状态应当主要由于华县大地震形成！图9.12为清康熙三十一年（1692年）立《重修荐福

---

❶ 王亚荣.大荐福寺[M].西安：三秦出版社，1994.

寺碑记》碑阴上部阴线刻《荐福殿堂图》可以作为佐证之一。

1556年华县8.3级特大地震以后，陕西境内450多年间无大震！和大雁塔类似，华县大地震之后对小雁塔影响最大的地震仍然是1920年宁夏海原8.5级地震！尽管后者震级较高，然由于后者震中距较之前者大许多，其破坏影响也弱许多，这可以从两次地震的等震线分布图明显看出。

塔在历次地震中的表现，除了中轴线裂缝的（瞬间）开合、发展、塔顶震落外，主要表现在裂缝两侧块体在塔弯曲变形时的剪切磨合。

1964年整修中，在塔二、五、七、九、十一各层檐下加钢板腰箍，对提高塔中轴线抗剪能力极有效果。正是这几道钢板腰箍，使得小雁塔在1976年松潘7.2级序列地震（距西安530km）及2008年汶川8.0级地震（距西安590km）远震影响中较之大雁塔有良好的表现。但也应当看到，钢板箍使得塔体的抗弯能力相对较弱，在以后的大地震中防止塔弯曲破坏当是首要任务。

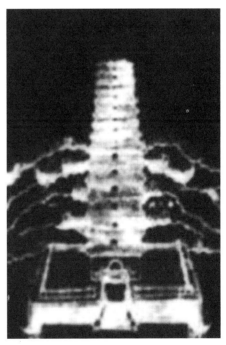

图9.12　清康熙三十一年（1692年）立《重修荐福寺碑记》碑阴上部阴线刻《荐福殿堂图》

9.5　小雁塔千年不圮的"秘密"

地震是一种很复杂的自然现象，结构在地震中的反应目前的研究还不是很清楚，但以往震害调查研究所揭示的一些规律性的结论还是很有价值的。

小雁塔历经千年而不圮，首先在于其场地选择合理。也就是说塔建于抗震有利地段，场地土质均匀，压缩性较小。"十塔九歪"，但小雁塔矗立千年而无倾斜，这不仅说明场地条件较好，"不歪"也是保证其良好抗震性能的必要前提。

其次，小雁塔有比较好的地基与基础处理措施。虽然塔未"安坐"于"直径70m的大锅"上，但良好的人工夯土与青石基础，对于扩散塔底压力，减少塔整体与不均匀沉降还是有相当作用的。塔周夯土虽不属于塔地基的有效范围，但夯土可以有效防止地面雨水下渗，利于场地排水，对于保护塔地基还是有所裨益的。

第三，体形规则有节律。小雁塔平面方形，规则对称，塔身采用由下而上逐层递减的收分技术，成自然缓和的锥体形，这不仅从视觉上给人以挺秀柔和的感觉，而且从结构上增加了建筑物的稳定性。砖石古塔这种规则而稳定的结构特点不仅可减少地震的扭转效应，而且层间抗力与地震剪力相协调，避免了中下部形成薄弱层的不利情况。

第四，整体性能良好。小雁塔单壁全砖成筒，墙壁较厚，兼具较强楼层约束，结构体系类似于现代高层建筑中的筒体结构，这些均使其具有良好的抗地震能力。

第五，小雁塔券洞间裂缝的开展及在反复荷载下裂缝两侧的剪切磨合，消耗了部分地震能量，从而避免了塔主体结构的较大损坏，这是小雁塔历经千年而不圮的重要因素之一，所谓"丢卒保车"。

总之，小雁塔千年不圮，既非"神为"，亦非某一偶然因素促成，是多方面因素的集合，是自然选择的结果。

9.6 本章结语

（1）虽然小雁塔有比较好的地基与基础处理措施，但断言其地基为一半球体，目前尚无据可依。至于"安坐于直径约70m的半球上，成不倒翁"之说，皆属"神话"，可姑妄听之，不可以讹传讹。

（2）小雁塔初裂于明代成化二十三年（1487年）6.3级临潼地震；对其影响最大者仍是1556年华县8.3级特大地震。王鹤"明成化末，长安地震，塔自顶至足，中裂尺许"碑文有夸大与不实处，需辨析对待。"神合"与"三裂三合"说亦属"齐东野语"，不可以科学事实对待。

（3）小雁塔矗立三秦大地千年而不圮，既非"神为"，亦非某一偶然因素促成，是多方面因素的集合，是自然选择的结果。小雁塔在地震惯性力作用下券洞间裂缝的开展及裂缝两侧的剪切磨合，消耗了部分地震能量，从而避免了塔主体结构的较大损坏，是小雁塔历经千年而不圮的重要因素之一。

（4）1964年整修中，在小雁塔二、五、七、九、十一各层檐下加钢板腰箍，对提高塔中轴线抗剪能力及塔体的抗震能力极有效。

第 10 章　拯救应县木塔

10.1　概况

项目研究负责单位：中国文化遗产研究院

项目研究负责：侯卫东

项目研究协作单位：陕西普宁工程结构特种技术有限公司

项目协作负责：陈一凡

10.1.1　地理位置

山西应县佛宫寺释迦塔，俗称应县木塔，位于山西省应县城内西北隅。木塔建于辽清宁二年（公元 1056 年），距今近 1000 年，是世界现存最古老、保护最完整、体量最宏大、结构最精巧、外观最壮丽的木楼阁式建筑，被誉为世界建筑史上的奇迹（图 10.1、图 10.2）。1961 年国务院公布应县木塔为第一批全国重点文物保护单位（编号 71，分类号 24）。

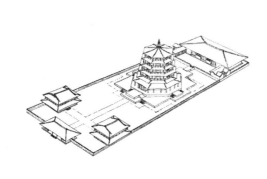

图 10.1　应县木塔原平面布置意向图

图 10.2　应县木塔

应县佛宫寺释迦塔，据明万历田蕙《重修应州志》记载："佛宫寺初名宝宫寺，在州治西，辽清宁二年（1056 年）田和尚奉敕募建，至金明昌四年（1193 年）增修益完。塔曰释迦，道宗皇帝赐额。元延祐二年避御讳，敕改宝宫寺为佛宫寺。顺帝时（1333 ~ 1368 年）地大震七日，塔屹然不动。塔高三百六十尺，围半之，六层八角，上下皆巨木为之，层如楼阁，

玲珑宏敞，宇内浮图足称第一"。❶

著名古建筑专家陈明达先生曾指出："木塔是中国佛塔中最古老的形式……同时也是早期佛塔中较为普遍的形式，唐、宋以来的很多砖石古塔，都是仿木塔形式建造的，古代如此普遍的建筑类型，如今仅存释迦塔，是十分可贵的。对它的研究，将为研究古代历史上各个时代木塔的形式、结构、风格提供线索"。❷

在华北地区，有一首古老的民谣广为流传："沧州狮子应州塔，正定菩萨赵州桥"。1932年，梁思成读到一份日本学者关野贞（日本建筑史学家、中国营造学社外籍社员）于1918年在中国北方的考古报告。在报告中，关野贞说到大同以南大约80km的应县城里，有一座建于11世纪的木塔，当地人称为"应州塔"，这和流传已久的华北谚语相吻合。梁思成写了一封信寄往"应县最大的照相馆"，请照相馆的摄影师帮助拍摄了一张应县木塔的照片。1933年夏天，梁思成和同事刘敦桢、莫宗江赶往应县。在离城几里处，梁思成突然发现，前面群山环抱中，一座红白相间的宝塔映照着金色的落日，他惊叹道，"好到令人叫绝，半天喘不出一口气来。"

应县木塔结构比例协调，外观稳重典雅，美丽大方，是我国古代建筑精品之作。中国应县木塔、法国埃菲尔铁塔以及意大利比萨斜塔并称为世界三大奇塔。木塔经多次大地震仍完整无损，足以证明我国历史上木结构的辉煌成就。

10.1.2　建筑形制

木塔由塔基、塔身和塔刹三部分组成（图10.3～图10.5）。塔含台座法式高度67.31m，现状残高65.83m，八角形，底层直径30.27m，5明4暗，共9层。调查统计表明，木塔现存木材体积2691.63m³，总重约54335.8kN（包括底层两圈土墼及副阶，不包括塔基），使用木构件10万块，木结构构件重量约25691.7kN，除包含有土墼墙体的底层外，上部重量19257.7kN。❸

木塔塔基稳重典雅，美观大方，与全塔十分协调，为塔上部结构提供了可靠的支撑。塔基分上下两层。下层不规则方形，四面各出月台，紧贴着南月台两侧东西各有踏道一座。上层为八角形，东西南三面各有月台一座，月台两侧也各有踏道。塔基用条石、块石平砌，条石规格多不一致。

塔身平面八角形，分内外槽，外檐每面三间，内槽每面一间，内外槽间用栿连接。每层各有一面铺设楼梯，楼梯螺旋布置。木塔一改汉代中心塔柱做法，采用内外槽柱的双筒型框

❶ 中国科学院自然科学史研究所. 中国古建筑技术史[M]. 北京: 科学出版社, 2000.

❷ 陈明达. 应县木塔[M]. 北京: 文物出版社, 2001.

❸ 李世温. 应县木塔的荷载研究[J]. 太原理工大学, 2000.

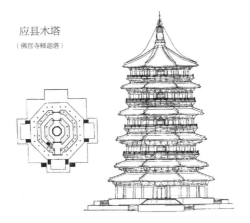

图10.3 应县木塔平面与立面

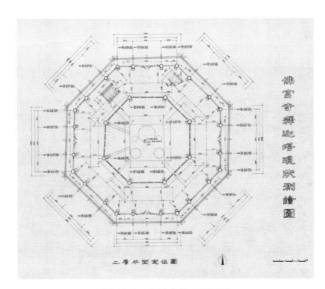

图10.4 应县木塔二层平面

图10.5 应县木塔结构整体与局部

架结构，且在平座层中施用了中国传统斜撑的结构方式，使整个塔连成一个整体，既争取了中部空间，便于布置佛像等，又提高了抗侧移的能力，使塔身更加牢固（图10.4、图10.5）。

塔身底层内槽柱及外檐柱砌筑于高2.74～2.79m夯土墙内，大大增强了全塔的抗剪变形能力，也保证了塔体与塔基的可靠连接（图10.3、图10.5）。

塔身立面五层六檐，剖面5明4暗外加一层塔顶共10层。每层都用同一种结构方式，即用普柏枋、阑额、地栿，将外檐柱和内槽柱连接结合成两个大小相套的八角形柱圈。每层柱圈普柏枋上为结成整体的斗栱结构层。柱圈好像是斗栱结构下的长腿，又是组成使用空间的主体，而斗栱结构层就如同位于上下柱圈之间的"减震弹簧层"，起着加强结构整体性及隔震减震作用。接近塔身向上仰望，斗栱犹如一朵朵云彩簇拥着全塔，使塔更显神秘色彩。斗栱结构的中央部分成空筒状，在平座层，此部分安六椽栿，上铺地面板；在塔身部分，即施藻井；在塔顶部分，则安六椽栿，承屋面构架（图10.6～图10.8）。

图10.6 应县木塔内部空间

图10.7 木塔斗栱犹如一朵朵云彩

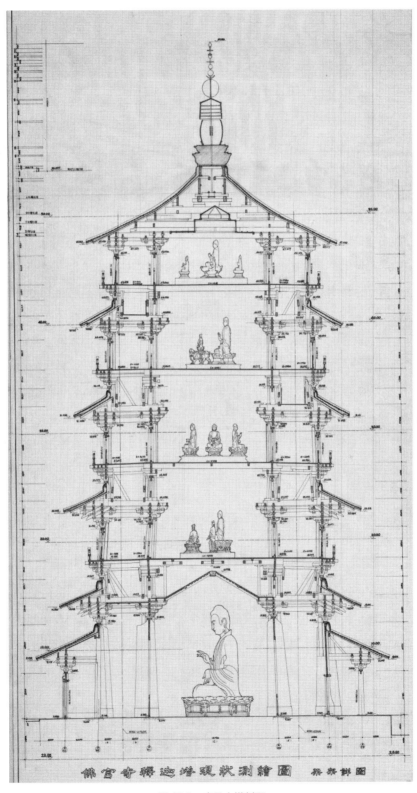

图 10.8 应县木塔剖面

塔刹主要由基座、刹柱为骨干组成，基座位于塔刹底部，砖砌。刹柱全长14.21m，下端有两方木夹持固定，中部嵌入基座中，上部伸出塔顶9.91m，自下而上由仰莲、复钵、相轮、火焰、仰月及宝珠组成。自仰月下用铁链8条，分别系于8个屋角垂脊末端（图10.9）。

木塔结构方式自成体系，具有鲜明的特点，给我们极大的启迪。首先，结构立面明确地分有层次，每层是一个整体构造。虽然上层的柱子多是叉立在下层草乳栿或铺作上，但在结构

图10.9　木塔塔刹

上并非要点。层与层的关系，是各层整体结构的重叠。每层柱脚向内收一柱径，不需要用通长的长柱，并且十分稳定。这种结构，有极大地弹性，特别适宜于高层建筑物，是中国古代木结构建筑最突出的创造。其次，结构平面为八边形布置，平面对称，构件各个方向都有相互制约的关系，不易变形。还有，木塔采用梁柱结构，构件使用榫卯连接，这种结构具有一定的柔性，当木塔受到强大的外力作用时能够充分吸收能量，以减少对整体的损害。

木塔的设计大胆继承了汉、唐以来富有民族特点的重楼形式，充分利用了传统建筑技巧。梁思成评价："这个极其大胆的结构表现了古代匠师在结构方面和艺术方面无可比拟的成就。"，"这种木结构之所以能有这样的持久性，就是因为它的结构方法科学地合乎木材的性能。"❶

10.1.3　修缮历史

应县木塔辽代兴宗重熙十六年动工兴建，历时十六年，于清宁二年（公元1056年）建成。自建成以来，历代都进行过不同程度的修缮，经考证比较大的有8次。

1. 金明昌二年至六年（公元1191~1195年）。

距木塔建成137年，除易损部位外，在结构上至少遇到："塔的柱头劈裂，普柏枋头压碎等普遍的损坏情况，很可能是在初建后百余年间，曾遭受一次严重破坏的结果。也是明昌年间，必须加固修理的原因。"❷采取的主要修缮措施包括：在各层柱内侧增添辅柱，柱头均施凹槽，嵌于第一跳华拱之下，明层辅柱皆为方柱、抹角；并在暗层内外槽之间加设斜撑来增加刚度，固定内外槽平面，斜撑均削足。

2. 元延祐七年（公元1320年），距上次修缮125年。

据《中国地震目录》载：元大德九年（公元1305年），怀仁、应县间曾发生6.5级地震。

❶ 梁从诫. 林徽因文集（建筑卷）[M]. 天津：百花文艺出版社，1999.
❷ 陈明达. 应县木塔[M]. 北京：文物出版社，2001.

维修施工是在大震 15 年后进行的，主要对木塔进行震后维修加固。这次大修有三条主要的加固措施：

①在二、三、四明层内槽间，每面加间柱 2 根，分为三间，在五层明层除南面加间柱 2 根外，其余七面只加间柱 1 根，分为两间，内槽共加间柱 57 根。②将四个明层残损不堪的装板直棂窗拆除，柱间加设斜撑，并将其埋置于泥夹墙内。③维修残损的瓦顶、平座护栏、六层楼板等易损部位。

图 10.10　元延祐年间内槽加间柱

3. 明正德三年（公元 1508 年），距上次修缮 188 年。

此期间发生 1337 年怀来 6.5 级地震，1367 年山西朔县 5.5 级地震，1484 年北京居庸关一带 6.7 级地震。三次地震累积效应给木塔带来的伤残，突出反映在底层结构受力较大部位。此次维修，结构方面的加固维修主要在木塔底层进行：①内槽角柱内外两侧，外檐柱内侧加设辅柱，均支于第一跳华拱之下，内外槽共加设辅柱 40 根；②外檐东西两门阑额下加顶柱各三根，封堵东、西两门，重新夯筑土墙；③将南面门推至副阶。

4. 清康熙六十一年（公元 1722 年），距上次修缮 214 年。

5. 清同治五年（公元 1866 年），距上次修缮 144 年。

6. 1928 ~ 1929 年，距上次修缮 62 年。

此间四百多年时间里，木塔的修缮一直没有间断过，但是没有对木塔结构进行大的调整维修。

7. 民国二十五年（公元 1936 年），距上次修缮 7 年。

由主持和尚大行师徒募集资金，维修主要是拆除明层外槽柱间的泥夹墙及柱间斜撑，改成格子门。这一修缮措施大大削弱了明层柱网的抗扭刚度，加之近代地震、炮击等灾害因素，是近代木塔变形加剧的重要原因之一。

8. 1974～1985 年，距上次修缮 49 年。

这次修缮为抢险加固工程，指导思想明确，针对性强，取得了不错的效果。事前，国家文物局邀请了"文革"后期尚在的国际知名建筑师杨延宝教授以及古建筑专家陈明达、莫宗江、刘致平、芦绳、于卓云、祁英涛、罗哲文，结构专家陶逸钟和山西建筑设计研究院院长方奎光等，到现场做了勘查座谈，经过激烈的讨论，根据杨延宝教授的意见，于 1973 年 9 月，整理下发了《应县木塔勘查座谈纪要》，这次历史性的会诊结论，对今天仍具有重要指导意义。

《纪要》对木塔的修缮原则："根据我国当前的经济技术等条件，对木塔修缮的基本方法应采取不落架支撑加固的办法，保持原貌原构和它的完整性，同时整洁环境、规划布局，随着大同的开放，准备接待外宾参观。"并明确指出，木塔的修缮保护，工程巨大，根据倾斜的原因，应以支撑加固为主。

历史上对木塔的维修加固可归纳为两类：一类是大修，有针对性，加固和修整兼顾；另一类是小规模的修整，主要是装修彩绘，防止自然侵蚀和生物侵蚀为主。

历史上的多次修缮加固，积累了不少有益的经验。首先，每次加固针对性很强，有明确的目的，很少有虚设摆样的内容。其次，维修加固的干预性小，使木塔始终保持了均衡稳定的状态，支顶构件采取打入法，大大减小了维修对木塔整体的干预。最后，加固构件选材科学精良，基本和原有木材的材质、物理力学性能相接近，使得新旧构件能够很好地协同工作。

历史修缮的不足：①对木塔的受力体系了解不深，随意拆除重要构件，破坏了木塔的受力平衡及变形约束协调作用。最严重的就是 1936 年，拆掉泥夹墙和斜撑，改成格子门。②加固构件未能找到有效的支撑点，未能落实到实处。如三层明层内槽西面，"临时支顶"的两个三角撑子，位置安装不妥，作用适得其反，弊大于利。③一些关键构件没有进行有效的加固保护，如全塔的横纹受压构件一直没有得到很好的加固保护，使得塔体压缩、沉降厉害。④加固措施缺少可逆性，当发现一些加固措施未能达到预期效果时，难以去除。

10.2 现状病害分析

10.2.1 木塔现状主要病害及原因

根据对木塔结构安全危害程度的不同，木塔险情可归纳为以下几个方面：❶❷

1. 二、三层柱网扭曲、局部倾斜严重。木塔二层柱网平面挤压变形，法式正八边形平面

---

❶ 侯卫东. 应县木塔保护研究 [M]. 北京：文物出版社，2016.
❷ 李铁英. 应县木塔现状结构残损要点及机理分析 [D]. 太原：太原理工大学博士学位论文，2004.

向非正八边形发展；柱网立面扭曲变形，部分柱倾斜严重，其中二层明层西南面外檐柱向内槽倾斜至11°，原有受力体系已届失衡界限。木塔柱网的扭曲、倾斜是木塔残损破坏的一个主要方面，也是对木塔威胁最大的一个方面，图10.11给出将二层明层各柱头偏移量放大5倍后的趋势图。

木塔柱网倾斜有如下规律：

①由于明层柱间缺少可靠的支撑，抗侧刚度较弱，明层柱网的扭曲、倾斜情况比平座层严重很多；②由于竖向荷载很大，底层柱网，尤其二、三层柱网的扭曲、倾斜情况普遍大于上面几层；③从各层柱子扭曲倾斜平面图可以看出，柱圈的变形与各层楼梯位置的布置关系不是很大，楼层抗扭刚度不足应是主要原因；④受炮击影响，二层明层西南面柱网倾斜最为严重。观测表明，倾斜有加速趋势。如何终止或控制二、三层局部柱网的变形，是木塔维修保护的当务之急。

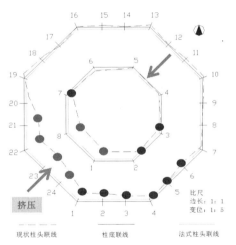

图10.11　二层明层柱网变形

图10.12　二层明层内柱头斗栱

2. 塔内部分承重柱构件严重损坏，已失去原有功能，如二层明层内槽东北转角柱受剪通体劈裂，部分柱脚榫因压缩扭曲而折断，柱体倾斜严重，主要构件残损点累计180余处。

3. 木塔一、二、三层斗栱破损严重。在塔自重压力作用下，各层斗栱节点压缩折断，倾斜金闪，以一层斗栱枋压缩炸裂最为严重。木塔斗栱的残损是木塔构件残损的重要方面，其中有塔体结构变形造成的残损，也有炮击、风化等外力作用导致的残损，主要表现在斗栱整体偏移、华栱断裂、栌斗劈裂等方面。柱头和转角处的斗栱由于受力较大，残损更为严重（图10.12）。

4. 塔身下部梁架及柱额枋破损严重。一、二、三层梁架多处出现水平位移、劈裂拔榫。梁栿的严重劈裂损伤仅平座层内就有20余处。柱额枋受压挠曲，端部炸裂，多处折断，加之炮击损伤，残损枋木计 30 余根，斗栱层东北面内槽罗汉枋挠曲成弓形，构件基本失效。

5. 塔体整体沉降与侧移变形，沉降变形严重于侧移变形。❶❷ 有文献记述：近 20 年来应县木塔净高降低了 119mm，而塔体相对于其法式高度的压缩量则高于 800mm（图 10.13）。这些数据未必十分准确，但木塔的高度降低应是不争的事实，并且降低在木塔平面上的分布是严重不均匀的，这可从二、三层楼面严重倾斜不平直观看出！

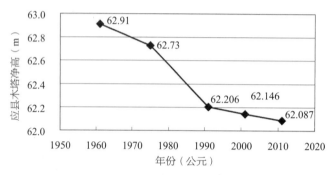

图 10.13　1961～2011 年应县木塔净高变化曲线

中国文化遗产研究院实施的应县木塔整体结构变形监测的结果显示，2010 年 9 月至 2011 年 10 月期间，应县木塔顶层的水平位移增加量为 12.9mm，位移增加量主要发生在二层明层，各层水平位移方向不完全相同，其中塔顶水平位移的方向为北偏东 10.8º。

可以看出，木塔诸多病害，多发生在二～三层，以上逐次减轻。木塔各种病害是多种因素综合作用的结果。主要有：

1. 塔体过高，自重过大

木塔现状残高 65.83m，体量宏大，构件众多，除包含有土墼墙体的底层外，上部重量 19257.7 kN。这个重量相对于同等规模的砖石或现代结构高层建筑属于比较轻的，但结合木塔的结构布置特点及材性特点，其结构自重还是非常大的，二层外檐角柱自重压力接近 500kN。❸ 以现代工程理论观点看，显然超出了木柱的承压能力！在过大的竖向恒载长期作用下，木柱及横向受压构件必然产生显著且不均匀的竖向压缩变形。过大的竖向压力必然使得木塔抵御地震、大风等侧向外力及抗失稳的能力大大降低！事实上，金明昌二年至六年的初次维修正是针对压力过大造成的破坏进行的。

❶ 王林安，侯卫东，永昕群. 应县木塔结构监测与试验分析研究综述 [J]. 中国文物科学研究，2012，3：62-67.
❷ 李铁英，魏剑伟，张善元，李世温. 高层古建筑木结构——应县木塔现状结构评价 [J]. 土木工程学报，2005，2：51-58.
❸ 王林安. 佛宫寺释迦（应县木塔）若干结构问题浅析及其结构监测体系概略 [C]. 世界遗产论坛（三）. 南京：科学出版社，2009，2：82-92.

2. 自身结构体系的不足

木塔结构体系是各层整体结构的重叠。柱子底部采用"叉柱造"十字开槽直接叉立在下层的草乳栿或铺作之上（图10.14），柱上部虽有阑额环向各柱柔性相连，然径向约束却远在铺作层之上，柱头直接作用着铺作层通过栌斗与普柏枋以叠压方式传来的巨大压力，尽管柱子留有侧脚使向内倾斜，能改善一定的稳定性，但是总体上柱上下端部及

图 10.14 叉柱造

柱间皆缺少足够约束，当竖向压力过大或侧移较大时必然影响柱子的稳定性。

1936 年之前，各明层外檐两边间柱网之间有夹泥墙，泥墙中设有斜撑，有较大的抗扭刚度来抵抗扭转变形。1936 年修缮时，拆除夹泥墙及斜撑，改成格子门，大大减小了明层柱网抗扭刚度，这是木塔各层产生较大扭转变形的内在原因（图10.15）。

图 10.15 木塔结构的"柔性层"与"刚性层"

3. 木材材质逐年老化，强度不断降低 [1]

木材是一种多孔的各向异性生物材料，其力学性能、耐久性等受木纹影响很大，在各个方向均有不同。木塔原建选材优良，主要构件采用华北落叶松。而且荷载传递以压力为主，这充分发挥了木材抗压强度高的优点。但木材在横纹受压时的变形要比顺纹受压变形大得多，在遭受横纹受压时，随着外荷载的增大，其变形十分显著。由于年代久远，加上强大荷载的长期作用，木塔存在两个难以克服的难题：一是随着年代增长，木材老化，其材料力学性能逐步削弱，承载能力下降，变形日益增加；二是由于许多拱、枋构件属于横纹受压，长期在自重和强大外力作用下，变形显著且不均衡，在结构上成为弱点。

---

❶ 刘一星. 木材的横纹压缩变形应力——应变关系的定量表征 [J]. 林业科学，1995，5.

随着年代的日益久远，木材的物理力学性能必然发生变化。造成变化的原因，有物理的、化学的和生物的各种因素。通过对木塔旧木材取样进行少量的物理、力学实验，可以看出：①经过近千年的风化残蚀，木材表层已经变质老化，达不到原有的强度，这就造成了构件有效受力截面的减小，不利于构件受力。②由于木材内部组织的特点，各种不同部位的不同性能的降低，存在着差异，从现有的保存状态来看，一些残损和木材的变质，已经大大地影响了构件和连接节点的强度、变形能力及对各种因素的抵御能力。木材的老化变质，随着时间的增长而加快，如不采取有效措施，木塔残损将不断发展和增多，原来承载有余的部位，也会向极限状态发展，这些将影响木塔的耐久性。老化是不可逆的，可采取两类措施：一类是增加辅助加固结构，以减小原有结构的负担；二类是延缓其发展速度，增强耐久性。

木材的物理力学性质和木纹的方向密切相关，横纹抗压的强度只有顺纹抗压强度的 $1/6 \sim 1/7$。木塔荷载的传递途径，是由上层柱底经过栿、梁、枋材、斗的局部横纹接触面，多次传递，将力集中于栌斗，再由栌斗底面的普柏枋、阑额传递给下层柱头。所以，木塔各层柱为顺纹受压构件，而梁、枋、栿、斗、栱等均属于局部横纹受压构件，在近千年的竖向荷载作用下，这些横纹受压构件的压缩变形自上而下逐渐变大，特别是一层平座层的普柏枋、栌斗、栱压缩变形非常严重，构件端部多有炸裂。而各层的斗栱层，由于受构造尺寸的限制，横纹承压面积有限，构件承压面上强度不足，压缩变形加大，造成木材纤维切断、曲折、截面横向变形、端头纤维撕裂等残损。又因为构件各个部位的压缩变形不均匀，造成各柱的沉降，倾斜。两柱之间的枋、阑额，由于两端压缩较大，枋间间距减小，而跨中有补间斗栱衬托，间隔不断减小，导致枋体内力重分布，受弯挠度加大，甚至弯曲破坏。大量的残损发展都是因横纹受压而加剧，成为木塔残损加剧的一个重要因素。

此外，木材的瑕疵，病害对古旧木材的影响要比近期木材的影响大得多。许多古旧木材构件的损坏，多在瑕疵，病害部位，特别是木节、涡纹、斜纹、扭纹之类，受力发生突变的部位，存在明显的变形。因此，在这些部位应采取措施，防止构件的变形，开裂。

4. 近千年间地震、大风及炮击等强大外力作用 ❶

木塔坐落在山西地震带北段，建塔 900 多年岁月中，经历了多次地震破坏，每次地震都对木塔造成了不同程度的损坏。

参考中国历史强震目录统计，历史上对木塔有影响的 5 级以上地震 20 多次，6 级以上地震不少于 10 次，包括 1303 年赵城、洪洞 8 级地震、1626 年灵丘 7 级地震、1683 年原平 7 级地震和 1695 年临汾 7.5 级地震。灵丘和原平两地距应县百余公里，1626 年和 1683 年这两次地震烈度达到 7 ~ 8 度，对木塔影响最大。有一些地震虽然震级不高，仅 5 ~ 6 级，但

---

❶ 李世温，王晋生，魏建伟等 . 应县木塔抗震性能研究 [R]. 太原理工大学建工学院，1996.

是距离木塔很近，甚至就发生在应县，对木塔的影响也较大。如1305年怀仁6.5级地震，距应县不足30公里，1583年广灵、浑源5.5级地震，距应县不足50公里。还有一些与应县有关的历史地震文字记录，目前还不能落实。如《应州志》有"顺帝时，大地震七日，塔屹然不动。"在《应州续志》中有"正德八年十月，应州地震有声"的记录等等。

应县位于山西北部，地处塞北大同盆地南端，自然风力较大。据《应县志》记载，年最大风力在八级以上，瞬间风力最大可达11级。木塔长期处于这种环境，大风造成的影响是不可忽视的，其作用主要有两项，一是风压，二是风振。风压的影响对整体来说是各层所受的风压弯矩和风压剪力是否超过木塔的承载能力。而对局部来说由于气流的影响，在一些部位出现负压，特别是在屋檐部位，由于檐下斗拱的形状，极易产生涡流。木塔八边形的体形，又易产生气流的横向分流，形成侧面及背风面的负风压，容易发生掀顶坠瓦事故。对于风振，主要是阵风频率如与木塔自振频率相近，则会产生共振，加大风的影响。

木塔历史上遭受两次较大炮击。1926年国内军阀混战，将木塔作为主要制高点，使其中弹20余发，至今仍伤痕累累，未爆的炮弹引信还有一颗嵌于木塔构件之中。1948年解放战争时期遭到炮击数十弹，其中二层明层西南面柱头铺作枋被击中，枋体炸断，柱子严重倾斜。炮击冲击破坏对木塔来说是局部的，却是致命的。对照图10.11可以看出，二层明层柱网的局部变形与炮击的方向高度吻合，将柱网的局部变形的外因主要归之于炮击作用这种可能性是很难排除的。

10.2.2　木塔二层柱网稳定性分析与评估

虽然木塔现状存在诸多病害，但就其危害的紧迫程度而言，首推者当属二、三层柱网的扭曲变形及连带产生的部分柱的层间倾斜！木塔的斗栱及枋等受压或受弯构件虽然压裂现象比较严重，但尚可承担一定的载荷，不会立即退出工作，承受巨大压力而两端又缺少足够约束的木塔柱则不然（图10.16）！

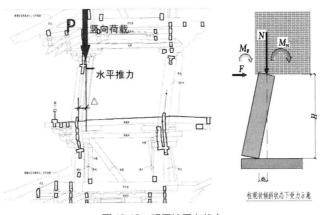

图10.16　明层柱受力状态

前已述及，二层明层西南面外檐柱向内槽倾斜 11°，原有受力体系已届失衡界限。一旦该柱失稳退出工作，极有可能引发灾难性的后果——木塔的连续倒塌！此判断绝非危言耸听！有学者拍胸脯说，可以打赌，木塔目前是安全的！这是一种缺乏专业常识的不负责任的说法！

为说明问题，下面运用 ANSYS 分析软件，通过建立比较粗略的二层柱网有限元模型，考虑原状法式和变形后两种工况，对塔在自重作用下的稳定性情况进行简单分析。❶

根据现场的测量结果及结合陈明达先生《应县木塔》，确定二层明层结构构件尺寸和结构平面尺寸如表 10.1 及表 10.2 所示：

模型主要构件尺寸（mm） 表 10.1

方位	柱子高	柱子直径	阑额广	阑额厚	栿广	栿厚
外檐	2860	560	380	170	480	250
内槽	3005	600	380	170	480	250

二层明层平面尺寸（mm） 表 10.2

方位	外檐柱间			内槽 柱间
	通面阔	明间阔	次间阔	面阔
二层明层	9310	4210	2550	5360

根据柱子、阑额、栿的受力机理，为能比较准确地模拟木材的正交各向异性特征，将主要构件材料分为两类。第一类材料含内外槽 32 根柱，主要承受竖向荷载，以纵纹受压为主；第二类材料是阑额和栿，它们属于水平连接构件，主要以横纹受压为主。两种材料密度取为 510.2kg/m³，其材料特性如表 10.3 和表 10.4 所示。

第一类材料的弹性模量和泊松比 表 10.3

E_X	E_Y	E_Z	v_{YZ}	v_{XZ}	v_{XY}	G_{YZ}	G_{XZ}	G_{XY}
1000	275	650	0.3	0.02	0.035	210	275	650

第二类材料的弹性模量和泊松比 表 10.4

E_X	E_Y	E_Z	v_{YZ}	v_{XZ}	v_{XY}	G_{YZ}	G_{XZ}	G_{XY}
275	1000	650	0.02	0.3	0.035	275	210	650

注：表中弹性模量的单位为 MPa；泊松比为无量纲参数。

---

❶ 陈厚非 . 应县木塔柱网变形及稳定分析 [D]. 西安建筑科技大学学位论文 ,2010.

选用 Beam189 单元建模分析计算，Beam189 单元是建立在 Timoshenko 梁的分析理论基础上的，计入了剪切效应和大变形效应。Beam189 单元有 6 个或 7 个自由度，能反映横截面的翘曲，它非常适合线性、大角度转动和非线性大变形问题。

考虑到木塔长时间在自重和外荷载作用下，各梁柱连接处构件相互挤压严重，不易发生错动，已"节点固化"。因此，模型梁柱单元之间以"刚性连接"模拟。模型柱脚以 *UX*、*UY*、*UZ*、*ROTX*、*ROTY* 约束五个自由度，使柱子能够沿径向转动。

两种工况静力作用下的变形如图 10.17 所示：

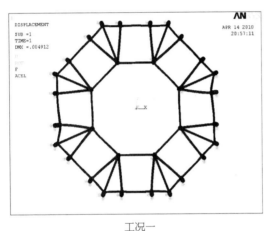 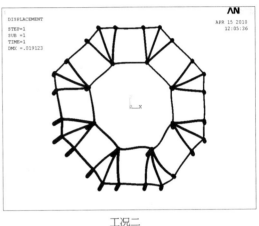

工况一   工况二

图 10.17 模型变形图

两种工况下特征值屈曲分析结果如下（图 10.18）：

工况一：factor1 = 10.76；factor2 = 10.77；factor3 = 12.12

　　　　factor3 = 12.15；factor4 = 13.92；factor6 = 13.95

工况二：factor1 = 2.60；factor2 = 3.80；factor3 = 4.09

　　　　factor3 = 5.08；factor4 = 5.24；factor6 = 5.53

上述柱网稳定分析有如下结果：

①结构在静力作用下，发生内槽柱网的局部失稳，工况一情况下，以内槽西南面发生局部失稳，这与现实木塔残损情况非常吻合，工况二情况下，枋上出现的最大应力已接近或超过木材的弦向横纹受压强度。

②只在竖向静力和自重作用下，工况一的一阶屈曲因子为 10.76，比较大，可见结构比较稳定，工况二的一阶屈曲因子为 2.60，是工况一的 1/4 左右，可见现在的结构比原来结构的稳定性能降低了很多，如在地震、大风等外力的干扰下极有可能出现局部失稳，从而引起整体失稳的情况。

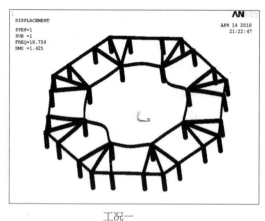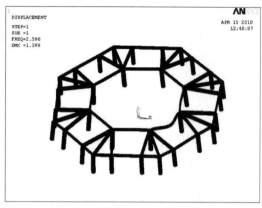

工况一　　　　　　　　　　　　　　　　工况二

图 10.18　第一阶屈曲模态

③两种工况下一阶屈曲因子最小，只要一阶屈曲模态判断结构是稳定的，则在其他高阶屈曲模态下结构也是处于稳定状态，分析表明，木塔目前虽尚处于稳定状态，但其屈曲因子已足够小，有关方面给予足够重视是必须的。

10.3　拯救应县木塔之思考

10.3.1　既有方案的检讨

为了拯救危在旦夕的木塔，从 20 世纪 70 年代起国家组织有关部门先后对应县木塔的现状、残损程度、所在区域地震影响力等十几个方面仔细进行了实地勘查与分析，认为木塔本身已经严重扭曲变形，到了非修不可的地步。2001 年 6 月 20 日，国家文物局正式向全国文物界以及工程技术界的学者专家们公开征集应县木塔的加固维修方案。在收到的几十份方案中，大致可将维修方法分为三类：

1. 落架重修：即通过落架，将应县木塔的全部构件进行仔细的检测，修补损坏较为轻微的构件，加固损坏较为严重的构件，更换一小部分已经产生断裂且即使进行加固也不能再次使用的构件。

2. 抬升方案：即将应县木塔的三层平座层及以上的部分抬升起来，而对残损相对严重的一层和二层进行落架大修。

3. 现状加固方案：即先通过高科技手段对应县木塔的残损现状进行详细的勘察与测绘，以获得准确的数据，并加强对木塔的监测，以便及时发现问题，并及时对木塔进行现状加固，以防不测。

上述三种方案，各有优点，但它们的缺点也是明显的。

落架重建方案，这是古建木结构维修中常用的方法。但应当注意，通常维修的古建木结构主要是一些层数较少的庑殿式建筑，维修的构件也主要是平面分布，拆装后很少会遇到无法安装的问题。木塔则不同，木塔属于古建木结构高层建筑，维修的构件主要是针对竖向承力构件。在近千年的岁月中，这些构件均产生有大小不一的压缩变形。一旦拆装，其中一小部分弹性变形可以恢复，而一大部分残余变形则会留在构件中。无论是弹性变形或残余变形对不同的构件都是离散分布的。木塔一旦拆装，竖向承力构件则很难再安装回去。即使经过调整，重新组装后的木塔仍然会产生不均匀的压缩变形，使维修基本失去意义。

木塔落架大修遇到的第二个难题是技术政策问题。按照国家现行技术法规，建造超过60m 高的纯木结构是无据可依的。

木塔落架大修还会因此而丢失很多有价值的历史信息；再者，拆分后，构件数量庞大，防盗、防雨、防潮、防火的工作困难也比较大。

抬升方案，此方案先在木塔外围建造一巨型钢框架，以之作反力架，将木塔从二层明层铺作层处"拔断"吊起，将残损严重的一、二层落架大修后，再将吊起部分落下安装。方案费用高，难度大。在建造钢框架前，必须在木塔周围打桩构建基础，势必对木塔产生过大的扰动，可能还会出现不可预料的后果。同时，对下部一、二层维修周期过长，维修中也不可避免的涉及受压木构件回弹变形不协调的问题。

现状加固方案，在保持木塔现状的基础上，运用现代技术对部分构件进行加固维修。现状加固是一种抢救的措施，乃权宜之计，不能解除柱网扭曲倾斜等根本隐患。事实上木塔需要维修加固的构件在过去的维修中已不止一次被加固过，这些构件经过长时间的风雨侵蚀，基本已承受不起再次加固维修了。

有关木塔的基础研究目前是比较扎实的，中国文化遗产研究院、太原理工大学、北京建筑工程学院等单位就木塔的材性、荷载、残损及现状测绘等已进行了深入细致的研究，拿出了有目共睹的成果。❶ 木塔亟待修缮是目前工程界的共识，但如何维修，则仁者见仁，智者见智，目前尚无法统一。由于无法拿出各方认可的拯救木塔方案，受我国学界浮躁风气的影响，目前多数木塔的研究进入了"太极"阶段，避实就虚，避重就轻，多集中在塔体有限元分析方面，或云遮雾罩的"抗震"研究方面！

如何突破"重围"，走出保护木塔的盲区，拿出切实可行，行之有效的修缮方案，使这座千年宝塔尽早脱离险境，继续屹立于中华大地，与华夏儿女一起，再历世间风雨，乃文物保护工程界与土木工程界仁人志士义不容辞的义务！

10.3.2 拯救木塔基本思路

前已述及，木塔局部柱网的扭曲、倾斜是木塔残损破坏的一个主要方面，也是对木塔威

---

❶ 侯卫东. 应县木塔保护研究 [M]. 北京: 文物出版社，2016.

胁最大的一个方面。近年不断有监测信号：木塔柱倾斜变形有加速之势！这是令木塔守护者们最感不安的信息！木塔单柱的失稳，即是木塔塌毁的开始！

在不能确定是否对木塔实施落架大修之类的大手术之前，当务之急，是阻止或延缓木塔柱网局部扭曲变形的发展。考虑到：①塔体比较高大，柱倾斜后产生的侧向力也比较大，而在塔外构造抗侧移体系难度比较大；②木塔无论二层或三层明层柱倾斜的方向及倾斜程度均不一致。笔者建议：在塔体内部构造自平衡力系，以抵消单柱过度倾斜产生的侧力及由之产生的威胁！

具体做法是：在木塔内部之二、三层明层外檐柱头标高处增设水平轻型刚性网片，加强外檐柱与内槽柱之间及同层各柱之间的整体性及协同工作能力，防止单个柱失稳退出工作（图10.19）。道理很简单，①局部单个柱现状倾斜严重，柱网整体倾斜尚不足以构成威胁；②单个柱容易失稳退出工作，整层柱向同一方向失稳退出工作的几率极小。这就如同寓言里单个筷子与一把筷子的道理。安装柱头水平轻型刚性网片目的主要在于协调同层各柱的侧移变形方向，防止个别缺乏"团体意识"的柱单独行动。在实现阻止或延缓木塔柱网扭曲倾斜变形的目的后，利用网片的某些可调节位置，可尝试对个别倾斜严重柱变形的适当校正！

在实现了阻止或延缓木塔柱网扭曲倾斜变形的目的后，为提高木塔各明层整体抗扭转的能力，可考虑在木塔明层外檐柱网间增设斜拉索以适当"刚化"，基本恢复1936年前受力体系（图10.20）。另外也可在各明层外檐柱根部外围增设拉索围箍，阻止明层柱"倒侧脚"趋势的发展。

如果可以实现阻止或延缓木塔柱网扭曲倾斜变形的目的，则拯救应县木塔的大目标即可实现一半！在此基础上可考虑对木塔采取一些更全面的维护措施：

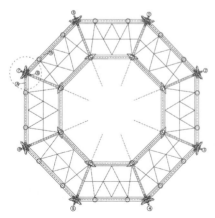

图10.19 明层柱头增设水平网片

图10.20 明层柱网适当"刚化"

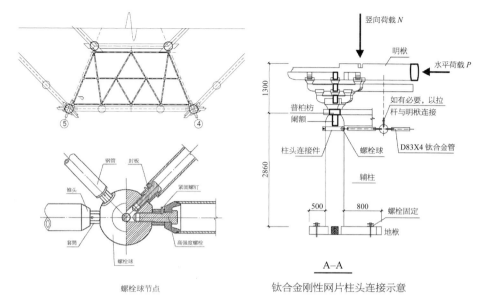

图 10.21 水平刚性网片构造示意

①采用逐步托换的方法对严重破损的构件进行替换。替换构件应进行特殊处理,其刚度、强度与耐久性应满足要求!

②对可予保留的构件适当加固。

以上措施在目前的技术条件下是有可能实现的。本方法特点: ①干预小,最大限度的保留了木塔的历史信息; ②针对性强,力学概念清楚; ③增添部件多为拉索,不会明显增加木塔竖向荷载。新增刚性网片的材料可考虑采用钛合金、碳纤维、高强度树脂等现代高科技轻质材料。表 10.5 给出用于飞机机翼大梁的 TC4 钛合金主要物理力学指标。从表可以看出,TC4 钛合金其密度相当于钢材的 57.69%,强度相当于常用钢材的 2 ~ 3 倍,弹性模量相当于钢材的 1/2。TC4 钛合金还具有导电性较差及耐各种腐蚀的特点。新增刚性网片构造示意参见图 10.21,节点采用螺栓球,可具备一定的调节幅度,具体实施可请网架专业人员根据具体情况优化与细化。新增部件的防雷可由相关专业人员妥善处理。

TC4 钛合金主要物理力学指标					表 10.5
厚度 /mm	屈服强度 / MPa	抗拉强度 / MPa	伸长率 /%	弹性模量 / MPa	密度 / kg/m³
0.8~4.0	870	925	12	1.1×105	4500
4.0~10	825	900	10		

如果刚性网片基本构造如图 10.21 所示,杆件采用 D83×4TC4GB 钛合金管材,则杆件最大长细比约 78,单个杆件可承受的最小压力(欧拉压力)约 170kN,二层网片杆件的理

论重量约 20kN。如果只能采用非 GB 管材，也可采用纯钛材料，其物理力学指标与钛合金材料类似。

10.3.3　木塔的横纹受压及抗震问题

不可否认，木塔的横纹受压残损相当严重，塔体的不均匀压缩亦主要由于横纹压缩所致，然相对于二、三层的单柱倾斜问题，横纹受压残损目前尚不属于紧迫问题。事实上，如果木塔柱网的扭曲倾斜变形得以终止，对于横纹压缩残损构件实施托换或加固是比较容易办到的。

目前各高校有关木塔的研究多集中于抗震问题，这在某种程度上也误导了木塔的抢救思路。笔者观点：关于木塔，目前尚谈不到抗震！

木结构的抗震能力是比较好的，这在历史地震中屡屡获得检验；木塔在地震中出问题，也必然从倾斜严重的单个柱的失稳开始！解决了木塔单柱的稳定问题，也就基本上解决了其抗震问题！笔者强调：木塔目前最紧迫的问题是如何保证其在正常自重荷载下安全屹立而无倒塌之虞的问题！这就像一个耄耋老人，只有解决了他的站立问题，才可以谈走动或跑步的计划。就目前而言，对于木塔谈抗震问题无任何现实意义。

在排除了解体维修的可能性之后，解决单柱失稳的问题乃保护木塔的关键之关键！期待应县木塔早日焕发昔日风采！

10.4　本章结语

（1）应县木塔现状非常不容乐观，木塔存在诸多病害，然其最主要威胁来源于二、三层柱网的扭曲倾斜变形。木塔单柱的失稳，即是木塔塌毁的开始！

（2）在排除了落架大修的方案后，拯救木塔的关键与核心在于阻止或延缓木塔柱网扭曲倾斜变形的发展。

（3）解决了二、三层柱网的扭曲倾斜变形，木塔其余病害在现有技术条件下比较易于处理。